培养文学鉴赏力 课外阅读经典佳作

寂静的春天

【美】雷切尔·卡逊/著
国家玮/译

全书导读版

国际文化出版公司
·北京·

图书在版编目（CIP）数据

寂静的春天／（美）雷切尔·卡逊著；国家玮译．—北京：国际文化出版公司，2020.1
ISBN 978-7-5125-1135-4

I. ①寂…　II. ①雷…　②国…　III. ①环境保护-青少年读物　IV. ① X-49

中国版本图书馆 CIP 数据核字（2019）第 261182 号

寂静的春天

作　　者	〔美〕雷切尔·卡逊
译　　者	国家玮
责任编辑	潘建农
统筹监制	杨　智
出版发行	国际文化出版公司
经　　销	国文润华文化传媒（北京）有限责任公司
印　　刷	湖北画中画印刷有限公司
开　　本	880 毫米 ×1230 毫米　　　32 开 10 印张　　　　　　　　　　224 千字
版　　次	2020 年 1 月第 1 版 2021 年 1 月第 2 次印刷
书　　号	ISBN 978-7-5125-1135-4
定　　价	29.80 元

国际文化出版公司
北京朝阳区东土城路乙 9 号　　　邮编：100013
总编室：（010）64271551　　　传真：（010）64271578
销售热线：（010）64271187
传真：（010）64271187-800
E-mail：icpc@95777.sina.net

目 录

名师导读 …… 001

文学的正义与制度的"自我反身"——《寂静的春天》译序 …… 001

第一章 明天的寓言 …… 013

第二章 忍耐的义务 …… 016

第三章 死亡的灵丹妙药 …… 025

第四章 地表水与地下水 …… 048

第五章 土壤的王国 …… 061

第六章 地球的绿色披风 …… 071

第七章 毫无必要的破坏 …… 093

第八章 再无无鸟儿歌唱 …… 110

第九章 死亡之河 …… 138

第十章 无人幸免的天灾 …… 164

第十一章　超越波吉亚家族的"梦想" …… 182

第十二章　人类的代价 …… 195

第十三章　透过一扇小窗 …… 207

第十四章　四分之一的概率 …… 225

第十五章　大自然的反击 …… 251

第十六章　雪崩声隆隆 …… 269

第十七章　另一条道路 …… 284

《寂静的春天》测评 …… 306

参考答案 …… 308

名师导读

  同学们，当我们有了一定的阅读积累后，你是否喜欢上阅读了呢？当品读了沈从文的《湘行散记》后，你是否愿意与自己的父母来一次湘行记趣呢？当诵读了泰戈尔的诗集后，你是否向往诗行里的那些优美的环境呢？

  行走在我们的世界里，渐渐地迷失了方向。那些仰望蓝天想着心事的日子，似乎变得那么遥远。张师在儿时，最爱看萤火虫在夜空里飞舞。如今，在每个夏日的夜晚，再也见不到自由自在的绿色身影。那满天的繁星，那带着泥土芬芳的空气，那清澈见底的河流，那天宇间的七色彩虹……不知道又是何时悄然地离我们而去。它们悄无声息地，与我们美好的童年一起消逝了。

  我亲爱的同学们，你们是否也和张师一样有同样的感受呢？随着时间的推移，你会发现春夜不再是喜雨而是酸雨，你会发现桃花潭水不再深千尺而是干涸，你会发现浅草不再没马蹄而是沙漠化……那些诗情画意的世界，似乎只能留存在文学中了。甚至，当你等待和风吹拂的时候，等来的却是一场沙尘暴；当你推开窗子想让新鲜空气进来的时候，等来的却是一片雾霾。

  我们敬爱的习近平主席提出的"绿水青山就是金山银山"理念以及对生态文明建设的号召，正是看到眼前的环境危机所采取的行动。我们知道，一个国家的发展、一座城市的建设，都会遇到诸多的问题。但要想可持续发展，必须有所节制、有所改变。2017年北京高考语文试卷里有一篇叫作《根河之恋》的散文令人感动：鄂温克人为了保护这片古老的森林和弥足珍贵的驯鹿，摒弃了百年来传统的狩猎生活，来到城市去换另一种生活过活。这种奉献精神让人感动，更令人心生敬佩。

　　当然，围绕环保主题的作品有很多，我们可以把这类作品命名为"生态文学"。从这个意义上来说，同学们不仅仅是单纯地阅读一些书籍，更在不知不觉中走上了学术道路。我们一边欣赏作品中的画面文字，一边对一些现象自觉地进行思考，更为我们深入讨论文本寻找到一种可能性。同学们请注意，当我们定义一个作品是否属于生态文学时，不应该仅仅依据是否出现了大篇幅的环境描写或环境写生、环境写实去判定。要知道，这些内容只是构成生态文学的基本要素，同学们更应该从作者创作的思想深度进行甄别。比如作者是否是真正的环保主义者，作品是否反映生态思想和态度。作品价值不应该局限于作品或作者本身，而是能否影响一代人甚至是一个时代。当然，一部完全没有直接描写自然的作品，如果它揭示了生态危机的思想文化根源，也堪称生态文学作品。

　　要知道生态文学是探寻生态危机的社会根源的文学，生态文学表现的是自然与人的关系，而落点却在人类的思想、文化、经济、科技、生活方式、社会发展模式上。生态文学的作家要探索的核心问题是：人类的文明和发展究竟出了什么问题、犯了什么大错，才导致严重的、危及整个地球和所有生命的生态危机？人类到底应当怎样对待自然？人类究竟应当做些什么、改变些什么,才能有效地缓解直至最终消除生态危机,才能保证生态的持续存在以及包括人类在内的所有生命的持续生存?

可以说,生态文学作家们处于危险的世界中创作文字,有着强烈的自然责任感和社会使命感,推动着生态文明的兴起、发展、走向繁荣,并热切期盼自己的作品可以传播到更多的国家和地区,影响到更多人。亨利·梭罗的名作《瓦尔登湖》把自己的生态思想展现给中国文坛,让中国读者惊奇地发现世界上还有一种叫作生态文学的书。当然,世界生态文学里程碑一般的杰作《寂静的春天》(Silent Spring)问世后,震撼了世界。而这也是张师强烈为同学们推荐本书的缘故。

作者雷切尔·卡逊(Rachel Carson,1907年5月27日~1964年4月14日)是美国的一名海洋生物学家,而这部伟大作品的影响力在于激起了全世界对环保事业无穷的热情,同时还引发了公众对环境问题的注意,将环境保护问题提到了各国政府面前。各种环境保护组织纷纷成立,促使联合国于1972年6月5日~16日在斯德哥尔摩召开了"人类环境会议",通过了《人类环境宣言》和《行动计划》开创了环境保护事业新纪元。

《寂静的春天》虽然是一部外国作品,又是偏专业的学术著作,但同学们阅读起来并不会吃力,作者有心地将许多专业术语以通俗易懂的方式重新阐述和说明,英语功底不错的同学,不妨在阅读完中文译本后,找来原版著作读一读。虽说是探讨生态环境的学术著作,但同学们大可不必担心枯燥乏味。作者卡逊采用抒情散文的笔调,使用了大量文学元素,在阅读的时候会趣味盎然。正是这样一部普及性极强的著作,在世界范围内引起人们对野生动物的关注,并自觉唤起了人们的环境意识。因此,《寂静的春天》是一部世界公认的开启了世界环境运动的奠基之作，它既贯穿着严谨求实的科学理性精神，又充满敬畏生命的人文情怀。赏心悦目之余，也能增长关于野生动物和生物学的知识。

1964年春天，作家卡逊逝世了，但读者没有忘记她，世界人民没有忘记她，她发出的强有力的呐喊和呼吁之声没有与她一起消逝。她唤醒了整个世界，唤醒了沉睡着的人们，所以卡逊永远也不会寂静。这便是本书《寂静的春天》名字的由来，春天充满着希望，而正是这个"春天"卡逊亲手播种下了"新行动主义"的种子，并且在仲春时节深深植根于广大人民群众中。而这"寂静"更是充满动静结合的效果，"于无声处听惊雷"，让人们振奋、感动。

更令人钦佩的是卡逊的前瞻性，有心的同学若去图书馆或上网查阅20世纪60年代以前的报纸或书刊，几乎找不到有关"生态保护"或"环境保护"的类似词汇。也就是说，环境保护在那时并不是一个存在于社会意识和科学讨论中的概念。经济飞速发展的时代，人们根本不曾关注我们为自己的利益而毁坏的自然环境。那一时期流行于全世界的口号是"向大自然宣战""征服大自然"等等，在当时人们的心中，大自然仅仅是人们征服与控制的对象，而非保护并与之和谐相处的对象。现在想想，无论是口号还是狭隘的思想，都是令人汗颜的。

没有人甚至连人类学家都没有去质疑过那些口号是否正确，而第一次真正提出质疑的是作家卡逊。这位瘦弱、身患癌症的女学者，向人类的基本意识和几千年的社会传统挑战。每一次面对改革都是极其困难的，各位同学试想一下，让你改变一个习惯的动作或一种固有的思维都不是易事，你会拒绝，会不理解，还会发脾气以示不满。而作为女学者和作家的卡逊,就是在这样的压力和质疑下,在遭受诋毁和攻击的情形下,在癌症病痛的折磨下,坚持发声。最终,她在心力交瘁中与世长辞。可是,她还是在深夜里为人类环境意识的启蒙点燃了一盏明灯。张师之所以描述这一段背景,是因为卡逊的所作所为令人感动,更令人钦佩。

正是供职于美国联邦政府所属的鱼类及野生动植物管理局的经历,让她有机会在调查中接触并发现诸多环境问题。卡逊喜欢描绘大自然的强度、活力、能动性和适应性,凭借得天独厚的职业优势,对当时还不为多数人了解的海底生活进行观察和思考,写出了一些有关海洋生态的著作,如《在海风下》《海洋的边缘》和《我们周围的海洋》。张师也欢迎同学们找来,作为阅读延伸或对比阅读进行研读。如果同学们有精力的话,张师还愿意推荐小弗兰克·格雷厄姆写的《〈寂静的春天〉续篇》,在这部"续篇"里,我们可以客观地看到当时人们生态意识的改变以及人们对《寂静的春天》一书的重视。针对《寂静的春天》里谈及的杀虫剂问题,同学们可以从"续篇"里看到人们的讨论和如何落实等细节。

作为"为生态运动发出起跑信号"的《寂静的春天》,之所以引来诸多争议,最重要的一点是卡逊说出了一个关于农药危害人类环境的预言。

她像其他作家一样以寓言开篇的形式,向我们描绘了一个美丽村庄的突变,并从陆地到海洋,从海洋到天空,全方位地揭示了化学农药的危害。其惊世骇俗的预言和震撼人心的画面,不仅遭到与其利害攸关的生产与经济部门的猛烈抨击,也强烈震撼了广大社会民众。卡逊的笔下,大胆设想并描述了人类可能面临一个没有鸟、没有蜜蜂、没有蝴蝶的世界。正是这本不寻常的书，在世界范围内引起人们对野生动物的关注，唤起了人们的环境意识。

因此，《寂静的春天》以一个"一年的大部分时间里都使旅行者感到目悦神怡"的虚设城镇突然被"奇怪的寂静所笼罩"开始，通过充分的科学论证，表明这种由杀虫剂所引发的情况实际上正在美国的全国各地发生，破坏了从浮游生物到鱼类到鸟类直至人类的生物链，使人患上慢性白细胞增多症和各种癌症。所以像DDT这种给所有生物带来危害的杀虫剂不应该叫作杀虫剂，而应称为杀生剂。作者认为，所谓的控制自然，其实是一个愚蠢的提法，那是生物学和哲学尚处于幼稚阶段的产物。

《寂静的春天》每个章节的篇幅不算很长，同学们在阅读时可以试着去概括每个章节的主要内容，以便观察作者的写作轨迹和行文思路。将文章结构进行"影像微缩"，这样更加有助于我们分清主次，有利于从章节中读出专业知识和作文方法，这也是一种读书方法。

比如在第一章里，卡逊为我们描写了一座宁静的乡村在农民移居这里之后发生的可怕变化，到处蔓延着死亡的气息。进而抛出了一个关于"是什么让小镇的春天变得寂静无声"的话题与读者互动，起到吸引读者阅读兴趣的作用。

比如在第二章里，作者讲述了人类对自然的改造速度胜过了自然自我修复的速度，导致地球的生命和环境平衡遭到破坏，还指出人们使用杀虫剂已经造成了一些问题。

比如在第七至十章里，作者讲了几个关于使用杀虫剂破坏环境的具体案例，包括美国中西部为了消灭日本金龟子的大喷洒，为治理榆树病虫害喷药导致的鸟类灭绝，药剂进入水体导致鱼类灭绝，为消灭火蚁导致的野生动物灭绝和奶牛体内化学物质富集，其知识性和趣味性不亚于一部《大百科全书》。

比如在第十二章里，作者讲毒素会存储在人类身体的肝脏中，影响肝脏正常功能的发挥，并降低肝脏对疾病的抵抗力而引发肝炎、肝硬化等肝脏疾病。还指出杀虫剂能直接影响神经系统，患者会出现刺痛、发热、疲劳、四肢疼痛、神经性紧张、痉挛等急性中毒症状，以及带来健忘、失眠、恶梦、癫狂、肌肉萎缩等后遗症。作者结合医学和药物学的内容进行讲解，也会给读者带来一些知识性的收获。

比如在第十三和十四章中，用大量的生物学知识论述氯化烃和有机磷酸盐干扰细胞的原理、对线粒体和DNA的破坏和致癌作用，在增加理论权威性的同时，也会让读者更加信服。同学们通过阅读文学作品，完全可以结合中学知识或借助网络工具进行跨学科的探究。

一切智慧文明的起源在荒野，大自然本身便是一片荒野，我们的先祖正是从自然的各种现象中得到启蒙，人类文明才有了萌芽和发展。在荒野中，人们纯真的性情就不会受到压抑。人的思维有时也会处在一种"荒野"的状态，这时候所想不受任何因素的限制，茫茫的一片，然而这时候最容易有所发现。在作者生活的那个年代，环保意识如同一片荒野，而《寂静的春天》的诞生犹如荒野中一颗璀璨的明星，带给人们以启迪。

我们应该感念以《寂静的春天》为首的"生态文学"作品，我真诚地希望寂静的春天永远不会来临，伴随我们的将是永久的绿水青山、潺潺的溪流、悦耳的鸟鸣。我也希望没有作家再去写生态文学，我希望每一个春天都是热闹非凡的景象，证明我们的环境不存在问题，人与自然和谐如初。感恩自然，因为大自然给予了我们人类全部；也应该与自然和谐相处，因为太阳和大地共同赋予了万物生长的能力，人们本应该顺应自然规律，不能过分地向大自然索取。《孟子·梁惠王上》中所云："不违农时，谷不可胜食也；数罟不入洿池，鱼鳖不可胜食也；斧斤以时入山林，材木不可胜用也。"古人尚且有如此清楚的认识，我们为什么反而退步了呢？

我希望那些仰望蓝天想着心事的日子，可以从明年的春天回到我的身边。我知道儿时的美好时光不再回来，但我真希望那些在夜空里飞舞的老朋友——萤火虫可以在某个夜晚中再次点亮它们久违的光辉。那景泰蓝般夜空里漫天的繁星，那没马蹄的浅草与泥土芬芳的清新，那清澈见底的河水溪流，那装扮流云的七色彩虹……我期待着与君重逢的那一天，它们曾经以寂静的方式与我们不辞而别，不过我始终坚信着会有那么一天它们会回来的，我望眼欲穿地等待着……

（文／张荞麟）

文学的正义与制度的"自我反身"
——《寂静的春天》译序

国家玮

  卡逊小姐惊恐而愤怒地拿起了笔,把恐吓和煽惑读者的任务放在首位,文学技巧则屈居第二位。……许多科学家对卡逊小姐热爱野生动物之感情,甚至对她为自然界的平衡倾注的那种不可理解的关注都表示同情。但是他们担心《寂静的春天》一书过分感情用事,使缺乏技术知识的读者受其煽动,这对于她所热爱的东西,未必有益而可能有害。

——《时代》周刊科学专栏

  某种欲念脱离了常轨,竟然拒不承认对自然界的科学认识应当具有完整性……多亏雷切尔·卡逊女士的独特天赋把科学知识同诗人的情怀结合起来,才使我们对世间万物又有了正确的了解。

——亨利·贝斯顿

  卡逊出生于1907年5月27日,她的童年是在宾夕法尼亚州阿勒格尼河畔的城镇斯普林代尔郊外度过的。她抱着当作家的愿望进入宾夕法尼亚州女子学院。大学二年级,她读了必修课生物学；三年级时，修读了更多的科学课程。到了四年级，她下定决心，贪婪地修习了一个生物专业学生所必修的全部课程，并开始练习德语，准备读研究生。后进入约翰·霍普金斯大学，在H·S·詹宁斯和雷蒙德·珀尔指导下继续攻读遗传学。之后她到马萨诸塞州乌兹厚尔地方的海洋生物实验室工作。30年代初获得硕士学位后即走上教学岗位，先后在约翰·霍普金斯大学及马里兰大学任教。1936年通过文官考试，接受了美国渔业局的一个职位。1941年底，《在海风下》问世。

卡逊先在华盛顿，而后在芝加哥的办公室里度过战争岁月，为美国鱼类及野生动植物管理局刊行的出版社的作者和编辑，而后成为总编辑。彼时，科学在战争的温室中发展，完全可以比作生物在反常条件下的病态发育。在和平时期可能花费几十年才能取得的成果，在第二次世界大战期间竟能缩短为短短几年。成百上千份报告——其中有一些按战时法规属于机密——经过她的办公桌进进出出。1951年，《我们周围的海洋》由牛津大学出版社出版，使其成为文学界名人。

1958年开始，作为一位科学家和一位观察力敏锐的人，她为周围世界发生的一切而感到苦恼。她觉得生命本身受到了威胁，因而她所理解的生命的意义也在破灭。她怀着焦虑的心情写道：

"我在精神上被封锁了很长时间，这首先是因为我不晓得关于生命我想说的是些什么，另外我还有一些更加难以解释的原因。当然，现下每个人都知道，整个科学界已经由于过去十年左右发生的事件而革命化了。我想在原子科学牢固地建立起来之后，我的思想很快就开始受到影响了。我产生的思想中有一些对我毫无吸引力，所以我完全加以抵制。因为旧思想非常顽固，特别是当它们从感情上到智力上对一个人都很可贵时尤其如此。譬如说,相信自然界的大部分是人类永远干涉不到的,这是很愉快的。人可能毁坏树林、筑坝拦水,但是,云、雨和风都是上帝的。生命之流古往今来永远按照上帝为它指定的道理流淌,不受人类的干扰,因为人类只不过是那溪流中的一滴水而已。这样想就会感到欣慰。虽然自然环境可能塑造生命,生命却永远不能有力量去猛烈地改变,甚至毁坏物质的世界。这样想同样会感到快慰。

自我开始思考这些事情的时候,这些信念便存在于我的心中。即使它们隐隐约约受到威胁,也会使我震惊,使我关闭我的心扉,拒绝承认我不得不看到的一切。不过,那样做无济于事,于是我又睁开了双眼、打开了心扉。我可能并不喜欢我所看到的东西,但不理会它并没有好处。重复那些老生常谈的永恒事实就更加没有意义。所以应该有人出来按照大家看到的实情把生活的真相写出来。我想那就是我要写的书——起码提出一些新的思想,不能论述得详尽无遗也不要紧。说不定谁也做不到详尽无遗,反正我是做不到的。

我至今仍然感到有必要肯定我的原有信念:"当人类日益接近'新天地'的时候,或者说跨进太空时代的宇宙的时候,他保持无比谦虚,而千万不可傲慢行事。我认为保持谦虚慎重同样能创造奇迹。"这算是触动她写作此书的理由吧。

翻检国内相关研究,学者们基本是在反对"人类中心主义"、生物进化、生态整体主义及敬畏生命等所谓的"生态哲学"框架内讨论这一作品的。(高冠楠,2013)单独拿出上面提到的这些概念中的任何一个,恐怕都不难引经据典地进行一番学术意义上的阐发。可真问题是:道理谁都懂,可究竟是什么原因导致生态整体主义在现代社会难以为继呢？其实，并不需要起一个"科学哲学"的名目，事情明摆着：现代社会运行的基础乃是专业主义，所谓的分工是也。专业主义并非不讲整体性，但其不是作为个体的使命而存在。比如，虽然仍有坚信师道尊严、愿意在"授业"的同时"传道"的教师，但总体而言，对具体知识的讲解和通过题目进行反复操练成为现代教学体系的固化模式。同样，今年你大概不会在医院里遇到一个能将你的病全程负责到底的医生，我也早就习惯了一次去医院挂三个科室三个不同医生的号。眼疾有眼科医生，他自然没道理负责内分泌科疾病。这样说毫无不敬之意：一个数学老师在今天大概会觉得自己的责任在于培养学生良好的数理思维和建模能力，而不太会以将孩子培养成一个真正、善良的人为己任——他未必不这样想，但这一定不是他工作的重心；同样，一个内分泌科的医生（假若你患有桥本氏（甲状腺）病即 HT 或 AIT）大概会非常专业地帮助你通过调整左甲状腺素钠用量来合理控制 T3（血清总三碘甲状腺原氨酸）、T4（血清总甲状腺素）、TSH（甲状腺激素测定），但未必会愿意帮助你分析可能造成此病的原因（虽然此病为原发性疾病）并给出一个全面地帮助你调理身体、恢复健康的长期方案。请注意，我只是描述现象，没有做出任何价值判断。现代社会这种高度专业化的运行模式不是仅仅带来了超高的社会运行效率这样简单的问题。事实上，一旦发动了普遍发展主义的引擎，社会根本无法停止按照其设定的方式加速运转。这些年，我们见惯了充满了怀旧冲动的文字，可炮制这些东西的人不过是写写而已。你让他放下手边的电脑和手机，真的切断与周遭的联系，他一定不肯，不过都是纸上的感怀。

提及所谓"生态整体主义"时，一个由来已久的滥调是从古老的东方文化中找到理据。"道可道，非常道""道生一，一生二，二生三，三生万物"。其实，"道"是什么并不重要，重要的是它是那么一种本质主义的存在，一种超越性的东西。作文先要有"文心"，写史则要先立"通古今之变，成一家之言"的决心。师有师道，医者则需有仁心，凡此种种，皆可为"道"。而正是这种本质主义的先在道德要求在现代社会高度发展的专业主义之下崩解了。人人皆为专家的时代，非要强调生态整体主义，非要让除谙熟自身研究领域之外几乎一无所知的专家们具备"整体观"和对生态的道义担当，其实是非常困难的。卡逊此著出版后遭到围剿的一大原因即在于此，在我看来，这是几乎无解的困局。关于"杀虫剂"的论证，力挺卡逊的一派做法其实也不甚高明。他们总喜欢阴谋论式的思维方法，动辄指责全部质疑都出自化学工业巨头，一切都是操控与密谋，背后都是权力关系和巨大的经济利益，这种道德指责在本质主义土崩瓦解的时代其实并无什么效果。试想，如果不是站在道德制高点上先入为主地将"杀虫剂"判定为一切罪恶之源，你是更相信一个作家的话，还是更相信一个专业的化学家、毒理学家或昆虫学家的话？社会分工细密到这个程度，纵使我们再怀念那个大师辈出、道义担当大过雕虫小技的时代，了解真相还是要依靠专家们。而反对派的指责在这个意义上就并非完全没有道理。卡逊只拿到了霍普金斯大学的生物学硕士学位，且之后在美国鱼类及野生动植物管理局长期工作，她并非专业科学家。

卡逊的叙述煽情吗？毫无疑问，煽情。卡逊罗织的调查结论足够科学吗？从专业主义的角度看，对任何研究对象的评估，都不能只侧重其缺点,杀虫剂对现代农业形成起到的重要作用的确并未在书中提及。在这个意义上,我不认为这是一篇科普作品,它很类似于当下流行的"非虚构写作"。如果不用这个新名词,那说是"报告文学"也可以。科普作品相当严谨、客观、公正,再多个案也是个案,除非得到普遍证明,否则还是不要妄下结论的好。报告文学则聚焦问题本身,暴露得越多越好,挖深挖透。写作者自身并不需要对相关领域有多么深透的研究,但需要尽可能穷尽材料,让各种材料通过写作者有意为之地组合呈现出有意味的"客观"。其命意,套用鲁迅先生的话说,就是"揭出病苦,以引起疗救的注意"。可以说,这是文学的正义,或纸面上的正义。这样说,并不是要贬低《寂静的春天》本身的重要意义,可必须强调从纸面上的正义到现实正义的现实,中间还有很长的路要走。我们不妨设想,如果由《寂静的春天》引出的滥用杀虫剂问题仅在部分专家中引起争议或讨论而没有像后来那样进入到社会公共空间成为中心话题,其最终效果可能就会大打折扣。

多年前,我在美国一份科学杂志上读到过一篇观点犀利的文章,作者认为不要给人类的环保理念找任何冠冕堂皇的理由,最直截了当地——保护环境,仅仅是为了人类自己,和道德没什么关系。都是血肉有情之品,野生动物惨死在猎人枪口之下,肉牛在屠宰场觳觫哀鸣,能有什么不同。没必要非要渲染前者更悲凉凄惨,保护野生动物、维护物种多样性,而肉牛们天生就得接受"向死而生"的命运,出发点都是为了人类自身的利益,少谈点高尚道德,多说点环保对人类自身的好处,说不定效果好得多。话题扯远了,还是回到卡逊这本书。正是揉进了大量杀虫剂危害人类后代的例子——比如乳牛因吃了喷过杀虫剂的牧草,产出的牛奶中含有超量的DDT（双对氯苯基三氯乙烷，俗称"滴滴涕"，属有机氯类杀虫剂）残留；再如，对各种哺乳动物因接触杀虫剂后出现无法正常繁育后代的描述——触动了人们的神经，这才使一个科普话题升级为重要的公众议题，最终促成20世纪60年代美国杀虫剂大辩论。

  运转再顺畅的官僚体制，要让其自身发现问题其实是非常困难的，但科层化本身未必没有好处。比如，科层化必然导致一定程度的低效，而很多事情真的不是马上行动就一定好。在反对者的声音中，我听到过这样一种说法：当年农药DDT被发明出来，用来消灭蚊虫，减少疟疾。但1962年，卡逊发表了著名的《寂静的春天》，指出DDT致癌，并污染环境。DDT停用之后，又没有同样有效的药物来对付蚊虫，这使得非洲疟疾的发病率飙升。因为DDT的禁用，到了2000年，世界至少有3亿疟疾患者，每年导致超过100万人死亡，相当于每天都有7架坐满儿童的波音747失事。报告文学毕竟是文学，"深度调查"调查得再深毕竟也只是新闻报道，既然要揭露问题，那就难免会"攻其一点，不及其余"，煽情云云，自然可以理解。倒是进入到实践层面后，多听听不同意见（哪怕背后有所谓的利益集团存在）仍是有益的。从传播心理学角度，大众有时的确容易受到过度激情的蛊惑。比如，如果你只粗读了此书，亲自感受到春日里鸟鸣声不再，难道不会对杀虫剂恨之入骨？哪里还有时间认真研究卡逊的本意其实是不要滥用而绝非禁用这些现代化学工业产品。有时，缺乏整体性思维的正是大众本身：他们总是容易受到蛊惑，以为全面禁绝化学杀虫剂，就可以换回绿水青山。可问题是，现代农业本身根本无法离开化学工业。不说杀虫剂，单说各种名目繁多的食品添加剂，如果这些也一并清除禁用，现代食品工业能不能存在都不好说，而没有现代食品工业，光靠散养、零添加，这么多的人口，人们能不能吃饱饭都成问题。其实，在处理环境问题时，我们可能多少都遇到过类似的电车悖论——一个疯子把五个无辜的人绑在电车轨道上。一辆失控的电车朝他们驶来，并且片刻后就要碾压到他们。幸运的是，你可以拉一个拉杆，让电车开到另一条轨道上。但是还有一个问题，那个疯子在另一条轨道上也绑了一个人。考虑以上状况，你应该拉拉杆吗？功利主义者的选择是拉拉杆，拯救五个人只杀死一个人。但是反对者会认为一旦拉了拉杆，你就成为一个不道德行为的同谋——你要为另一条轨道上单独的一个人的死负部分责任。也许什么都不做才是对的。可问题是，身处这种状况下就要求你要有所作为，不作为将会是同等的不道德。总之，不存在完全的道德行为，这就是重点所在。因疟疾死去的生命是生命，因误用杀虫剂而死去的生命也是生命，面对这种两难，我们该何去何从？面对这一困局，站在道德制高点上的任何判断往往都会让我们陷入电车悖论之中，这就牵扯到我在序言中要谈论的最后一个问题。其实，杀虫剂问题以及其他许多问题说到最后都不仅仅是环保问题，毋宁说是一个政治问题，有时也会是生存问题。记不太清了，大概20年前吧，国际上召开环境保护大会，议题是"贫穷是最大的污染源"。这算是洞察了人性后的省思，至少比那些在现代社会整日高呼儒家生态保护或道家天人合一思想的学者对环境问题的认识更深刻。我们今天谈论环境问题，设定的论域诸如"代内公平""代际公平"，可现实的问题是：我们何以要求自身生存都成问题的人考虑"代际公平"的问题？这不滑稽吗？所以，就环境问题谈环境问题毫无意义,我们无法将人性抬得过高。2012年前后,我注意到一位来自湖北武汉的网友发表的言论,他说:"当进行一项公共决策时,我们不能仅仅只诉诸感情。DDT污染环境好不好?当然不好。但如果污染环境能够拯救2000万条生命呢?我们这里要问'值不值',而不是'好不好'。所以,光是大骂一样东西很坏是不够的。我们至少应该追问三个问题:它'具体有多坏?','有没有更坏的?',以及'没有它会不会更坏'?"这三个问题,也是我希望读者诸君在阅读这本名著时注意到的。读一本书,思考一个问题,很多时候你不仅要被作者带入到他/她的思考方式之中,也要学会适当地跳脱出来,将作者的思想对象化,这样才可能形成自己对问题的判断能力。

在这本书中,卡逊对美国农业部、林务局、美国食品药品监督管理局多有批评,抓住丢人现眼的火蚁防治计划(不仅没有根除火蚁,其数量最终被证明反而增加了)大加奚落,似乎政府部门的官员当真傲慢无知得很。可话说回来,尽管有些曲折,该书能最终出版,不也正是说明20世纪60年代的美国还有让人自由发言的空间吗?说到底,不管抨击多激烈,杀虫剂问题要想真正得到改观,靠的也还是这批人,而他们当真那么令人失望吗?1962年,《寂静的春天》问世,在公众推动下,肯尼迪总统授意科学顾问委员会对杀虫剂问题展开为期8个月的调查,1963年5月15日就公布了政府的杀虫剂报告。最终结论是:"应有秩序地减少长效杀虫剂的施用量,最终目标应是废除长效毒性杀虫剂",同时,"联邦有关部门和机构开始实行公众宣传计划,向大众说明杀虫剂的用途及其毒性"。注意:卡逊从未在其著作中表示要公众彻底拒绝使用杀虫剂,但滥用杀虫剂致死的案例如此触目惊心,就会让人们产生一种错觉,似乎杀虫剂就是一切罪恶的起源一样。而这一错误的认知在公众和专家普遍参与、正面观点和反面观点充分碰撞交锋之后得以调整。我们除了要感谢卡逊以外,还应意识到一个允许各种不同意见发出声音的听证制度有多么重要,更为重要的是一个专门的环境保护机构在这种具有自我反身的制度中有机会被创造出来。彼时,美国没有专门的环境保护机构。在杀虫剂管制方面,农业部负责登记和推广杀虫剂计划,内政部的美国鱼类及野生动植物管理局负责猎杀害兽,卫生、教育与福利部公共卫生局主管消灭传播疾病的昆虫。在本书中,我们也会看到,在杀虫剂问题上往往政出多门且相互矛盾冲突。该书出版的第二年,即1963年,在联邦参议员亚伯拉罕·里比科夫的建议下,国会成立了里比科夫小组委员会,展开了对杀虫剂污染的调查。1964年,国会修正《联邦杀虫剂、杀菌剂和灭鼠剂法案》,授权农业部可否决、注销或延迟对杀虫剂的登记,终止"抗议登记"制度,除非厂家能证明其产品安全,否则该产品不得上市销售。管理严格起来后,杀虫剂厂商开始开发能与环境兼容的新产品,易降解、低残留、高活性及对非靶标生物和环境影响变小,比如《寂静的春天》中已经提到的拟除虫菊酯类杀虫剂与三唑类杀虫剂等。美国农业杀虫剂的使用量也在经历了六七十年代的增长后开始缓慢回落,目前基本稳定在每年32万吨左右。我们自然要感谢卡逊,可若是没有一套相对完善的、具有自我纠错能力的制度,恐怕正义的边界就会变老。在这个意义上,我希望读者诸君有机会可以读一读小弗兰克·格雷厄姆写的一本册子《〈寂静的春天〉续篇》,看看《寂静的春天》出版后美国各界就杀虫剂问题的辩论与博弈过程,更好地了解有关人民福祉与人类未来的重要议题是如何从纸面上的正义落实到实际的制度层面的。如果读者诸君看过此书后，只是抱怨几句或是默默下定决心以后多花上几个钱去超市买有机蔬菜供自己享用（这样的人恐怕不少），那翻译此书显然毫无意义。卡逊的身份不少，不过我最看重的是，她自认是一个对社会负有道义担当的现代公民。一个社会若要健康发展，这样愿意挺身而出的现代公民必不可少，能够容受这样的人，给他们掌声与激励的制度同样必不可少，少了哪一样，不管是环境问题还是其他问题，恐怕都解决不好。

临了，还有几句话要说。本书的翻译缘起于为山东大学本科生开设的一门"鲁迅精读"课。大概是2017年左右，讲到鲁迅早期所译俄国作家安特莱夫（今译安德烈耶夫）的小说《默》（今译《沉默》），逐段为学生对读原文与鲁迅译文，看鲁迅如何撑破文言语体极限"硬译"。鲁迅彼时受章太炎影响颇深，对严复"载飞载鸣"式译笔早有不满，可在"硬译"的过程中不经意间竟至慢慢改变了文言语体的规矩，成了日后白话小说《狂人日记》的提前操练。于是提及，不要读到教科书上讲五四一代人如何大骂"桐城谬种，选学妖孽"就死记硬背下来，桐城云云，若是你自己都不谙其义法，没有实际写过，何以知道谬种这样的判断从何而来呢？同理，自己不能深味翻译甘苦，就大谈特谈鲁迅的翻译，实在不该。于是承诺，自己一定译它一回，再和学生们交流感受。选择这本书，正因此前读过诸多译本，译者外语系出身者多，文学系出身者少，每每看时，就觉得某处某处如果我来译，语言可能全不一样，说不定能提供一个更好玩的译本，最终也就下手了。所以，首先要感谢山东大学2016、2017、2018级的选课诸君，常常在课上脑门一热，夸下海口，而又与诸君低头不见抬头见，就得件件落实。当初和国际文化出版公司的编辑谈好半年交回译稿，从 2018 年 10 月到 2019 年 4 月，基本就是在推敲翻译语言中度过的。之前看季剑青兄在网上发了翻译专用小桌板 SYSMAX，索性也订购了一个，于是不管走到哪里，都要在书包里背上这一块木板。过年时，带着刚出生的女儿去妻子家。扬州冬日，阴雨绵绵，冷风刺骨，鞭炮也没放，竟日坐在屋中，上身羽绒服，下身盖上两层被子，门也不出，仍在翻译，对这一家人也只能说声抱歉了。在翻译过程中，参考了已有的各种译本。因我个人精力有限，每章内容译出后，都请周琳帮忙协助，将我的译文与其他译本的译文进行了参校，取长补短。这里，还要对这些素未谋面的译者深表谢忱。

最终需要说明的是，我本人一直在文学系任教，虽然尽可能地对书中一些化学、生物学术语的用法和译法进行了详细的考证研究，但仍可能存在误译、误用的情况，还请读者诸君对这个译本多加批评，待再版时能做些改进。

2019 年 4 月 5 日于北京森林大第，时沙尘大作

第一章
明天的寓言

曾经,美国中部有一座小镇,那里所有生物看起来都与周遭环境和谐相处。小镇坐落于如棋盘般纵横交错的繁荣的农场中,在其四围,是成片的良田与山腰间的果园。春日,状如繁花的朵朵流云在绿色原野间飘过;秋日,橡树、枫树与桦树点起色彩的焰火,燃烧着,若是透过松林的屏障望过去,这色彩的焰火则变得摇曳而闪烁。野狐在山间呜呜,群鹿静默地穿过田野,在秋日清晨的薄雾中,它们的行迹,若隐若现。

路的两旁是月桂、荚莲、赤杨、巨大的蕨类与点缀其间的野花。在一年当中的大部分时间里,来到这里的游人一眼望过去就会觉得心旷神怡。即使在寒冷的冬日,路两旁仍景色宜人。数不清的鸟儿飞来此地,啄食雪地上的浆果和干草籽。原来,这座小镇本就以鸟类数量大、种类多而著称。每年春秋两季,鸟儿在这里如潮水般地迁徙,引得无数人为能身临其境远道而来。还有游人来此专为垂钓,溪流从山中流出,清洌异常。又积蓄成一个个小池塘,河中鳟鱼不可计数。多年前,这里迎来了第一批居民,他们盖起了房子,打好了井,筑好了谷仓,就这样平静地生活了好多年。

然而,几乎是一夜之间,这里的花草树木奇怪地枯萎了,这之后，一切都变了。小镇仿佛被施了什么邪恶的魔咒：瘟疫在鸡群间蔓延，牛羊纷纷染病而死，到处都笼罩着死亡的阴影。农人们在家中讨论最多的就是关于疾病的话题。镇里的医生对病人身上出现的各种新症状感到疑惑不解。经常有人突然死亡，而病因却无法查清。成人如此，孩童亦然。一些孩子刚才还好好地在外面嬉戏，转眼间就恶疾缠身，几个小时之内就死亡。

小镇到处都只有令人感到奇怪的静默。人们在心中隐隐问自己，鸟儿呢？它们到哪里去了？人们谈论着鸟儿的消失，充满疑惑，心烦意乱。后庭中的喂食器久已没有鸟儿光顾。偶尔看到的几只鸟儿，却是在垂死挣扎：它们浑身剧烈地颤抖，早已无力飞翔。是的，这是一个没有任何声音的春天。曾经，春日清晨的林间总是跳动着动人的音符，知更鸟、猫鹊、白鸽、松鸦、鹪鹩和其他许多鸟儿的叫声就是一曲大合唱。可如今，人们听不到一点声音。田间、森林与沼泽，到处都是一片静默。

农场里，母鸡仍在努力孵化，可却总也孵不出小鸡。农民们整天抱怨一头猪也养不活——新生下来的猪崽长得小小的，也总是活不过几天。苹果树照样开花，可花朵附近再也见不到辛勤工作的蜜蜂，没有动物会给花朵授粉自然也就无法收获果实。

路两旁的风光曾如斯迷人，可如今只剩下枯黄的枝叶，仿佛一场大火刚刚横扫过。路两旁也变得鸦雀无声，没有任何生命迹象。就连溪水中也见不到游鱼了，自然也就再无垂钓客远道而来。

屋檐下的排水沟里和屋顶瓦片上可以见到许多粒状粉末。几星期前，这些粒状粉末曾如纷纷扬扬的大雪从天而降，落在屋顶上、草坪里、田地间、溪流中。

这并非什么巫术，不是恶魔让世界遭遇灾难，让一切生命都停止了繁衍。相反，这一切，都是人类亲手造成的。

这座小镇在现实中并不存在，然而，在美国甚至整个世界范围内，要找到成千上万个与这样的小镇类似的地方实在不是什么难事。我知道，也许一个地区不会同时遭遇我上面提到的所有不幸。可上面提到的每一种不幸都实实在在地在不同地方发生过，而且，真的有许多地区同时经历了好几种不幸。可怕的幽灵正悄无声息地向我们迫近。也许，今天还是想象中的悲剧，明天就可能成为活生生的现实。

究竟是什么让美国无数个小镇的春天变得寂静无声？这本书将试着给出答案。

第二章
忍耐的义务

地球生物史就是一部地球上的生物与其生存环境相互影响的历史。在很大程度上,地球上动植物的自然形态和生物习性皆由其所处的环境塑造而成。如果考虑到地球存在的漫长时光,那么相反的影响,即生物竟也可以改变其所处环境,相对来说却极少发生。只有到了以 20 世纪为代表的这段时间,地球上的一个物种——人类才拥有了改变其所在世界的自然环境的强大力量。

过去的四分之一个世纪,人类的这种强大力量不仅增大到了令人不安的程度,而且其性质亦发生了变化。在人类向自然所施的全部攻击中,最令人惊恐的乃是其以十分危险甚至足以致命的物质污染空气、土壤、河流和海洋。污染造成的损失在很大程度上看是无法挽回的,环境污染的恶性循环一旦开启,无论对维持万物生命的地球还是地球上的生物造成的伤害,在很大程度上看同样是不可逆转的。如今,环境污染遍布全球,虽然会带来灾难性的后果,却很少有人了解化学药品与其"搭档"辐射一样可以改变自然——同时改变自然界中的生物。锶90,一种核爆炸后被释放到大气中的放射性尘埃,会随着雨水或直接飘落到地面上,渗入长满杂草、玉米、小麦的土壤之中,最终进入人体并积存在人体的骨骼之中直到其死亡为止。同样,喷洒在农田、森林或花园中的化学药剂也会长时间积存在土壤中，侵入生物机体，它们在生命体之间不断传递，让生命体进入了中毒与死亡的锁链之中。它们也可能神秘地随着地下水的流动而转移他方直到最终再次流出地面，如同使用了炼金术一般使自身与空气和阳光融合于一处进而合成新的物质，这些新的物质将会使植物死亡、耕牛患病，给那些习惯于饮用清澈的井水的人们在不知不觉中带来伤害。一如阿尔贝特·史怀哲说过的那样："人类最难辨认的就是那些他们亲手创造出来的魔鬼。"

经过了亿万年的时间，才有了如今生存在地球上的生物——在宇宙万古的时间中，它们不断发展、进化并且演化以使其适应生存其间的自然环境并与之保持平衡。环境，严格地"塑造"并"引导"着生存于其间的生物，它既为生物提供有利条件，也包含着对它们不利的因素。部分岩石会发出危险的射线，甚至所有生物都从其中获得能量的阳光也有两面性，阳光中的短波辐射既为万物提供能量也给其带来伤害。需要相当长的时间——不是几年而是几千万年，生物才会适应周围的环境，两者之间的平衡才会达成。时间是完成这一过程最为重要的因素，然而现代人却显然不想再去等待。

急剧的变化以及快速出现的诸多新情况使得大自然从容的步伐再也无法跟上鲁莽冲动而毫无顾忌向前冲去的人类。放射线不再仅仅是诸如岩石射线、宇宙射线以及太阳能紫外线等地球上未有生命之前就存在的本底辐射，如今，还应包括那些人类通过对原子进行干预而制造出来的非自然的放射线。生命体需要学会"与之相处"的那些化学物质也不再仅仅是钙、硅、铜以及其他那些被从岩石上冲刷下来汇入江河、流入大海的矿物质，而是人类凭借他们充满创造力的头脑合成而出的化学物质，这些人工合成物在人类的实验室里被制造出来，在自然界中完全找不到。

生物系学会适应这些化学物质也和其学会适应那些自然中本有的物质一样需要时间，也许需要的不是一个人的短短几十年，而是几代人的时间。不过即便如此也是徒劳无益的，除非发生什么奇迹，因为新的化学物质源源不断地在我们的实验室里被制造出来，仅只在美国，每年就有差不多500种新的化学物质被投入到实际应用中去。这一数字令人惊愕，其造成的影响更令人难以想象——无论是人类还是动物，每年都要莫名其妙地被要求适应500种新的化学药品，而这些化学药品全部都在生物体已有经验之外。

这些化学药品有许多被人类用来与自然进行"战争"。从20世纪40年代中期开始，超过200种化学药品被研发出来，用以消灭昆虫、杂草、啮齿类动物以及其他一些现代人发明的新词"害虫"所指的生物。人们将这些化学药品冠以数千种不同的商品名称并售卖。

这些农药喷剂、粉剂以及气雾剂如今几乎被普遍地用于农场、果园、森林和家庭——这些未经过任何筛选的化学药品拥有足以毒死每一只昆虫的强大杀伤力，无论它们是"益虫"还是"害虫"。它们会使鸟儿停止歌唱，游鱼不再腾跃；它们会为树叶罩上一层足以使其枯萎的薄膜并最终渗入土壤之中——所有这一切不过是因为我们想要除掉一些杂草、一只昆虫。有谁会相信将这么大量的毒剂洒向地球表面却不会给地球上的生物带来健康威胁？它们实在不应该被叫作"杀虫剂"，应该被称为"杀生剂"。

施用杀虫剂的整个过程似乎已陷入了一种恶性循环之中。自从 DDT 获准进行民用,一个毒性升级的过程就开始了,人们必须要找到毒性更强的化学物质。之所以会发生这样的事乃是因为在施用了某种杀虫剂之后,昆虫——成功地证明了达尔文有关适者生存的理论——就会进化出新的种类,这一新的种类对这种杀虫剂产生了抗药性,故此就需要研发出一种毒性更强的产品,接下来,是毒性要再强一些。这样做的另外一个原因,正如在稍后进行说明的那样,灭虫行动通常会遭到"激烈的反抗",也就是在喷洒农药过后不久,被灭除的昆虫会死灰复燃,且数量比之前更多。所以说,人类以化学药品对抗自然的战争绝不可能取胜,而一切生物却都被迫卷入了这场激烈的"交火"中。

与核战争会造成人类毁灭一样,我们这个时代的中心问题,就是人类用那些潜在风险未知的化学物质对环境造成的全面污染也会带来同样严重的后果。这些化学物质集聚在动植物身体组织内,甚至会渗透进生殖细胞中破坏或者改变那些足以决定物种未来形态的遗传物质。

有些人类未来的设计师们期待着这样一天的到来,那时通过设计,人类可以改变他们的基因图谱。其实,我们如今就可以轻而易举地实现这一梦想,因为很多化学药剂会像辐射一样导致基因的突变。想想人类竟然可以通过选择使用杀虫剂这种看起来微不足道的小事就决定自己的未来,实在是一种讽刺。

人类冒了这么大的风险——究竟是为了什么? 未来的历史学家也许会为我们今天这种在辨别利弊时扭曲的判断力感到震惊。为了控制那些对他们有害的昆虫,聪明的人类怎么会想去寻找这样一种方法,既会污染整个环境,也会使自己受到疾病和死亡的威胁? 然而,人类恰恰这样做了。是的,我们这样做了,并且真的是为了一些当我们仔细审视后觉得根本站不住脚的原因。

我们被告知大剂量地施用农药对于确保农业产量是必要的。然而，我们的真正问题之一难道不正是产能过剩吗？我们的农场——虽然为了减少产量而削减了不少耕地面积，并且给农民补贴让他们不要生产——其农作物产量实在大得惊人。1962年，美国纳税人为存储这些过剩粮食支付的总费用就超过10亿美元。然而，以下情况使这一窘境难上加难，每当农业部下属的某一部分试图削减耕地数量时，另一部分马上表示"人们普遍认为在施行地力保持计划的同时削减耕地面积会刺激农民使用大量化学药品以使可被用来耕作的土地获得最高产量"。这样的分歧1958年就出现过。

上文所述并非说不存在害虫问题以及不需要防控这类问题。我的意思是说害虫防控必须联系实际，而不是凭空臆想，并且用来防治害虫的方法必须是这样的，即这些方法不能将我们连同害虫一起消灭。

人类尝试解决问题的方案却引出了一系列灾难性后果，这正是现代生活方式的"副作用"。

早在人类出现之前，昆虫就生活在这个地球上——种类繁多且具有极强适应性的生物。人类出现后的漫长岁月里，50多万种昆虫中仅有一小部分与人类的福祉产生了矛盾，这主要表现在两个方面：一种情况是其与人类争夺食物资源，另一种情况是其作为传播人类疾病的中介。

那些在人类聚居处传播疾病的害虫非常有必要防治，尤其是在环境卫生条件极差的地区、正面临自然灾害或战争的地区以及人民极度贫穷和困顿的地区。这种情况下，对某些害虫的防控就变得十分必要。然而，一个会让我们变得冷静的事实是，我们马上就会看到，以大量化学药剂防治害虫的方法不仅会取得非常有限的成效，而且会使我们想要控制住的局面变得更糟。

在原始农业生产条件下，农民们很少会遇到昆虫问题。此类问题乃是伴随农业集约化过程而产生的——集约化使人们热衷于在大片土地上种植单一的农作物品种。这种耕种体系为某些昆虫数量出现爆发式增长创造了条件。单一种植农业没有依循自然运行的规律，那是由农业工程师构想出来的东西。大自然向我们展示了多种多样的风景，可是人类却充满了将它们简化的热情。如此一来，人类就破坏了大自然为保持其固有的运行机制及内部的平衡而对不同物种的生长做出的限制。这种自然平衡机制的一个重要方面即是限制了每一个物种在其适合被种植（或生长）之地的数量。显而易见，一种以小麦为食的昆虫，它在大片麦田中的种群数量，一定远远超过将小麦与它不适应的其他农作物混种的农田中的种群数量。

同样的事在另一些物种身上也发生过。30多年前，在美国许多地区的街道两旁都栽植了充满贵高之气的榆树。可如今，人们见到榆树成行美景的期望却因疾病"狂扫"过后榆树全部遭遇灭顶之灾而破灭了。榆树的灭顶之灾由一种甲虫携带的病菌引起。如果这些榆树与其他多种树木混栽，就有可能防止这种甲虫数量的激增以及由此引起的疾病在榆树中的广泛传播。

另一个导致现代社会昆虫问题的因素则必须被置于地质学与人类历史的背景中考察：成千上万不同种群的生物都在扩散其栖居地，从原来的栖居地纷纷涌入新的领地。这一世界性的大迁徙在英国生态学家查尔斯·埃尔顿的新著《动植物入侵生态学》中被认真对待并被生动地描绘出了出来。

在亿万年前的白垩纪时代，滔天洪水切断了不同大陆板块之间的陆桥，生物们发现它们被困在查尔斯·埃尔顿所谓的"庞大而独立的自然保护区"中。在那里，因为与其同类分隔，受困的生物进化出许多新的物种来。大约一千五百万年前，一些大陆板块重新连通，使得这些物种得以开始迁移到新的地区——这一运动不仅仍在持续，而且在今天从人类那里得了巨大的帮助。

外来植物的引进已成为现代世界物种跨地区扩散最主要的中间环节，因为动物几乎总是随着植物的扩散而迁徙。检疫不过是一项最近才出现且不完全有效的新制度，仅美国植物引进署就从世界各地引进了差不多20万种不同的植物。美国180多种主要植物害虫中，差不多有一半都是无意中从国外输入进来的，它们大多数都是搭了植物的便车来到美国。

在新的领地中，没有了在其原生地足以压制其种群数量的天敌的遏制，一种入侵植物或动物就会在数量上激增。因此，毫无意外的，给我们带来最大麻烦的昆虫都是外来物种。

这样的物种入侵，不管是自然发生的或在人类助推下发生的，都有可能无限期地延续下去。检疫制度和大规模喷药运动只不过是人类为了争取时间而采取的耗资巨大的方法。

在查尔斯·埃尔顿博士看来，我们面临着"一场生与死的较量，这不仅需要去找到控制某种植物或动物数量新的技术手段"，我们更需要去了解关于动物种群的基本知识以及它们与周围环境之间的关系，因为这会"促成自然平衡的形成，减小害虫数量突然激增带来的巨大破坏力，同时防范新的物种入侵"。

不少必要的知识如今已经唾手可得，然而我们并不愿利用。我们在大学培养生态学专业人才，政府部门也聘任了不少生态学家，可是却很少听取他们的建议。我们任由化学药剂像雨水一样洒落，仿佛别无他法。可事实上方法却有许多，如果条件允许，有着聪明才智的我们也许会想出更多的方法。

我们把那些劣质有害的东西视为不可或缺之物，好像丧失了辨明优劣的意愿与眼光，我们是被什么迷惑了吗？

正如生态学家保罗·谢帕德所说，这种想法"这是对濒临崩溃的生活的理想化，我们现今生活的环境让我们距离自己的忍耐限度只差一点点了。……为什么我们要忍受食物中所含的微量毒素？为什么我们要忍受生活在一个了无生趣的家园之中？为什么我们要忍受那些既难说是敌人，也难说是朋友的物种？为什么我们要忍受那些差点就把我们搞得精神错乱的马达轰鸣声？谁会愿意生活在一个仅仅不会让我们马上死掉的世界中？"

然而，这样一个世界正在进逼而来。致力于以化学药剂防控为手段创造出一个没有昆虫的世界的改革运动已经使得许多专家和大部分被称之为害虫防控机构的工作人员变得狂热起来。各方面证据显示，那些热衷于喷洒农药防控害虫的人展现出其残酷无情的力量。康涅狄格州的一位昆虫学家尼里·特纳说："那些管理机构里的昆虫学家……集检察官、法官、陪审团、估税员、收税员和执行官等多重职能于一身，以强力推行自己发布的命令。"这种公然对权力的滥用，州政府及联邦政府竟放任不管。

我并非主张绝对不准使用化学杀虫剂，但我坚决反对我们将含有剧毒的化学用品不加选择地交到那些它们的潜在危害完全或几乎无知的人手中。

我们已经在未经人们同意甚至人们毫不知情的情况下让许多人接触了这些毒药。如果《权利法案》没有保护"公民有免受个人或政府官员滥用有毒化学品伤害的权利"这样的条款，那仅仅是因为，纵使我们的先人有着卓绝的智慧和远见，他们也无法预知我们今天会遇到这样的问题。

我还要进一步地指出，我们几乎没有进行化学药品对土壤、水源、野生动植物以及人类自身的影响的先期调查，就默许其被使用。地球万物都生存在整个自然界之中，但我们却从未认真地关注过大自然，子孙后代一定不会原谅我们。

目前，这一危害的本质，人们认识得仍然十分有限。这是一个"盛产"专家的时代。专家们专注于自己专业领域中的问题，却不了解或了解而不愿在一个更大的框架中进行思考。这也是工业主宰一切的时代，只要能赚到几个钱，人们从来不去质疑为此要付出什么代价。

当公众明显发现有些严重危害是施用杀虫剂所致并据此提出抗议时，他们就用些半真半假的回复给公众吃上一颗定心丸。我们迫切需要停止这种虚假的保证，不要再给令人难以接受的真相裹上一层糖衣。公众目前正被迫承受着害虫防治者们制订的计划带来的风险。公众必须决定他们是否要在这条路上继续走下去，而只有他们掌握了全部真相，这样的决定才能被做出。正如让·罗斯丹所说："忍受的义务让我们拥有了知道真相的权利。"

第三章
死亡的灵丹妙药

世界历史上第一次出现了这样的时刻,每个人如今都不得不与危险的化学品接触,从他在母体中被孕育开始,直至死亡。在合成杀虫剂投入使用的不到二十年时间中,它们已然广布于有生命和无生命的自然环境之中,事实上,它们可以说是无处不在。人们可以在各大主要水系中找到它们,甚至在汩汩流淌的地下河中发现它们的踪迹。那些可能是十几年前施用的化学药品仍会残留在土壤之中。它们到处进入并残留在鱼类、鸟类、家用及野生动物的体内,科学家们开展的动物实验表明几乎难以找到不受这种污染影响的生物。遥远山区湖泊里的游鱼,正在土地中掘穴的蚯蚓,鸟类的蛋——包括人类自己,都深受其影响。如今,绝大多数人体内都积存着这些化学物质,不论年龄大小。它们甚至会积存在母乳以及尚未出生的婴儿的身体组织内。

这一切的出现皆因具有杀虫特性的人造或合成化学品制造迅速崛起并快速发展成一门产业。这门产业的兴起是第二次世界大战的产物。在研制化学武器的过程中,人们发现一些在实验室中被研发出的化学药品也可使昆虫毙命。这一发现并非偶然,昆虫曾一度被用来测试那些化学武器对人类的杀伤力。这一发现看起来直接导致合成杀虫剂源源不断地被生产出来,通过人工合成——人们在实验室中如此精心地改变分子结构，用别的原子替换原来位置的原子并改变它们的排列方式——这些新产品与战前那些仅具初级水准的杀虫剂绝不可同日而语。战前的杀虫剂由天然矿物质和植物的提取物制成——包括用砷、铜、铅、锰、锌及其他矿物质合成的杀虫剂、用干菊花制成的除虫菊杀虫剂、从烟草及其同属植物中提取出的硫酸烟精以及从东印度群岛的豆科植物中提取出的鱼藤酮。

和战前研制的杀虫剂明显不同，更新一代的合成杀虫剂对生物有着更为巨大的杀伤力。这种巨大的杀伤力不仅会使生物中毒，而且会参与机体重要的运行过程并对其造成有害的并且经常是致命的改变。因之，正如我们将看到的那样，它们会破坏保护我们的身体免受侵害的各种酶，阻碍使身体获得能量的氧化过程，干扰身体各器官发挥其正常作用，也可能进入某些细胞并引起其缓慢但不可逆的改变，并最终导致其变为恶性细胞。

然而，每一年都会有更新更多的致命化学药品被列入杀虫剂的名单之中，更多的新用途被发明出来，这使得几乎在世界上的每一个角落人们都会接触到它们。合成杀虫剂产品在美国的产量一度从1947年的12425.9万磅猛增到1960年的63766.6万磅——超过5倍的增长。这些产品的市场批发价超过2.5亿美元。不过就化工产品的规划与期望而言，如此巨大的产量也不过是一个开始而已。因此，编纂一本杀虫剂名录与我们所有人息息相关。如果注定要与这些化学药品亲密相处——通过我们的饮食"吃掉"或"喝掉"它们，让它们浸透骨髓——我们最好还是了解一些它们的特性以及威力。

虽然第二次世界大战标志着一个转折点，即由无机化学物质制成的杀虫剂在人们发现了碳分子构成的奇妙世界后改为由有机化学物质制造，但一些旧材料仍被保留下来。这些被保留下来的旧材料中最重要的一种就是砷，它仍是多种除草剂和杀虫剂的主要成分。砷是一种剧毒的无机物，大量存在于多种金属矿石之中，在火山、海洋及泉水中也少量存在，它长期给人类带来各种不同的影响。

因为许多由砷合成的化学物质无味，故其早在博尔吉亚剧毒之家之前就成为谋杀、行凶最受欢迎的毒药，直到今天仍然如此。早在差不多两百年前，一位英国医生发现，彼时英国的烟囱中冒出的煤烟里含有砷，当其与某种芳香烃化合后会形成一种物质，而这种物质则被认为是当时英国煤烟污染致癌的元凶。长期以来的记载表明，慢性砷中毒的风险正在波及整个人类，砷对环境的污染也引起马、牛、羊、猪、鹿、鱼及蜜蜂等中毒和死亡。尽管有这类记录，然而含砷喷雾剂和粉剂仍被广泛使用。

美国南部那些被含砷农药喷洒过的棉花产区，养蜂业差不多已经消失了。长期使用砷粉剂的农民饱受慢性砷中毒之苦；家畜接触了被含砷的杀虫剂喷过的庄稼或是被含砷的除草剂喷过的杂草后也中了毒。从蓝莓种植园漂出的含砷粉剂又漂到了临近的农场，污染了整条溪流，给蜜蜂和母牛造成致命的毒害，而最终引发了人类的疾病。"控制砷化合物的危害……如果像我们国家近些年来在使用这些化学药剂时彻底漠视公众健康的做法那样，几乎毫无可能"国家癌症研究中心研究环境致癌问题的权威W.C.休珀博士说，"任何亲眼见过那些含砷的粉剂和喷剂如何被使用的人都会为人们如此粗心大意地对待这种剧毒物质而感到震惊"。

现代的杀虫剂则是更致命的，大部分现代杀虫剂可分为两大类化学物质：一类，以 DDT 为代表，被称为"氯化烃类"；另一类杀虫剂则由有机磷制成，其代表则是人们熟悉的马拉硫磷和对硫磷。两大类化学物质有一个共同点。正如前面说到过的那样，它们都是在碳原子的基础上构成的，而碳原子也是构成整个生物界必不可少的元素，故此其被归入"有机物"这一类别。为了了解上述两大化学物质，我们必须弄清它们是由什么构成以及如何构成的，弄清为何构成它们的化学元素与构成其他物质的化学元素并无不同，却通过对某些元素的替换使自身成为致命的毒物。

最基本的化学元素——碳元素，其原子可任意地以链或环或其他多种形式组合在一起，也可以与其他物质的原子结合。事实上，小到细菌，大到蓝鲸，生物之所以具有如此惊人的多样性在很大程度上取决于碳原子的这种特性。结构复杂的蛋白质分子是以碳原子为基础建构而成的，脂肪、碳水化合物、酶和各种维生素的分子也是如此。同样，大量非生物的构成也是以碳作为基本成分的，要知道，碳不只是生命的象征。

一些有机物只是碳原子和氢原子的简单组合。这其中最简单的是甲烷，或称之为沼气，是自然界中，细菌在水下分解有机物形成的。与一定比例的空气混合，甲烷就会变成可怕的煤矿中的"爆炸气体"。甲烷的结构极为简单，由一个碳原子和四个氢原子组成：

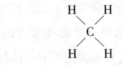

化学家们发现可以去掉一个或所有氢原子并且以其他元素进

行替换。比如，用一个氯原子替换一个氢原子，我们就得到了氯甲烷：

$$\begin{array}{c} H \quad Cl \\ \diagdown \diagup \\ C \\ \diagup \diagdown \\ H \quad H \end{array}$$

去掉三个氢原子而代之以三个氯原子，我们就得到了具有麻醉作用的三氯甲烷：

$$\begin{array}{c} H \quad Cl \\ \diagdown \diagup \\ C \\ \diagup \diagdown \\ Cl \quad Cl \end{array}$$

用所有的氯原子替换所有的氢原子，其结果则会生成四氯化碳，我们熟悉的清洗液。

$$\begin{array}{c} Cl \quad Cl \\ \diagdown \diagup \\ C \\ \diagup \diagdown \\ Cl \quad Cl \end{array}$$

用最简单的术语来解释，在简单的甲烷分子上发生的这些变化说明了氯化烃的形成过程。然而，这样的解释还不足以揭示出由烃类化合物构成的化学世界的真正复杂性，也不足以说明有机化学家们通过改变分子结构而创造出无限多样的新物质的手段。除了仅有一个碳原子的结构简单的甲烷分子外，他们还可以改变碳水化合物分子，这些分子则由多个碳原子构成。这些碳原子以环状或链状排列，并有侧链及分支，连在化学键上的不仅仅有简单的氢原子和氯原子，而且也有各种各样的化学基团。通过一些看起来非常细微的改变，物质的特性就可以被全部改变。具体来说，不仅连接在碳原子上的元素非常重要，这些元素所处的位置也同样至关重要。正是化学家们如此精微的操控，才最终生产出大量具有绝对超强杀伤力的毒药。

DDT（双对氯苯基三氯乙烷的缩写）早在1874年就被一位德国化学家合成出来了，然而其作为杀虫剂的特性直到1939年才被发现。随即，喷洒DDT就被赞誉为扑灭昆虫传播疾病的有效方法，它的发现使农民们对抗庄稼破坏者的战争在一夜之间就取得了胜利。而DDT杀虫功能的发现者，瑞士的保罗·赫尔曼穆勒，获得了诺贝尔奖。

DDT如今被如此广泛地使用，以至于在大多数人的头脑中它不过是一种常见的无毒无害的产品。也许，这种无毒无害的神话起源于如下事实，即DDT最早的用途之一乃是作为粉剂使用，在战时为成千上万的士兵、难民和俘虏除虱。因为大多数人在与DDT"亲密接触"后并未马上受到什么影响，所以人们普遍相信这绝对是一种无害的化学药品。这一误解乃是因为以下事实——与其他的氯化烃类化合物不同，以粉状形式存在的DDT不容易透过皮肤被人体吸收，可一旦溶解在油中——这是它如今被经常使用的方式，则绝对含有剧毒。脂溶性的DDT一旦被人吞食，则会通过消化道被人体慢慢吸收，也会通过肺部吸收。一旦进入人体，它就会大量积存在那些富含脂肪的器官中（因为DDT本身是脂溶性的），比如肾上腺、睾丸或者甲状腺。还有相当多的一部分会积存在肝脏、肾脏以及包裹在肠上的、起保护作用的大量的肠系膜脂肪中。体内积存DDT的过程一开始是我们能够想象的最小剂量被吸收（它们以化学残留物的形式存在于大多数食物之中），然后持续累计以至最终达到一个非常高的水平。那些富含脂肪的器官扮演了"生物放大器"角色，它们会使在饮食中摄入的浓度只有千万分之一的DDT积存在体内后浓度提升至10~15ppm，浓度至少增长一百倍。这些参考数据，对于化学家或物理学来说实在是司空见惯的东西，而对我们大多数人来说则完全是陌生的。百万分之一听起来似乎也不过是一个非常小的数字——事实上也的确如此。可是要知道这种化学物质的毒性十分强烈，仅仅是微量摄入也可能引起身体的巨大变化。动物实验表明，浓度为3ppm的DDT就能抑制一种主要的心肌酶的活性，浓度只需达到5ppm，它就能造成干细胞坏死或癌变。而对于DDT的同族化学药品狄氏剂和氯丹来说，造成同样后果只需2.5ppm的用量。

这实在没什么令人惊讶的。在人体内进行的正常的化学反应中，的确存在着这样一种成因和其造成的结果完全不对等的情况。比如说，仅仅0.2毫克的碘元素，就足以成为人体健康和疾病的分水岭。因为这些杀虫剂在人体内不断地累积却只能被缓慢地排出，所以非常可能给人体带来慢性中毒和肝脏及其他器官的退行性病变等威胁。

科学家们目前尚未就人体内可以积存多少DDT达成一致意见。美国食品药品管理局首席药理学专家阿诺德·莱曼博士认为，人体吸收和贮存DDT的数量既不存在一个下限，也没有上限。另一方面，美国公共卫生署的韦兰·海斯博士则坚持主张，每个个体都有一个摄入平衡值，超出平衡值的那部分DDT会被排出体外。实际上，两者孰是孰非一点也不特别重要。通过对人体内积存的DDT进行分析研究，我们发现普通人体内的DDT积存都会带来潜在的风险。很多研究表明，无DDT接触史的个体（不计因为饮食而不可避免的摄入量）体内平均积存量为 5.3~7.4ppm；农业工人则为 17.1ppm，而杀虫剂工厂的工人体内 DDT 含量竟高达 48ppm！这一通过调查得出的数据足以说明 DDT 在人体积存量的浮动区间之大，然而要知道，就算是最小剂量的积存也会给肝脏、其他器官和人体组织带来损伤。

DDT 及其同族化学物质最具灾难性的特征之一就是它们可以通过整个食物链从一个有机体传递到另一个有机体上。举个例子，将 DDT 粉剂洒在苜蓿田里，然后用苜蓿草做饲料喂鸡，最终，鸡蛋里也会含有 DDT。再比如，干草——DDT 残留为 7~8ppm——用来喂牛，最终挤出的牛奶中 DDT 含量为 3ppm，可一旦用这种牛奶做成黄油，DDT 浓度就可能飙升至 65ppm。通过这样一种传递过程，起初非常小剂量的 DDT 也许最终就会达到很高的浓度。虽然美国食品药品监督管理局禁止含有杀虫剂残留的牛奶进入州际贸易，但奶农们却发现如今根本找不到没有被污染的饲料来喂牛。

毒素还可能从母体传递给下一代。美国食品药品监督管理局的科学家们在送检的母乳中也发现了杀虫剂残留，这意味着母乳喂养的婴儿持续不断地吸收了有毒化学物质，这些物质最终积存在他们的体内。然而，这绝不可能是婴儿第一次接触有毒物质：有充分的理由让我们相信他们在母亲子宫里的时候就已经接触过了。动物实验表明，氯化烃类杀虫剂可以自如地穿过胎盘这一将胚胎与母体内有害物质隔离的"屏障"。虽然婴儿以这种方式吸收的有毒物质数量通常都不大，然而其造成的危害却不可小觑，这是因为婴幼儿比成年人对毒性的反应更为敏感。上述情况意味着，在今天，普通人几乎从其生命被孕育之初就要被迫携带并不断积存这些化学毒药。

微量毒素的积存会导致随之而来总量的增加，随着日常饮食进入体内的那些毒物即可轻而易举地损伤肝脏，以上这些事实使美国食品药品监督管理局的科学家们早在1950年就做出了如下判断："DDT的潜在风险极有可能被低估了。"医学史上尚未出现过与此类似的情况，没有人知道这种潜在风险会带来什么样的后果。

氯丹，另一种氯化烃类化合物，除具有DDT的全部可怕特征之外，还具有许多自己独有的特性。它会长时间地残留在土壤、食物和用它喷洒过的所有物体的表面。氯丹会通过所有可被利用的"门户"进入人体。其喷剂或粉剂可以通过皮肤吸收，可以通过呼吸道进入人体，当然，含有氯丹残留物的食品亦可通过消化道被人吸收。一如所有其他种类的氯化烃类化合物，其也是以缓慢积累的方式最终留存在人体之中的。如果一份食物中仅含有2.5ppm这一微量的氯丹，那么当进入到实验动物内体后其含量则会变成75ppm。

资深药理学专家莱曼博士早在1950年就将氯丹视为"毒性最强的杀虫剂之一——任何与其有接触的人都会中毒"。然而，从郊区居民在治理草坪时毫无顾忌地大量施用氯丹粉剂这一情况判断，莱曼博士的警告并未被人们牢记在心。郊区居民们没有立刻发病这一事实并不能证明什么，毒素会在体内长时间积存，直至在几个月或几年之后人们才会发现自己毫无征兆地患上了各种病，而这些病大部分根本查不出病因。另一方面，中毒后的人们也可能会速死。一位受害者不小心将浓度为25%的氯丹溶液洒在了皮肤上后，40分钟内就出现了中毒症状，还没有来得及接受治疗就死亡了。若人们早一些被警告注意氯丹的巨大危害,也许施救就会更为及时。

七氯,本是构成氯丹的一种成分,也在市场上作为独立杀虫剂配方出售,其具有在脂肪中被大量储存的能力。如果我们吃下去的食物中含有千万分之一的微量七氯,那么人体中就会有大量的七氯被检出。它还具有一种奇特的能力,即经过一系列变化而成为一种化学性质完全不同的物质——环氧七氯。这一转化可以在土壤以及动植物的身体组织内完成。鸟类实验证明,转化生成的环氧七氯比七氯更具毒性,其毒性是氯丹的 4 倍。

早在 20 世纪 30 年代中期,人们就发现一种特殊的烃类化合物——氯化萘,可导致必须与其进行职业性接触的人罹患肝炎以及一种罕见的具有致命性的肝病,这种物质曾导致电气行业的工人患病或死亡。最近,在农业领域,氯化萘则被认为是导致牛罹患一种病因未明且经常致死的恶疾的元凶。考虑到这些先例,我们对于以下三种与氯化萘属于同族的杀虫剂同样可以跻身于最具毒性的行列之中就不会觉得有什么惊讶了,它们是狄氏剂、艾氏剂和异狄氏剂。

狄氏剂,以德国化学家奥托·保罗·赫尔曼·狄尔斯的名字而命名。如果被人吞食,其毒性为 DDT 的 5 倍,可一旦溶解于水中的狄氏剂透过皮肤被吸收,其毒性则为 DDT 的 40 倍。它因可以迅速攻击并严重损害神经系统,使受害者浑身抽搐而臭名昭著。狄氏剂中毒患者的恢复时间非常缓慢,这也说明了它会带来慢性危害。与其他氯化烃类化合物一样,这种对身体的长期影响也包括对肾脏的严重损害。药效的持久性与立竿见影的杀虫效果使狄氏剂如今成为人们使用最多的杀虫剂之一,尽管对它的使用会给野生动物带来毁灭性灾难。在鹌鹑和野鸡身上进行的实验已经证明它的毒性大约是 DDT 的 40 到 50 倍。

我们已有的知识与狄氏剂在人体的吸收、分布或排泄机理还有巨大的差距，这实在是因为化学家们不断发明新的杀虫剂的"聪明才智"远远超出人们所掌握的有关这些毒药如何影响生物体的知识。然而，种种迹象都表明长期积存在人体内的狄氏剂就好像是休眠期的火山一样潜伏着巨大的风险，一旦人体出现生理应激反应需要消耗存储着的脂肪时，这座"火山"就会爆发。我们关于这方面的知识大部分来自世界卫生组织在抗击疟疾运动中的艰难经历。在这次疟疾防控工作中，自从狄氏剂取代了 DDT（因为疟蚊已经对 DDT 产生了抗药性），在喷洒药剂的工人中，中毒事件就开始发生。事态十分严重——一半以上的的中毒人员（他们被分配在抗疟运动的不同项目之中）发生了抽搐，还有不少人死亡。有一些距离最后一次接触狄氏剂已过去长达 4 个月时间的中毒者也出现抽搐症状。

艾氏剂是有点让人不可思议的物质，因为虽然它本身作为一种独立的化学物质存在，可却常常表现出好像是狄氏剂的"另一个自我"。当我们在喷洒了艾氏剂的一块土地上拔出胡萝卜后，竟发现这些胡萝卜上留有狄氏剂存留。这些变化发生在生物体组织中，也会发生在土壤中。这一炼金术般的变化导致了许多错误的报道，比如说，如果一位了解到某个实验对象被施用了艾氏剂，他对这一实验对象进行检测后就会误以为所有的艾氏剂残留全部消失了。残留仍在，不过留下的乃是狄氏剂，只需再做一个狄氏剂检测就够了。

与狄氏剂一样，艾氏剂也有剧毒，也会引起肝肾的退行性病变。一片阿司匹林重量的艾氏剂就足以毒死超过四百人只鹌鹑，尤其引起的多起人类中毒事件都记录在案，这些中毒事件大都与工业生产有关。

艾氏剂——像大多数烃类杀虫剂一样，向未来投下了一道令人感到不祥的暗影，这道暗影就是不孕症。野鸡在被喂食数量极少的艾氏剂后虽然不会致死，但却会出现产蛋减少的情况，而孵化出的鸡苗也会很快死去。狄氏剂带来的这一影响不仅仅局限于禽类。接触过艾氏剂的大鼠怀孕次数变少了，它们的幼崽也羸弱无比且十分短命。艾氏剂中毒的母狗产下的狗崽3天内就死掉了。狄氏剂中毒的生物总会以这样或那样的方式使其下一代也受到影响。没有人知道同样的影响是否也会出现在人类身上，可这种化学药剂早已通过飞机洒向城郊和农田。

异狄氏剂在所有氯化烃类化合物中毒性是最强的，虽然其化学结构与狄氏剂非常相近，但分子结构的一个微小变化却使其具有了5倍的毒性。它的存在使作为氯化烃类杀虫剂"先驱者"的DDT相形之下似乎都成了差不多无害的物质了。异狄氏剂对哺乳动物的毒性是DDT的15倍，对鱼类的毒性是DDT的30倍，而对一些鸟类来说，其毒性是DDT的300倍。

被使用的十年间，异狄氏剂毒死了数量庞大的鱼类，毒死了那些漫步喷过药的果园中不幸的牛，也污染了我们的水源，这使至少一个州的卫生部门发出了严厉的警告：随意使用异狄氏剂会危害人类。

可异狄氏剂中毒最为悲惨的事件之一却表明即便不"随意"使用也于事无补。这次事件中，所有可以想到的提前预防措施都被充分地考虑到了。一个只有一岁的孩子随父母迁居委内瑞拉，因为新的住处房间内有许多蟑螂,几天之后,他们使用含有异狄氏剂成分的杀虫剂对蟑螂进行了消杀。婴儿和家里的宠物犬喷药之前就被带到屋外,其时是早晨9点,喷药后,对屋内地板也进行了清洗。下午3点左右,婴儿和宠物犬回到家中。大概一个小时之后,宠物犬开始呕吐,随后浑身抽搐并很快死亡。当天晚上10点,婴儿也开始出现呕吐症状,随后抽搐起来,最终失去了意识。在这次与异狄氏剂几乎致命的接触以后,这个正常、健康的孩子几乎变成了一个植物人——看不见,听不见,肌肉频繁痉挛,对周围一切似乎完全没有任何感知。在纽约一家医院进行了几个月的治疗以后,孩子的情况仍没有一点改变,也看不到有好转的希望。孩子的主治医生说:"很难说孩子会有一点点康复的希望。"

第二大类主要的杀虫剂,磷酸烷基酯或有机磷酸酯,属于世界上毒性最大的化学药品。其被施用后最主要、最明显的危害是造成急性中毒,无论是用它进行喷洒作业的工人,还是无意中接触到这种杀虫剂的漂浮物的人,抑或是接触过沾满这类杀虫剂的植物或是被丢弃的这种杀虫剂的包装盒的人,皆有可能中毒。在弗罗里达州,两名儿童发现了一只空袋子并用它来修补秋千,之后没多久竟双双毙命,他们的三个玩伴也都表现出中毒症状。这只袋子曾经用来装过一种名为对硫磷的杀虫剂——有机磷酸酯的一种,随后做出的检测确定了两名儿童的死因正是对硫磷中毒。在威斯康星州的另外一起事件中,一对表兄弟在同一天晚上死亡。一个孩子正在自家小院中嬉戏,他的父亲则在附近的农田里用对硫磷喷洒地里的马铃薯,喷雾飘进了院子;另一个孩子调皮地跟着他的父亲跑进了仓库,用手摸了摸喷雾器的喷嘴。

这些杀虫剂的发明颇具讽刺意味。虽然有些化学药品——比如有机磷酸酯——早已被人熟知,但它们具有的杀虫性能直到20世纪30年代末期才被德国化学家格哈德·施拉德发现。紧接着,德国政府发现这类化学药品具有与人类战争中新兴杀伤性武器同样重要的价值,故此展开了秘密的研发工作。一些有机磷酸酯类化学药品被制成了致命性的神经毒气,另一些与之在化学结构上近似的物质,则被制成了杀虫剂。

有机磷酸酯杀虫剂以一种特殊的方式作用于生物体,它们具有破坏人体中各种酶的能力——而酶在人体系统的运行过程中有其不必可缺的作用。它们的最终目标是破坏神经系统,不论受害者是昆虫或是恒温的动物。在正常情况下,一个脉冲从一根神经传导到另一根神经的过程需要一种叫乙酰胆碱的"化学传导器"的帮助,这种起到至关重要作用的物质在脉冲传递完成后则会自动消失。事实上,这种物质的存在时间非常短,如果不用一些特殊的操作程序,医学研究者很难在其在人体内自动消失前对其进行取样检测。这种"化学传导器"的瞬时性对维持机体的正常运行来说是非常必要的。如果在一次神经脉冲过后,乙酰胆碱并没有自动消失,那么脉冲就会通过神经接桥持续不断地继续下去,这是因为没有消失的乙酰胆碱此时会以更加强化的方式发挥作用,而这会导致身体的动作变得非常不协调:身体颤抖、肌肉痉挛、浑身抽搐并最终致人迅速死亡。

身体已经做好了应对这种偶发性情况的准备,一旦乙酰胆碱完成了它"化学传递器"的使命,一种叫作胆碱酯酶的保护性酶将会将其破坏掉。通过这种方式,人体就会达成一种完美的平衡，不会积存会给人体造成威胁的超量的乙酰胆碱。然而，人一旦与有机磷酸酯类杀虫剂接触后，这种保护性的酶就会被破坏掉，而随着这种保护性酶的大量减少，乙酰胆碱则会在体内大量积存。就对神经系统的影响来说，磷酸酯类化合物与生物碱毒药毒蕈碱造成的危害非常相似，后者存在于一种叫毒蝇伞的蘑菇中。

频繁接触有机磷酸酯类杀虫剂会使体内胆碱酯酶水平降低，使个体积存的乙酰胆碱量不断增加达至濒临中毒的边缘，此时，只要乙酰胆碱在体内的存量再增多一点点，毒性就会发作。正因如此，安排那些喷洒农药的工人和其他经常接触农药的人进行定期血液检查看起来是十分重要的。

对硫磷是普及率最高的有机磷酸酯之一，当然，也是最为强效和最为危险的杀虫剂之一。蜜蜂在接触对硫磷后会变得"异常焦躁和好斗"，不停地疯狂飞舞，在不到半个小时就走到死亡的边缘。一位化学家想要弄清楚究竟多大剂量的对硫磷才可能引起人类中毒，所以吞下一点点在自己身上做个实验，在吞下了仅仅 0.004 24 盎司的对硫磷后，他发现自己全身都麻痹了，甚至无力将早就攥在手里的解毒剂送入口中，最终，他死了。据说，在芬兰，对硫磷已经成为自杀的首选。最近几年，加利福尼亚州每年都会报道超过 200 起因意外引发的对硫磷中毒事件。在世界各地，对硫磷的致死率都高得惊人：仅在 1958 年，印度就发生了 100 起对硫磷致死事件，叙利亚则是 67 起，而日本每年也有平均 336 人死于对硫磷中毒。

然而在美国，仍有 70 万磅对硫磷被用于农场和果园——无论是通过手动的喷雾器、电动的鼓风机和喷粉器，还是用更高效的飞机喷洒。据某位医学权威人士所说:"仅仅是用于加利福尼亚州农场的那些对硫磷就是足以将整个人类毒死所需剂量的5到10倍。"使人类幸免于全部灭绝的少数几个原因之一乃是如下事实,即对硫磷及其同族化合物会较快地分解。相比于氯化烃类,它们被施用后在农作物上残留的时间相对较短。然而,对于造成健康危害、引发一系列从轻微到严重的疾病以至死亡等情况来说,这一短时的残留实在也足够长了。在加利福尼亚州河滨市,采摘橘子的30人中有11人感到强烈不适,除1人之外全部入院治疗,他们的症状全部都是典型的对硫磷中毒。果园是早在大约两周半以前喷的对硫磷农药,可残留物仍导致这些工人在16到19天后出现干呕、视力模糊、意识不清等中毒症状。而这无论如何也不是对硫磷残留时间的最长纪录。类似的事故早在一个月前也在其他果园中发生过,在按照标准剂量进行对硫磷喷洒作业后的六个月以后,在橘子皮中仍可发现其残留。

因有机磷农药对所有在田间、果园以及葡萄庄园里用其进行喷洒作业的工人们造成的危害极为严重,故此施用这些化学喷剂的州建立了专门的实验室,为医生们在诊断和治疗此类疾病时提供帮助。如果不在处置毒药受害者病情时戴上橡胶手套,医生们自己也会面临一定的风险,洗熨这些毒药受害者穿的病号服的女工也面临同样的风险,若不小心,就可能因吸收超量的对硫磷而中毒。

马拉硫磷——另一种有机磷酸酯——几乎像DDT一样众所周知,被园丁们广泛地使用,家庭除蚊虫时也要用到它。人们还会像为扑杀地中海果蝇在佛罗里达州将近百万英亩土地上喷药那样,用它来对昆虫们发起地毯式攻击。人们认为马拉硫磷是同族化学物质中毒性最小的一种，许多人甚至觉得可以随意使用，无惧其危害。商业广告对人们如此安心的态度更起了推波助澜的作用。

对马拉硫磷"安全性"的断言毋宁说是建立在不牢靠的基础之上的——正如常常发生的那样——某一化学药剂的毒性往往要在它被使用许多年之后才能被人们发现。马拉硫磷的所谓"安全性"端赖哺乳动物的肝脏，这一脏器有着超强的保护能力，这造成了马拉硫磷相对无害的假象。肝脏具有的这种解毒作用乃全赖这一脏器中的一种酶。然而，如果某种物质破坏了这种酶或干涉其发挥作用，接触马拉硫磷的人就能感受到这种毒药的强大威力了。

对我们所有人来说，不幸的是，发生上述情况的概率是非常大的。几年前，美国食品药品监督管理局的科学家们发现当马拉硫磷和某些其他的有机磷酸酯类同时使用时会产生更大的毒性——据估测是两种毒药各自毒性总和的 50 倍。也就是说，取每种毒药致死剂量的 1% 并将它们混在一起使用即可让人毙命。

这一发现让人们开始检测其他化学物质混用的情况。现在已经知道，许多有机磷酸酯类杀虫剂如果两两混用都是非常危险的，混用后，药品毒性会变得更强或美其名曰"本品杀虫更有效力"。当混合药剂中的一种毒药破坏了肝脏中可以为另一种毒药解毒的酶时，"更有效力的本品"就真地发挥其"效力"了。因之，不要将两种药剂混合使用，要知道这样做产生的危害不仅威胁那些这周用这种杀虫剂、下一周用那种杀虫剂的人的健康，也会威胁购买了混合农药的消费者。一碗普通的沙拉就能轻而易举地让各种有机磷酸酯杀虫剂聚在一处。完全在法定限量之内的果蔬残留物混合在一起后照样可能发生各种反应。

对于化学药品之间互相作用的危险性，我们至今仍所知甚少，但如今一些令人感到不安的发现却经常从科学实验室中传来。其中有一个发现是有机磷酸酯的毒性可能在其与另一种不一定是杀虫剂的其他物质混用时增强。举个例子，有一种塑化剂就要比其他种类的杀虫剂更能增强马拉硫磷的危险性。同样，这也是因为这种塑化剂会抑制通常可以拔出剧毒杀虫剂"毒牙"的转氨酶。

正常人体环境中存在的其他化学物质会与杀虫剂发生何种反应？特别是一些药物又如何呢？在这一领域，研究才刚刚起步，然而我们目前已经知道一些有机磷酸酯（对硫磷和马拉硫磷）会使某些骨骼肌松弛药的毒性增加，另有许多有机磷酸酯杀虫剂（同样包括马拉硫磷）会使巴比妥类药物致人沉睡的时间显著增加。

古希腊神话中的女巫美狄亚，因她的丈夫伊阿宋移情别恋而被激怒，将一件施了魔法的长袍作为礼物送给了新欢，穿了这件长袍的人则会暴毙。这种间接致死法如今有了它的现代版本，发挥间接杀人作用的则被称为"内吸杀虫剂"。这些化学药品有着超强的性能，即施用于动植物后毒性始终不减，如此一来，被它喷洒过的动植物就变成了被施了魔法的"美狄亚长袍"。这件"美狄亚长袍"专为杀死那些"穿上了"它的昆虫们设计，它们一旦吮吸了这些带毒植物的汁液或这些带毒动物的血液就会立刻毙命。

内吸杀虫剂的世界是一个令人不可思议的世界，远超格林兄弟的想象力——也许更接近于查尔斯·亚当斯在其漫画中的那个世界吧。在这个世界中，童话故事里被施了魔法的森林变成了一片毒森林，昆虫只要吃掉一片树叶或是吮吸一口汁液就会遭受厄运；在这个世界中，跳蚤叮咬了一条狗就会死掉，那是因为狗的血液中有毒；在这个世界中，昆虫即使从未碰过一棵植物，也仍可能死于从其上面挥发出的汽化物；在这个世界中，蜜蜂采着有毒的花蜜，带回它们的蜂房，酿着有毒的蜂蜜。昆虫学家们对于批量生产内吸杀虫剂的梦想源于应用昆虫学领域的工作者发现他们可以从自然界中提取少量制作这种杀虫剂的原料：他们发现在含有硒酸钠的土壤中生长的小麦完全不受蚜虫和叶螨的影响。硒——一种在世界许多地方的岩石和土壤中少量存在的天然化学元素，因之成为制作内吸杀虫剂的首选。

内吸杀虫剂之所以具有"内吸"的能力乃是因为其可渗入植物或动物的所有组织之中使其中毒。其实这样的特性一些氯化烃类杀虫剂和有机磷类杀虫剂也具备，并且，不仅通过化学合成的农药有这样的特性，一些自然界中天然存在的化学物质也能如此。事实上，大多数内吸剂就是从有机磷类化合物中提取出来的，因为后者的残留问题相对较小。

内吸杀虫剂还以另一些更为隐蔽的方式发挥作用。将其应用于植物种子——既可通过浸泡也可将其与碳混合后喷洒在种子上以形成一层薄薄的覆盖层——它们就可以在种子发芽后长成的植物上继续发挥其影响，这些发芽后的植物幼苗会让蚜虫及其他吸吮性害虫中毒。有时，豌豆、蚕豆、甜菜等蔬菜也会以这样的方式防虫。有一段时间，加利福尼亚州就盛行过这种用内吸杀虫剂薄膜覆盖棉籽的做法。1959年，加州圣华金河谷地区的

25个棉农在种植棉花后突然被病魔缠身,而这不过是因为他们曾搬运被经内吸杀虫剂处理过的棉籽袋。

在英国,有人想知道如果当蜜蜂用被内吸杀虫剂污染的花蜜来酿蜜会时会发生什么,故此在喷洒了名为八甲基焦磷酰胺的杀虫剂的地区进行了调研。尽管喷洒作业在植物开花前进行,但其开花后形成的花蜜仍是含毒的。调查结果与之前的预测一样,表明蜜蜂以这种花蜜酿出的蜂蜜也含有八甲基焦磷酰胺。动物用内吸杀虫剂主要的用途是防控牛皮蝇,这是一种寄生于家畜身上的害虫。必须非常严谨地使用这种药剂才能使宿主血液和组织中所含的药量恰好可以起到驱虫效果,而不是相反给宿主自身带来致命的威胁。这一平衡需要非常精确地把握,政府部门的兽医已经发现小剂量重复给药可以逐渐将动物体内具有保护性的胆碱酯酶消耗殆尽,因此,如果对随意使用这种内吸杀虫剂导致的后果再不引以为戒,那么有可能增加极其微小的剂量都会导致中毒发生。

确凿的证据显示,与我们日常生活相关的诸多领域都向内吸杀虫剂敞开了大门。据称,现在,你可以给自己的爱犬一粒药丸,让它的血液中产生毒素从而帮它摆脱跳蚤的烦恼,但内吸剂在牛身上造成的伤害大概也同样适用于犬类。截至目前,还没有人提议让人类自己也使用内吸杀虫剂,让我们变成蚊子的"杀手"。也许,这正是我们下一步要做的吧。

目前为止,这一章一直在讨论我们在对昆虫的战争中使用的那些致命的化学药品,而我们几乎同时发动的对杂草的战争,情况又如何呢?

人们渴望找到一个快速且便捷的方法除掉不需要的植物，于是生产了数量庞大且产量仍在不断增长的化学药品，通常称其为除莠剂，或者不那么正式地称除草剂。关于这些化学药剂如何被滥用及误用的情况将在第六章中谈及，我们在这里要关注的问题是除草剂是否是毒药以及除草剂的应用是否会造成环境污染？

关于除草剂仅对植物有毒而不会给动物生命带来威胁的说法流传甚广，然而不幸的是并非真的如此。这些植物杀手们包括种类繁多的化学药品，它们会像在植物上一样也在动物组织中发挥药效，而它们对生物体带来的影响也是千差万别的。这其中有一些属于一般性的毒药；有一些则是新陈代谢的强效刺激物，会引起体温致命性地升高；有一些会单独或在与其他药物混合后引发恶性肿瘤；还有一些会通过引起基因突变的方式破坏人种基因。如此说来，除莠剂与杀虫剂一样，也含有一些非常有害的化学物质，而在它们是"安全"的这一信念之下人们对其毫无顾忌地使用则会造成灾难性的后果。

尽管实验室源源不断推出的各种新的化学药品之间有着激烈的"竞争"，砷化合物仍保持其被大量应用的"地位"。当其以亚砷酸钠的化学形态存在时，既被用作杀虫剂（一如上文所说），也被用作除草剂，从它们被使用的历史来看，这种药品实在不能令人放心。将用作路侧除草喷剂，结果导致许多农民失去了自己的奶牛，数不清的野生动物被夺去生命；将其用作水生杂草去除剂投入湖泊和水库，结果是这些公共水域中的水无法饮用甚至不宜游泳；将其用作马铃薯田间的除草剂，除去多余的藤蔓，最终却会让人类和其他生物付出巨大的代价。

在英国，含砷化合物在实践中被大量使用大约是在1951年，彼时原来用以焚烧马铃薯藤蔓的硫黄处于短缺状态。农业部认为非常有必要发出警示：提醒人们进入被喷过含砷除草剂的农田非常危险，可家畜却看不懂这些警示（我们必须假设，野生动物和鸟类也同样看不懂），所以有关家畜因含砷除草剂中毒的报道一件接一件出现。1959 年，当一位农妇因饮用遭到砷污染的水而身亡后，英国当时最大的化学药品公司才停止生产含砷农药喷剂并召回了经销商手中的存货。此后不久，英国农业部宣布：因会对人畜健康造成极大危害，强令限制使用亚砷酸盐类农药。1961 年，澳大利亚政府也颁布了一个相似的禁令。然而，美国至今也没有出台类似的限制这些毒药的禁令。

一些二硝基化合物（"地乐酚"）也被用作除草剂。它们可算作是美国目前正在使用的同类药品中最具危险性的化学物质。二硝基苯是一种强效的新陈代谢刺激物，因为这个原因它曾一度被用作减肥药。然而，此药让人变得苗条的用量与可致人中毒甚至死亡的剂量之间的差别太过细微了——这种细微的差别导致许多用药者死亡，还有用药者长期遭受着病痛的折磨。最终，该药被禁售。

与二硝基苯有关系的另一种化学药品——五氯苯酚，有时也称作"五氯酚"，同样既被用作除草剂，也被用作杀虫剂，其经常被喷洒在铁路道轨沿线及垃圾场中。五氯酚含有的剧毒会危害各种生物体，小到细菌，大到人类。与二硝基苯相似，它可以——通常是致命性的——干扰身体产生能量的过程，如此一来，那些中毒的生物体因为无法产生新的能量，几乎是在逐渐消耗完自身原来储存的能量后就死亡了。五氯酚可怕的力量在加利福尼亚州公共卫生署近期报道的一次人员伤亡事故中得到了证明。一位油罐车司机准备将柴油与五氯苯酚混合在一起配制棉花脱叶剂。当他从大桶中往外倒这些浓缩的化学溶液时,桶塞不慎掉到了桶里,他直接用手把桶塞捞了出来。虽然马上洗了手,他还是出现了急性中毒症状并在出现症状后的第二天死亡。

亚砷酸钠或苯酚这类除草剂引起的危害毕竟还是明显可见的,然而还有一些除草剂会在不知不觉中对我们产生影响。现今家喻户晓的蔓越莓除草剂氨基三唑,或者就叫"杀草强",一直被认为毒性较低。但从长远来看,它显而易见地会造成动物罹患甲状腺恶性肿瘤的风险,也许对于人类来说也同样如此。

在众多的除莠剂中,有一类是被称为"基因诱变剂",或者说它们具有改变遗传基因的能力。如果我们对于辐射给基因带来的影响万分惊惧,那么我们又如何能对如此广泛地在我们的环境中使用化学农药造成的影响漠不关心?

第四章
地表水与地下水

全部自然资源中，水已变成最为珍贵者。目前，地球表面大部分都被海水覆盖，身处海洋包围中的我们仍感到了水资源的匮乏。一个颇为奇怪的悖论：地球上丰沛的水资源大部分都因其内有大量海盐而无法用于农业、工业及人类的消耗，因之世界上大部分人口要么正在经受、要么即将面临水资源严重匮乏的威胁。在一个人们早经遗忘自身起源，甚至对维系生存的基本需求都无视的时代，水资源及其他的资源已成为人们这种冷漠的受害者。

因杀虫剂所致的水污染问题只有被置于下面的框架中才能被理解，即将其视作人类对全部自然环境污染行为的一部分。进入到我们水系统中的污染物有许多来源：核反应堆；实验室及医院的放射性废弃物；核爆炸产生的放射性尘埃；城镇生活垃圾；工厂的化学废渣。这些以外，又增加了一种新型的空气悬浮物——喷洒在农田、花园、森林和田野间的化学农药。这些令人担忧的化学农药，大多数都有着堪比甚至超过辐射效应的危害，并且这些化学药物之间也存在着危险且尚不确知的化学反应、转化及累加的危险效应。

自从化学家们开始制造出自然中从未存在过的化学物质，水的净化问题就变得复杂起来，人们用水的风险也显著增加。正如我们知道的那样，合成化学药品的大量生产始于20世纪40年代。如今，每天都有数量惊人的化学药品如洪水般涌入全国的水道之中。当这些化学药品不可避免地与生活垃圾和其他一些废弃物混合在一起注入同一水体之后，净水厂以常规方法进行检测，有时是无法发现其存在的。这些药品大部分化学结构非常稳定，以至于很难在常规的净化过程中被分解。在河水中，数量实在惊人的各种污染物混合在一起形成沉积物，这些姑且被称为"泥状黏性物"的东西令公共卫生工程师束手无策。麻省理工学院的罗尔夫·埃里亚森教授曾在国会委员会上声明，没有可能去预测这些不同化学药剂的混合物会产生什么影响，我们也无法确定这些由不同化学药剂混合而成的新的有机物质究竟是什么？"我们从一开始就不知道那是些什么，也不知道它们会在人身上产生什么影响？我们一无所知。"埃里亚森教授如是说。

　　用于防治害虫、啮齿类动物或杂草的化学药品促成了这些有机污染物的形成，这一过程仍在不断持续。有些化学药剂专为向水体投放而设计，用以毒死水生植物、昆虫幼虫或一些不受欢迎的鱼类。水污染的另一个来源是喷洒在森林中的农药，人们有时仅仅为了消灭某一种害虫就会在一个州两三百万英亩的森林中进行地毯式喷洒作业——这些农药喷剂或直接落入溪流之中，或透过枝叶茂盛的树冠滴落在森林土壤之中并渗入地下，然而这些药剂也变成了缓缓流动的地下渗流水的一部分并开始了流向海洋的漫长旅程。很可能大部分这类有机污染物的形成都是由数百万磅的农药在水体中残留所致，这些农药被用于农田之中进行害虫和田鼠防治，它们随落在农田中的雨水流走并最终变成了日复一日向着大海流去的江河的一部分。

到处都可以找到有力的证据证明溪流甚至我们的公共水源中都有这些化学药剂的残留。举个例子，一份取自宾夕法尼亚州某果园内的饮用水样本，我们在实验室中用其养鱼，结果发现样品中所含的大量杀虫剂在仅仅 4 小时内就将用来测试水污染情况的鱼全部毒死了。流经喷扫过农药的棉花田的小河，即便经过净化处理，其水体对鱼类来说仍是致命的。同样，亚拉巴马州 15 条流向田纳西河的支流，流经被八氯茨烯——一种氯化烃类物质污染过的农田，这些支流中的鱼类全部死亡。这些支流中有两条还是城市供水的水源地。然而，在停用杀虫剂一周后，河水仍是有毒的，这可由下游网箱[1] 中每日新增的漂浮于水面上的金鱼死尸证明。

大多数情况下，这类污染是不易被人察觉的，只有当成百上千条鱼死亡之时才会让人意识到污染的存在，但更经常发生的情况则是用技术手段竟检测不到这类污染。致力于水资源保护的化学家没有任何常规检测手段发现这些有机污染物，也毫无根治的办法。可无论能否检测得出来，杀虫剂残留就在那里。而且正如所料，它们与洒向地表的其他化学物质一起流向了全国许多——也许是全部主要水系。

如果任何人怀疑我们的水源几乎全部被污染这一事实，他应

---

[1] 网箱养鱼（cage culture）：将由网片制成的箱笼，放置于一定水域中，进行养鱼的一种生产方式。网箱多设置在有一定水流、水质清新、溶氧量较高的湖、河、水库等水域中。可实行高密度精养，按网箱底面积计算，每平方米产量可达十几至几十千克。主要养殖鲤、非鲫、虹鳟等，中国还养鲢、鳙、草鱼、团头鲂。网片（网衣）用合成纤维或金属丝等制成。箱体以长方形较好。每只网箱面积为数十平方米，箱高 2~4 米。设置方式有浮式、固定式和下沉式 3 种，以浮式使用较多。

该先去读读一份由美国鱼类及野生动植物管理局在1960年发布的一份篇幅不长的报告。管理局开展了一系列研究，试图探索鱼类是否也会像恒温动物一样在其身体组织中积存杀虫剂这一问题。第一批鱼类样本取自西部的森林地区，那里曾为防治云杉食心虫而喷洒过大量DDT。正如预料的那样，所有鱼类样本中均含有DDT。研究者又在距离为防治食心虫而喷洒过农药地区30英里远的一条小溪中找到了另一批鱼类样本，将其与第一批鱼类样本进行对比后才有了真正重大的发现。这条小溪位于取来第一批鱼类样本那条河的上游，一条巨大的瀑布将两者隔开。小溪所在的地方没听说被喷过什么化学药品，但那里的鱼类体内竟然也含有DDT。难道说DDT是随着看不见的地下径流到达了这遥远的小溪？或者药粉通过空气传播，被风吹来此处飘落在溪流之中？在另一项对比性研究中，人们发现一处鱼类孵卵厂里的鱼类身体组织中也含有DDT，这里的水源则来自深井，同样，这一地区也没有DDT使用记录，如此一来，唯一可能的污染途径就是地下水。

在整个水污染问题上，没有什么比大面积的地下水污染造成的威胁更令人感到不安了。因为只要在任何一处水域投入杀虫剂，所有水域中本来纯净的水体就都可能遭到污染。要知道，大自然的运行几乎不可能在一个个封闭而独立的空间中完成，就地球上水资源的分配来说同样如此。雨水滴落在地面上，穿过土壤和岩石中的孔洞和缝隙，不断向地下更深处渗透，最终抵达这样一个区域，这里所有岩石的孔隙中全部充满了水，这里就是黑暗的地下海洋，地下水的水位随地面上山势增高而抬高，又随溪谷地势的降低而下降。地下水经常是流动的，有时流速极慢，一年下来只能向前缓慢流动不足50米；有时流速极快，一天下来就可以向前流动160米。地下水在人们看不见的地下水道中流动，有时它会在地表汨汨涌出成为泉水，也可能流向深井为那里补给水源。除了直接落入河流中的雨水以及地表径流之外，所有地表水都曾经是地下水。因此，从非常实际却令人恐惧的角度上来讲，污染了地下水就等于是污染了世界上所有的水资源。

正是因为存在着这不易被人发现的、广阔的地下海洋，所以从科罗拉多州一家制药厂中排出的有毒化学物质才能经过地下河道直接流入几英里外的农业区，污染那里的水井，让那里的人和家畜患病，破坏那里的庄稼——而这一离奇事件也仅可算作接下来无数类似事件的开始。让我们简述如下一段历史：1943年，选址于丹佛附近的美国化学特种部队落基山兵工厂开始生产军需备品。8年后，这家兵工厂的生产设备被租赁给一家私人炼油公司生产杀虫剂。然而，生产尚未开始，许多关于离奇事件的报告就流传出来。在工厂几英里外居住的农民开始投诉说一种不明原因的疾病在家畜间流行，农民们还说自家的庄稼大面积被毁：叶片枯萎发黄，植物停止生长，许多庄稼甚至直接死掉。当地农民患病的消息也不时传出，有些人的疾患被认为与这件事有关。

这些地区的农业灌溉用水来源于浅水井。井水经过检测（这项研究完成于1959年，其时许多州以及联邦政府机构都参与其中）被发现含有种类繁多的化学药物。氯化物、氯酸盐、磷酸盐、氟化物、砷酸盐等一众化学物质都在兵工厂生产期间被排放到储存池中。显然，兵工厂储存池与农田之间的地下水被污染了，这些化学废弃物随着地下水的缓慢流动，历经7到8年的时间最终抵达了距离兵工厂3英里外的农田。而这些化学废弃物渗流仍在持续扩散，进一步污染不知道多大范围的农田。参与水质检测的研究者毫无任何办法防止这类污染的发生，亦毫无办法控制其发展。

这一切本来已经够糟了，然而最令人不可思议的、从长远来看也可视为此类污染最显著特征的是人们在一些水井和兵工厂的储存池中发现了除草剂二氯苯氧乙酸，简称 2，4-D。毫无疑问，水中残留的除草剂总量加起来足以毁掉用这种被污染后的水灌溉的庄稼。但不可思议之处在于，兵工厂运营的七八年间，没有任何时候生产过 2，4-D。

经过长时间认真研究，派驻兵工厂进行调查的化学家们得出了如下结论：2，4-D 竟然是在开放的污物储存池中自然形成的。其乃是由兵工厂排放的各种不同物质化合而成，这些物质只需空气、水和阳光而无需人类的化学插手。兵工厂的污物储存池则变成了生产这种新的化学药品的实验室——专门"生产"这种大部分植物只要一接触就会死亡的化学药品。

这样一来，科罗拉多州农场中发生的事件及农民们被毁的庄稼就具有超出其本身的更为重要的意义。还有哪些地方与这里的情况相似？不仅科罗拉多州，还有哪些地方的公共水域遭到污染？在每一个湖泊、每一条溪流中，在空气与阳光的催化之下，那些被标注为"无公害"的化学药品在水体中化合还会生成哪些新的危险物质？

的确，水体化学污染最使人担忧的一面正是下列事实——不论是河水、湖水还是水库中的水，甚至你餐桌上一杯普通的水都含有这种混合后的化学物质，而这种东西，任何对社会有道义担当的化学家绝不会在自己的实验室中合成出来。自由混合到一处的化学物质彼此间可能会产生反应这一现象令美国公共卫生署的官员深感不安,他们表达了如下忧惧:这种相对无害的化学物质在水体中混合发生化学反应并进而生成新的有毒物质的现象很可能会在相当大的范围内发生。反应可能在两种或多种化学物质之间发生,也可能在化学物质与逐渐增多的排放到水体中的放射性物质之间发生。在电离辐射作用下,它们之间很容易发生原子重组,进而改变其化学特性。对我们来说,整个过程既难以捉摸,也无法控制。

当然,不仅地下水正在受到污染,地表水——溪流、河流、灌溉用水同样如此。后者最令人不安的例子发生于加利福尼亚州图里湖及下克拉马斯国家野生动物保护区。这一保护区与位于俄勒冈州的北克拉玛斯湖保护区同属于一个大的保护区链。也许是冥冥之中的安排,三个保护区紧紧相连,共享水源,亦同被污染。环湖皆是广袤的农田,三个保护区俨然是坐落在绿色海洋中的小岛——农田则是对沼泽地和开阔水域经排水和引流改造而成的,这些沼泽和开阔水域曾是水鸟的天堂。

保护区周围所有的农田如今都用来自上克拉马斯湖的水源进行灌溉。灌溉用水,在用来浇灌北克拉玛斯湖周边的农田后重新被收集起来,然后被水泵抽到图里湖,接着再从那里被抽到下克拉马斯湖。整个野生动物保护区的水源全部都来自图里湖及克拉马斯湖这两大水体,因之形成了一个农地排水系统。如果要了解接下来发生的事情,记住上面这点非常重要。

1960年夏天,保护区工作人员在图里湖和下克拉马斯湖发现了几百只已经死亡或快要死亡的鸟。这些死鸟大多数以鱼类为食,包括苍鹭、鹈鹕、鸊鷉、鸥鸟。经过检测分析,人们发现这些鸟类身体中含有杀虫剂残留，检出的杀虫剂种类包括八氯茨烯、DDD和DDE。湖中的游鱼经检测也被发现含有杀虫剂，湖水中的浮游生物样本同样如此。保护区管理人员认为这些水生动植物的杀虫剂残留乃是保护区水体污染所致，而保护区的水体则是被回流的灌溉用水污染，这些灌溉用水曾用于浇灌喷洒了大量化学药剂的农田。

如此严重的水体污染使自然保护区"保护自然"的初衷大打折扣，对于每一位西部地区的猎鸭爱好者来说，水体污染的后果是令人痛心的。曾经，夜空中，水鸟鸣叫着掠过天际，一如飘动的丝带，对那些无比珍视此情此景的人来说，污染带来的后果更令他们感到痛心。要知道，这两个自然生态保护区在西部地区的水鸟保护方面起到的作用举足轻重。它们所处的位置相当于一个漏斗的细颈部，所有鸟类的迁徙路线都在此交汇，形成著名的"太平洋迁徙线"。这里每到秋天迁徙季节都会迎来数百万只野鸭和大雁，它们从西至白令海峡、东至哈德逊湾的栖息地飞来这里——数量占整个秋天南迁到太平洋沿岸各州水鸟总数的四分之三。夏天，这里为水鸟们营巢提供了最适宜的环境，有两类濒危水鸟尤其青睐这里的环境，它们是美洲潜鸭和棕硬尾鸭。可如果这些保护区中的湖水和池塘都受到严重污染，那么这对远西地区水鸟种群造成的伤害将是不可挽回的。

水系统必须被视为由生活在其中的水族生物构成了生物链——这条生物链中有小如微尘的浮游植物绿色细胞，同样微小的水蚤，以水中浮游生物为食的鱼，当然，这些以浮游生物为食的鱼也是其他鱼类或水鸟、水貂、浣熊的食物——在这条无限循环的链条之中，物质在不同的生命体之间不断传递着。我们知道，水中有用的矿物质也会在食物链中一环又一环地传递。难道我们真的可以幻想被我们引入水中的毒药不会进入大自然的这一循环之中吗？

我们将在清水湖一段令人惊讶的历史中找到答案。清水湖位于旧金山以北90英里的群山之中，曾一度受到垂钓爱好者的欢迎。清水湖这个名字有些名不符实，因为实际上湖水十分浑浊，浅浅的湖底铺满黑色的淤泥。不幸的是，对于垂钓爱好者和湖畔度假区居民来说，这样的水体为一种会叮人的小虫幽蚊提供了理想的栖息地。虽然与蚊子极其相似，但这种小虫并不会吸血，甚至可能在变为成虫后完全不进食。不过，附近居民们还是因为其庞大的数量而不堪其扰。人们多次尝试控制幽蚊数量，但最终证明是徒劳的，一直到20世纪40年代末，氯化烃类杀虫剂的面世为人们提供了全新的武器。DDD被选中，用以发起对幽蚊的新一轮攻击，这是一种与DDT非常接近但似乎不会对鱼类构成威胁的杀虫剂。

新的幽蚊防治办法于1949年付诸实践，人们进行了精心谋划，确保不会有人因杀虫剂的使用受到任何伤害。人们事先对清水湖进行了勘测，确定了湖水水量，严格按照计算好的稀释比例投放杀虫剂，最后，湖中DDD含量为七千万分之一。对幽蚊的防治最初效果不错，然而，到了1954年，防治工作不得不重启，这一次投放后，湖水中DDD含量则达到了五千万分之一，人们认为消灭幽蚊的战斗基本已经结束了。

紧接着，这一年的冬天刚刚到来，人们就得知其他一些生物因施用杀虫剂而受到了影响：湖中的北美䴘鹛开始死亡，死亡数量很快就超过了100只。在清水湖，北美䴘鹛属于繁殖鸟类，它们飞来这里过冬,乃是因为湖中丰富的鱼类资源。这种鸟有着华丽的外表、优雅的习性,常常在美国和加拿大的浅水湖泊中搭建起浮巢。它们被人称作"䴙䴘中的天鹅",因为它们有着洁白的脖颈、高高耸起的亮黑色头冠,静静凫过湖面时几乎不会带起一丝涟漪。刚刚孵出的雏鸟全身长满了柔软的灰色羽毛,只需个把小时就可以在水中嬉戏——或是在亲鸟背上撒欢儿,或是在亲鸟羽翼的庇护下静静依偎在它们身旁。

1957年,在第三次对重又死灰复燃的幽蚊进行了猛烈"袭击"之后,更多的北美䴙䴘死去了。和1954年的情况一样,在对死鸟进行全面检测后并未发现任何鸟类传染病的迹象。然而,当有人提议去分析死鸟体内脂肪组织后,人们才发现积存在死鸟脂肪组织中的DDD浓度竟然高达1 600ppm。投放到水中的杀虫剂浓度最大为0.02ppm,䴙䴘体内的化学药品残留数量怎么会多得如此令人吃惊?毫无疑问,这些鸟主要以鱼类为食。当人们也检测分析了清水湖中的鱼类后,真相才开始被揭开——毒物先被清水湖中最小的微生物吸收积存,然后通过食物链传递给更大的捕食者。人们发现浮游生物体内杀虫剂含量为5ppm(大约为湖水中杀虫剂最高浓度的25倍);食草鱼类体内杀虫剂含量为40~300ppm不等;食肉鱼类体内积存残留的杀虫剂数量则最多,一只云斑鮰内体的杀虫剂浓度竟然达到了让人震惊的2 500ppm。这简直是杰克建房故事的翻版:大食肉动物吃小食肉动物,食肉动物吃食草动物,食草动物吃浮游生物,浮游生物则从水中吸收毒素。

后来的发现甚至更加离奇。人们在水中投入DDD之后不久进行了水质检测,却发现DDD踪迹不见。当然,这种毒药并未真正从湖水中消失,它们只不过是进入了湖中生物的身体组织中而已。在施药结束后的第23个月,浮游生物体内仍含有大约5.3ppm的化学残留。在将近两年的时间中,无数浮游生物生生灭灭,然而那些残留的毒素,虽然在水中难觅其踪,却仍在以某种隐秘的方法在一代又一代的浮游生物中传递着。当然,它们也会积存在湖中的其他生物体内。在停用杀虫剂一年后进行的检测发现,无论是鱼类、水鸟还是青蛙,它们的体内仍存在DDD残留。这些水族动物体内的DDD含量总是超出水中原有的杀虫剂浓度许多倍。这些活体毒素携带者包括使用DDD后9个月孵出的鱼苗、鸊鷉,体内化学药物含量超过2000ppm的加利福尼亚海鸥。与此同时 在湖面上营建浮巢的鸊鷉数量锐减——从第一次在湖中投放杀虫剂之前的每年1000多对锐减到1960年大约30对。这仅有的30对营巢的鸊鷉最终似乎也徒劳无功,因为在清水湖上一次施用DDD后,人们就再也没有发现湖面上出现过小鸊鷉的影子。

整个毒物链的传递过程似乎是肇基于湖中微小的植物,一定是它们首先吸收了毒素。然而,食物链/毒物链另一端上的人类,情况又如何呢?对于上述一系列事件的发生,人们可能毫不知情。也许他们在紧握钓竿,然后又一次在清水湖畔收获满满,继而用自己的"战利品"烹制一顿精美的晚餐。那么,大剂量的或重复性的DDD摄入对于人类来说究竟意味着什么呢?

虽然加利福尼亚州公共卫生署宣称尚未发现任何危害,但该署还是在1959年要求在清水湖中禁用DDD。可相比于已为各种科学证据证明的DDD的巨大破坏力量,加利福尼亚州政府的上述举措只能视作保护环境的最低安全措施。在各种杀虫剂中,

DDD对人体生理系统造成的损害可能是最为独特的,因为它会部分地破坏肾上腺——这一腺体的表层细胞被称之为肾上腺皮质,从中分泌出为人们所熟知的荷尔蒙(即肾上腺皮质激素)。早在1948年,人们就确定DDD会对犬类肾上腺造成损害,但这一损害并未在其他实验动物身上——如猴子、大鼠或兔子身上发生。不过,犬类实验表明,DDD在犬类身上引起的病状与人类中肾上腺皮质功能减退症患者的症状非常相似。最新医学研究表明,DDD会强烈抑制人体肾上腺皮质功能,其细胞破坏能力如今在临床上被用于治疗一种罕见的肾上腺癌症。

清水湖目前的情况引出了一个公众需要面对的问题:使用会对人体生理过程产生强烈影响的化学物质来防控害虫,尤其是还要将这些杀虫剂直接投放到水体之中,这样的做法明智吗?可取吗?纵使施用的杀虫剂浓度极低也毫无意义,清水湖事件已经证明浓度会因为毒药在大自然界的食物链中传递而出现爆炸式增长。清水湖事件可被视为越来越多类似事件中的一个典型,为了解决一个平常的而且经常是无关紧要的问题,我们的解决方法却制造了更为严重且更为隐蔽的新问题。我们解决了由那些给我们带来烦恼的小昆虫制造的种种麻烦,但也付出了如上文所述的代价(也许我们并未真正清楚问题的严重性),那就是施用杀虫剂后,湖中的食材和水源对我们所有人来说都不再是安全的了。

更为离奇的是,当下,故意在水库中投放农药的行为相当普遍。这么做的目的通常是为了推动当地休闲运动产业的发展,而后人们再斥巨资治理被污染的水体以使其重新适合饮用。当一个地方的渔猎爱好者想要在某个水库"推动"垂钓业的发展时,他们就会说服有关当局向水库中倾倒大量农药毒死那些自己不想要的鱼种，再换上更适合垂钓者口味的孵化场中的鱼。整个过程有如爱丽丝梦游奇境那般怪诞。修建水库本应用作公共给水，可当地社区居民很可能在未被告知渔猎爱好者所谓"推动"垂钓业计划的情况下喝了含有化学毒物残留的水。除此之外，当地居民所纳税款也会被用来对湖水进行污染处理——即使这样的污染治理也绝无可能让湖水彻底变回原来的样子。

因为地表水和地下水都已被杀虫剂和其他化学物质污染，因此不仅是有毒的农药，甚至是能够致癌的化学物质都进入了公共给水系统之中。美国国家癌症研究所（NCI）W.C.休珀博士警告说："在可以预见的未来，人们因饮用受到污染的水而罹患癌症的风险将会大大增加。"20世纪50年代早期一项在荷兰进行的研究很好地支持了这一观点，这项研究再次表明受污染水域的水可能有致癌风险。饮用水源来自河水的那些城市，因罹患癌症而致死的居民人数远多于那些饮用水源来之不易遭受污染的井水的城市。砷，这种自然环境中天然存在的化学物质早被确定为人类癌症的元凶，它在历史上曾卷入过两次因饮用水污染而引起的大面积癌症爆发事件之中。两次水污染事件，第一次，砷的来源是采矿作业后留下的矿渣堆；第二次，砷的来源则是天然含砷量极高的矿石。随着含砷杀虫剂的大量使用，各种水污染事件只会越来越多地出现。这些地区的土壤受到砷污染，雨水则将土壤中的砷部分地带入到小溪、河流、水库以及广阔的地下海洋之中。

这再一次提醒我们，在自然界中没有任何东西可以孤立存在。为了更好地理解当今世界的污染是如何发生的，现在，我们必须去看看地球上另一种主要资源——土壤。

第五章
土壤的王国

薄薄的表层土壤就像缝补在地球表面上的层层碎布,它们决定了人类和生活在这个地球上的其他动物的生存。没有土壤,人们熟知的那些陆地植物就无法生长;而没有这些植物,动物则无以为生。

如果说,我们以农业为基础的生活需要仰赖土壤,那么同样,土壤能够存在也端赖这些地球上的生物——无论土壤的起源还是其自然属性其实都与生活在地球上的植物和动物有着密不可分的关联。毋宁说,土壤本来就是地球上生物"创造"的诸多"杰作"中的一种,其乃是亿万年前生物与非生物之间相互作用的神奇产物。火山喷发后喷涌而出的炽烈岩浆、河水日复一日流过地表岩石将哪怕是最坚硬的花岗岩也一点点磨蚀,冰霜满布的岩石总有一天会被冻得四分五裂,它们渐渐汇聚在一起,就成了构成土壤的最初的物质。接下来,就轮到地球上的生物来施展它们颇具创造性的"魔法"了,时间一点一滴流逝,在生物的帮助下,那些惰性物质渐渐就成了今天的土壤。附着在岩石表面最上层的植物是地衣,它们通过分泌一种酸性物质,将石块更快地分解成为土壤,以便其他生物能在其中生存。地衣的碎屑、微小昆虫的外壳以及大量海洋生物的残骸等形成了土壤,而土壤一旦形成，就会有苔藓从其细微的缝隙中长出。

　　一方面，土壤的形成有赖于各种生物的帮助；另一方面，土壤一旦形成，其内部就会出现数量惊人且种类繁多的各种新生物。如果没有这些生物存在，土壤就会成为一片死气沉沉的不毛之地。正因为土壤中有着多种多样的生物，这些生物又在进行着多种多样的生命活动，土壤才有了足以滋养地球上各种绿色植被的能力。

　　土壤始终处于不断变化之中，循环往复，无始无终。岩石崩解、有机质腐烂、氮气及其他气体随雨水从天而降，凡此种种，都会使土壤中源源不断地形成新的物质。与此同时，土壤中既有的营养物质也会经常被生物"暂时借走"。微妙且重要的化学变化在土壤中持续进行，将来自空气和水中的元素转化成植物生长所需的营养物质。在这一变化过程中，土壤中的生物起到了非常积极的作用。

　　相对于黑暗的土壤王国中存在着的种类繁多的生物而言，对它们的研究虽然看上去蛮有趣味，却很少有人问津。土壤中的生物体彼此之间通过什么方式产生联系、这些生物体与土壤王国和地上世界之间又是如何联系的，对于这些问题，我们所知实在甚少。

　　或许土壤中最重要的生物是肉眼都不见的微生物——细菌和丝状真菌。它们的数量乃是一个天文数字，没法数得过来。随便取一茶勺的表层土壤，其中所含的细菌就数以亿计。虽然细菌十分微小，可若是从一英亩肥沃的土地上取其最上层一英尺厚的土壤，那里寄居的细菌在重量上就可以达到足足1000磅。丝状菌类，顾名思义，它们长得就好像一条长而细的丝线——比一般的细菌在数量上少了一些。不过，因为它们比一般细菌长得更大，故此，同一块土地上存在的丝状真菌在总重量上与一般细菌相比毫不逊色。它们与被称为藻类的一种微小的绿色细胞合起来构成了土壤中的微生植物界。

细菌、真菌和藻类能使死掉的动植物腐烂，通过这种方式，动植物残体才可能分解在土壤中成为无机物。如果没有这些微生物，诸如碳、氮这样的化学元素就无法完成其在土壤、空气和生物体中的循环传递。举个例子，如果没有固氮菌存在，植物就算被置于含氮的空气环境中，仍会因缺乏氮气而死亡。还有一些有机体会产生二氧化碳，二氧化碳又会形成碳酸，加快岩石的分解速度。还有一些微生物能起到氧化和还原的化学作用，通过这种方式，土壤中存在的一些矿物元素——比如铁、锰、硫等，就会变得更易被植物吸收。

土壤中也存在着数量甚多的小螨虫和一种被称之为弹尾虫的原始无翼小昆虫。别看它们形体微小，却能在分解植物残枝败叶方面起到关键作用，那些落在森林地面上的残枝败叶正是因为有了它们的帮助，才能慢慢地腐烂，成为土壤的一部分。不少微生物还能胜任一些令人难以置信的特殊任务。比如说，不少种类的螨虫只寄生在云杉树上飘落下来的针叶之中。它们爬满树叶并将其叶片的内部组织消化殆尽，当幼螨发育完成时，针叶往往被吃得只剩下一个空壳。每年，当叶片从树上飘落，数不胜数的残枝败叶都将由土壤和森林地面上的小昆虫们来进行处理，能完成这项工作实在令人惊讶。它们要将落叶分解进而消化掉，并且还要促进分解出来的物质与地表土壤混合。

除了这一群群微小无比却忙个不停的小生命以外，土壤中当然也存在着许多形体更大的生物。要知道，土壤中存在的生物

"种类齐全",小到细菌,大到哺乳动物。它们有的一直生活在地表以下的黑暗土层之中;有的只是在地下世界中冬眠或度过一生中某个重要阶段;还有的则自由穿梭在它们的地下洞穴与地面世界之间。总的来说,所有生活在土壤中的生物都使土壤的透气性变得更好了;同时,这些生物的存在也使植物在土壤中扎根之处有了更好的给排水条件。

在土壤中生活的形体较大的生物中,恐怕没有什么比蚯蚓更重要了。七十五年前,查尔斯·达尔文出版一本题为《腐殖土与蚯蚓》的著作。在这本书中,查尔斯首次向世人介绍了蚯蚓在土壤搬运方面起到的重要的中介作用,它向我们展示了这样一幅画面:地表岩石渐渐地被蚯蚓从地下搬运上来的细土覆盖,在不少条件有利的地方,蚯蚓竟能将重达数吨的细土搬到地面上来。同时,落叶和杂草中富含的大量有机物质(每平方米土地上6个月就可以积存20吨这种有机质)被蚯蚓带到地下,混入土壤之中。达尔文通过计算向我们表明,在十年时间中,蚯蚓们通过辛勤的工作会让地表土层加厚1到1.5英寸。当然,这绝非蚯蚓所作的全部贡献,它们在土壤中掘穴,从而使土壤具有良好的透气性、排水性,也使得植物更容易在土壤中扎根。正是因为蚯蚓的存在,土壤的细菌硝化能力和缺氧腐烂作用才能变得更强。有机物经过蚯蚓的消化道后会全部分解变成蚯蚓的排泄物,这些物质会让土壤变得更加肥沃。

这样一来,就形成了土壤生态圈,这是一个由彼此关系密切的各种生物构筑的生态圈,生活在其中的每一种生物都通过某种方式与其他生物发生关联——这些生物的存活依赖于土壤,反过来说,也正是因为有了这些在其中生生不息"劳作"的生物,土壤才成为这个地球上最重要的组成部分。

说到这里,一个常常被忽视的问题引起了我们的关注:不论是通过直接引进所谓土壤"杀菌剂",还是落在树冠上、果园里、农田中的雨水汇聚在一起渗入土壤之中从而一并使致命剂量的有毒化学物质渗入其中,一旦这些有毒药品进入到土壤中数量惊人且重要非凡的生物们生活的世界之中,将会造成什么样的后果呢?这么说吧,如果有人非要设想有这样一种广谱杀虫剂,它能专门杀死那些破坏庄稼的穴居害虫的幼虫却绝不会杀死一只能够在土壤中分解有机质的益虫,你觉得这可能吗?或者也可以这样发问,真的会有一种特制的杀菌剂,使用它就能保证绝对不会杀死那些寄生在树根周围,能帮助大树更好地从土壤中吸收营养的真菌吗?

显而易见的是,大部分人都忽视了这个非常重要的土壤生态问题,甚至一些科学家也是如此。当然,那些专门喜欢用杀虫剂来防治害虫的人就更是对这一点完全无视了。人们之所以如此大量地施用化学药剂进行害虫防控,不过是错误地认为不管他们如何肆无忌惮地用各种毒物向土壤王国"猛攻",都不会遭到还击。他们实在是太不了解土壤的本性了。

为数不多的相关研究已经展开,这些研究渐渐向人们揭示出杀虫剂对土壤造成的影响。不过,研究结果经常会出现不一致的情况,这其实没什么奇怪的,因为土壤的种类实在太多了,这就常常导致某种杀虫剂可能给这块土地造成严重损害,而在另一种类型的土壤中则是无害的。比如说,细沙质土壤较之腐殖土就更容易遭受破坏。另外,将多种杀虫剂混用显然比只使用一种杀虫剂造成的危害更大。尽管研究结果有些差异,但越来越多的证据表明土壤正受到杀虫剂的严重威胁，这已经使一部分科学家忧心忡忡。

在某些情况下，杀虫剂甚至会影响生物界中至关重要的化学变化过程。不妨举个例子，我们知道，硝化作用可以将空气中的氮元素变得更易于植物吸收，而除莠剂2,4-D则会使硝化作用暂时中断。最近在佛罗里达州进行的实验表明，林丹、七氯以及BHC（六氯化苯）一旦渗入土壤后，只需2周时间就可以弱化土壤的硝化作用；而BHC和DDT这两种杀虫剂甚至在渗入土壤一年后仍会对其硝化作用产生明显不利的影响。另一些实验则表明，BHC、艾氏剂、林丹、七氯和DDT等杀虫剂都会让寄生在植物上的固氮菌无法形成对于植物来说必不可少的根瘤。另一方面，高等植物与真菌之间那种奇特而有益的关系也遭到了杀虫剂的严重破坏。

有时，最令人忧心的问题是：自然界中物种数量之间的微妙平衡被打破了，要知道，这一天然形成的平衡有着多么深远而重要的意义啊。土壤中某些生物种群数量的激增就意味着其他种群数量因为施用了杀虫剂而锐减，其后果则是原有的摄食关系被打乱了。这些变化非常容易导致土壤新陈代谢能力的下降并进而影响其生产力。同时，这些变化也意味着某些原本受其"天敌"控制的有害生物可能在其"天敌"被杀虫剂"误伤"后脱离控制而卷土重来，使"虫灾"再现。

关于土壤中的杀虫剂，我们需要记住的最重要的事情之一就是其超长的残留时间，不是以月计，而是以年计。艾氏剂渗入土壤四年后仍可有微量残留被检出，更可怕的则是，还有大量艾氏剂已经转化成狄氏剂了。人们为消灭白蚁而在沙质土壤中喷洒八氯莰烯，十年后，仍有大量八氯莰烯残留在土壤中。土壤中，六氯化苯的残留时间至少为 11 年；七氯及其衍生物、毒性更大的环氧七氯残留时间至少为 9 年；使用氯丹后 12 年，土壤中仍能检测出其残留，残留量为原初施用剂量的 15%。

很多时候，人们看上去非常有节制地施用杀虫剂，可经过数年后，土壤中积存的杀虫剂残留数量之大却达到了令人匪夷所思的地步。这是因为氯化烃类杀虫剂药效非常持久，哪怕人们每次仅喷洒一点点，都会使早已残留在土壤中的杀虫剂产生更大的"杀伤力"。所以，如果我们反复向土壤中喷洒化学药剂，那么"1 英亩土地洒上仅 1 磅 DDT 可保农药不产生公害"这种陈词滥调就会显得毫无意义。经过研究测定：在种植马铃薯的土壤中，每英亩土地 DDT 含量为 15 磅；在种植玉米的土壤中，每英亩土地 DDT 含量为 19 磅；而在种植蔓越莓的北美湿地中，每英亩 DDT 含量则为 34.5 磅。苹果园中的土壤受到的污染似乎最为严重，其 DDT 累计速度与每年的施用量几乎同步。仅仅一个季度，人们向土壤中喷药的次数就达到 4 次或更多，而相应地，DDT 残留也会高达每亩 30 到 50 磅。如此经年累月地施用杀虫剂，造成的后果则是：苹果园地面土壤中 DDT 含量为每英亩 26 到 60 磅，而地下土壤中 DDT 浓度竟高达每英亩 113 磅。

砷是造成土壤永久性污染的非常有代表性的化学物质。虽然美国在 20 世纪 40 年代中期以后就大量推广使用合成有机杀虫剂替代含砷杀虫剂进行烟草病虫害防治，但在 1932 至 1952 年间，用美国生产的烟叶制成的香烟中，砷含量增长足足超过了 300%，而据最新研究，今天，这一增长则应修改为 600%。专研砷毒理学的权威亨利·S. 萨特利博士表示，虽然有机杀虫剂大量地取代了含砷杀虫剂，但烟草作物仍会持续从土壤中吸收残留的毒物。这是因为，烟草种植园的土壤中早已满布大量难以溶解的砷酸铅，而这些不易溶解的砷酸铅却会释放出可溶性的砷。萨利特博士说，烟草种植园中大部分土壤正受到"积累的并且几乎是永久性的污染"。而位于地中海东部的那些从不使用含砷杀虫剂的国家生产的烟草就从未出现过砷含量增长的情况。

  因之，我们就面临另外一个问题，即我们不仅应关注土壤正在发生什么样的变化，更需要了解植物究竟从被污染的土壤中吸收了多少杀虫剂。应该说，这主要取决于土壤本身的类型、所种作物的种类以及不同杀虫剂的特点和喷施时的浓度。与其他类型的土壤相比，有机质含量高的土壤释放的毒素较少。同时，研究发现，胡萝卜较之其他作物更容易吸收杀虫剂中的毒素。如果向土壤中喷洒的化学毒物是林丹，那么胡萝卜吸收的毒素实际上比土壤吸收的还要多。将来，人们也许有必要在决定某块地种什么之前先检测一下这里的土壤中含有什么种类的杀虫剂。否则，就算人们现在不在这块地上喷洒杀虫剂，作物还是有可能从土壤中吸收以前喷洒的杀虫剂在土壤中的残留，这样种出来的作物仍旧没法达到上市售卖的安全标准。

  这种类型的土壤污染曾至少给一家生产婴儿食品的主要企业带来各种麻烦，最终这家企业决定不再采购在曾经喷施过农药的土地上种植的任何果蔬。给这家企业造成巨大困扰的化学毒物就是六氯联苯（BHC），植物的根茎会吸收这种农药，然后，这些植物无论闻起来还是吃起来，都会有一股霉味。加利福尼亚州一块农田上出产的甘薯因为被检测出含有农残而被认定为不合格农产品，而原因正是这块土地两年前曾被喷洒过BHC杀虫剂。有一年，这家企业与南卡罗莱纳州签订一份合同，内容为从那里的农场采购该公司加工所需的全部甘薯。可很快发现那里大部分农田都被污染了，没办法，这家企业只得在市场上重新采购甘薯用于生产，最终蒙受了巨大经济损失。在过去这些年，全部各州出产的各种果蔬都出产过不少农残超标的不合格农产品。这其中，最让人感到棘手的问题是花生的种植。在南部地区，花生通常与棉花轮作，而后者在种植过程中则需要大面积喷施 BHC 杀虫剂。故而，种植过棉花的土地上长出来的花生就会吸收大量的杀虫剂。事实上，吸收微量 BHC 后，花生就会产生霉味。化学毒素渗入到花生中且无法清除，而加工过程则不仅不会让霉味消失，有些时候甚至会让其加重。对于食品加工企业来说，让自家产品不含任何 BHC 残留的唯一方法就是拒绝采购喷施过 BHC 或在喷施过 BHC 的土地上出产的任何农作物。

有时，土壤中的农残会威胁到农作物本身——只要土壤中存在杀虫剂，这一威胁就始终存在。有些杀虫剂会对敏感农作物——比如豆类、小麦、大麦以及黑麦——造成伤害，使其幼苗的根系生长速度变得非常缓慢。华盛顿和爱达荷两州啤酒花种植者的遭遇就是典型的例子。1955 年春，两州大量啤酒花种植者为了防治象鼻虫病害采取了大规模的消杀措施，彼时，地里的啤酒花根部爬满了象鼻虫幼虫。在农业专家和杀虫剂生产厂商的建议下，啤酒花种植者们最终选择了七氯作为防治害虫的化学武器。可一年后，大量喷药地区的啤酒花大量枯萎死亡，而没有用七氯喷过的地方却安然无恙，喷药地区和未喷药地区之间俨然形成了一条植株生死的分界线。人们不得不付出巨大的代价在山上重新栽植啤酒花，可第二年，这些新种的啤酒花再次枯萎死亡。

四年之后，喷药地区的土壤中仍含有七氯，科学家们无法预测这些毒药究竟会在土壤中残留多长时间，当然，他们也无法给出任何改变现状的方法。直到1959年3月，联邦农业部门才意识到他们当年宣称的喷施七氯乃是啤酒花害虫防治可靠手段其实完全是错误的，于是他们又废止了曾经发布的施用建议，可一切都为时已晚。与此同时，两州的啤酒花种植者们则纷纷到法庭上起诉，要求政府对他们的经济损失给予赔偿。

只要人们还在继续施用杀虫剂，土壤中的农药就会越来越多、残留时间就会越来越长，人们也必然会面对更多的麻烦。而这正是1960年在锡拉丘兹大学召开的土壤生态研讨会上与会专家们的一致意见。专家们总结了滥用化学用品及医学辐射这些"威力强大但人们对其了解甚少的武器"可能造成的危害："一些人在错误的道路上越走越远，杀虫剂的滥用最终将会导致土壤生产力被严重破坏，这样下去，也许有一天我们的土壤中就只剩下一些节肢动物了。"

第六章
地球的绿色披风

水、土壤和如地球的绿色披风一样的植物共同构筑成一个世界，地球上的动物就生活在其中。尽管现代人很少会想起，但他们无法否认下面的事实，那就是如果不是植物利用太阳能生产出人类必需的食物，人类根本就不可能在地球上生存。遗憾的是，我们对植物的态度却非常狭隘：只要发现某种植物能被直接利用，我们就马上栽植；相反，如果暂时不需要某种植物或者觉得它的存在无关紧要，我们则会立刻给它们判死刑。除了各种对人类或牲畜有毒或长在农作物中间的植物必须被芟夷之外，因为眼光太过狭隘，我们有时大量破坏绿植，仅仅因为觉得这些植物在错误的时间长在了错误的地方。还有不少植物，因为和我们想要芟夷的植物长在了一起，也同样被连根拔起。

地球上的绿植乃是整个生命之网的一部分，在这张生命之网中，植物与地球之间、植物与植物之间、植物与动物之间都有着密不可分的联系。有些时候，我们可能别无选择，需要暂时去破坏它们之间的关系，但这样做必须经过深思熟虑，我们得充分意识到：今天，一个小小的举动就可能在未来的某时某地造成严重的后果。然而，从各种除草剂品牌猛增的销量和这些产品被广泛使用的情况来看，除草剂才是这个时代的赢家，人类早就失去了面对大自然时的谦卑。

如果想知道人类不经深思熟虑就去破坏生态环境会造成什么样的悲剧后果，不妨去美国西部地区那些长满艾草的地方看看。那里正在开展一场运动，旨在清除所有的三齿蒿，代之以牧场。曾经，如果一个人想要了解自然环境的历史和保护自然环境的意义，这里就是最佳去处，因为这里的自然景观充分展示了大自然中各种力量彼此之间如何相互依存、相互影响。它就像我们面前一本打开的书，只要我们愿意品读，就会了解大地何以如此，懂得为什么我们要保护生态系统的完整性。可是，竟没人去读这本书。

三齿蒿生长在美国西部高原和山脉的缓坡地带，这里的地形早在几百万年前就因为落基山脉的隆起而形成了。此地气候异常恶劣：冬季十分漫长，暴风雪常常从山上席卷而来，地面积雪常年不化；夏日，干旱少雨，地皮开裂，干燥的热风吹干树叶上残存的水分。

巍巍高原，朔风横扫而过，在其自然生态演化的过程中，任何想要在这恶劣环境中生存下来的植物，都要经受长时期的磨砺，以适应这里的一切。一种接着一种植物倒下来。最终，只有一种植物锤炼出在此酷烈环境中生存的全部素质并顽强地存下来。这就是三齿蒿，一种低矮的灌木。它们牢牢扎根于山脉缓坡和高原之上，小小的灰绿色叶片也紧紧锁住水分，无惧夏日干燥的热风。应该说，广袤的西部高原之所以能成为三齿蒿的家园，完全是大自然长期考验的结果，而绝非什么偶然。

与植物一样，动物们也渐渐适应了这里酷烈的生存环境。时光荏苒，这里终于出现了和三齿蒿一样充分适应了周围环境的动物。其中一种是哺乳动物，动作敏捷、体态优雅的叉角羚；另一种属于松鸡科，就是艾草榛鸡——刘易斯和克拉克称其为"高原雄鸡"。

三齿蒿和艾草榛鸡可以说天生就是相互依存的，有多少艾草榛鸡，相应地就有多大范围的三齿蒿。随着人类大面积芟夷三齿蒿，将山地改种牧草，艾草榛鸡的种群数量也开始出现明显的下降。要知道，艾草榛鸡的一切生活都与三齿蒿密切相关。生长在山区丘陵地带、低矮的三齿蒿可以使艾草榛鸡的窝显得异常隐蔽，小艾草榛鸡可以无忧无虑地在其间玩耍；三齿蒿密集生长的地方，往往就被艾草榛鸡们选定为嬉戏和栖息之所；三齿蒿更是艾草榛鸡们一年四季最主要的食物来源。当然，两者的作用是相互的。艾草榛鸡的求偶仪式十分特别，在这一过程中它们刨松土壤，使其具有良好的透气性，这样做有利于三齿蒿附近的植被生长。

叉角羚的生活也同样离不开三齿蒿。它们可是高原上最主要的哺乳动物。每年冬天，初雪飘落以后，它们就会从夏季生活的高山地区迁移到海拔较低的地带。缓坡中生长的三齿蒿就成了它们度过严冬的主要能量来源。因为当冬日来临，所有植物的叶子都已经脱落，只有三齿蒿的茎秆上还依然挂满灰绿色的嫩叶——它们香气扑鼻，吃起来略带苦涩，却能提供丰富的蛋白质、脂肪和动物生长必需的多种矿物质。尽管大雪封山，可灰绿色的草尖依然隐约可见；如果全被大雪覆盖，叉角羚也会用尖锐的前蹄将它们从雪堆里刨出。艾草榛鸡也在觅食。狂风吹过，积雪被带走，三齿蒿就露了出来；或者，它们也会在叉角羚掘开积雪的地方寻找三齿蒿的痕迹。

其他许多动物也要指着三齿蒿生活。北美黑尾鹿也经常以其为食，不少食草动物冬天全靠吃三齿蒿充饥。多少个冬季，三齿蒿几乎成了山地牧场中羊群唯一的食物来源。这里的冬季无比漫长，所以一年中差不多有一半时间，三齿蒿都被作为羊群的草料。它们所含的热量极高，对羊群来说，其营养价值甚至比苜蓿干草还高。

高原地带严酷的生存环境、三齿蒿开出的紫色花蕾、动作敏捷的叉角羚还有"高原雄鸡"艾草榛鸡，这些生物使高原自然生态系统达成了完美的平衡。可如今，情况又如何呢？也许对现状最好的描述就是今非昔比吧——人类企图破坏原有的高原自然环境，将大面积的山地改建成牧场。以普遍发展主义之名，贪得无厌的牧场主们不断提议扩大高原牧场面积，而我们的土地管理机构竟也全部照办。这里的自然环境本来只适合三齿蒿及其周边的各种其他杂草生长，可如今，三齿蒿被悉数芟夷，整片整片土地变成了牧场。根本没有人质疑这里是否适合牧草生长，更没人在意就算搞了所谓"土地改良"，种上了牧草，这些牧草在高原环境下能否持久生长。毫无疑问，大自然对这一问题的回答是否定的。这里年均降水量少得可怜，根本就不足以满足如此大量牧草的生长需要，这点降水只能满足三齿蒿和在它们周边的那些多年生禾草生长的需要。

然而，旨在彻底铲除三齿蒿的项目已推行多年。许多政府机构都在推动高原草场牧场化的过程中扮演了积极的角色，工业部门也满怀热情地参与其中。因为这一项目不仅使牧场种子有了广阔的市场空间，还间接带动了自动收割机及播种机的生产和销售。近年来，化学杀虫剂又成为根除"杂草"最有力的"武器"。现在，每年都有数百万英亩的三齿蒿丛被喷药。

这样做会造成什么样的后果？根除三齿蒿而改种牧草对自然环境造成的影响并非马上就会显现，我们只能依靠推测。据不少谙熟美国西部自然环境和土壤情况的人说，就算要扩大草场面积，最好也要奉行牧草和三齿蒿混种的策略，这总比单纯种植牧草来得聪明。至少，三齿蒿可以锁住土壤中的水分。

纵使根除三齿蒿的项目暂时达成其预定目标，很明显的是，各种生命紧密联系形成的高原生态链却遭到严重破坏。没有了三齿蒿，叉角羚和艾草榛鸡也消失不见。黑尾鹿同样难逃厄运，而随着野生动物的消亡，土地变得愈发贫瘠。就连新建的牧场里那些本来被视作受益者的牛羊们也同样遭遇生存危机。新建的草场夏日里倒是葱葱郁郁，青翠欲滴，可一进入漫长的冬季，没有三齿蒿和高原上其他的野生植物，牛羊们就只能在暴风雪中忍饥挨饿。

这些不过是根除三齿蒿初期的、明显可见的后果。另一种更可怕的后果则与人类试图征服自己的举动密切相关。"城门失火，殃及池鱼"，人类为消灭三齿蒿而喷药，而这些药剂势必会误伤其他本不在消灭目标中的植物。威廉·O. 道格拉斯法官在其新著《我的荒原：卡塔丁峰以西》中举了一个骇人听闻的例子，即美国林务局是如何破坏怀俄明州布里杰国家森林公园中的生态环境。迫于当代牧场主们的压力，农业部不得不做出向大约 1 万英亩三齿蒿进行喷药的决定。牧场主们最终如愿以偿，三齿蒿被悉数消灭了。但蜿蜒穿过山谷的溪流两岸葱葱郁郁的垂柳却同样在劫难逃，很多动物都以其为生。驼鹿曾在柳林中生活，柳树对于它们的重要性就好像三齿蒿对于叉角羚的重要性一样。河狸也曾在这里生活，它们以柳叶为食，啃断柳枝并用柳枝在小溪上筑起一个个牢固的堤坝。因为它们的辛勤劳作，小溪被分割成一个个小水塘。本来，在山涧溪水中长大的鳟鱼都不会超过6英寸长的，但在这些小水塘中，它们却能长到很大，有些甚至重达5磅。许多水鸟也被吸引了来。河边垂柳依依，两岸河狸成群，这里自然成了渔猎者的天堂。

然而，自农业局推行所谓的"改良计划"，无差别地喷药后，柳树与三齿蒿一样都消失不见了。1959年，威廉·O.道格拉斯法官到过此地，亲眼见到棵棵垂柳都已枯萎，就要死去的场景，这让他感到震惊不已。在他看来，这简直就是一场"巨大的、令人难以置信的灾难"。驼鹿的情况如何？河狸和它们建造的一个个小水塘又怎么样了？一年后，威廉·O.道格拉斯法官再次回到这片满目疮痍的土地上寻找答案。驼鹿与河狸也已消失不见。没有了河狸的维护，堤坝已毁，塘水干涸。水中再也见不到一条大鳟鱼。此时，小溪流经的地方到处都荒凉一片，没有了垂柳的浓荫，烈日就会将地面晒得滚烫，动物们早已四散奔逃。原本充满生机的世界就这样被毁掉了。

除了每年要向超过400万英亩的牧场喷药以外，为防止杂草蔓延，人们正准备甚至已经在其他各类土地上进行了更大范围的喷药作业。比如说，公用事业公司在其管辖的一块约5 000万英亩的土地上——这一面积比整个新英格兰地区的面积都大，进行定期的"灌丛防治"。在美国西南部地区，人们想要对约7 500万英亩的牧豆树进行杂草治理，喷施除草剂竟成了首选方案。一个占地面积超大——很抱歉，没有拿到其占地面积的具体数字——的木材生产基地想要在抗药性极强的针叶林中清除阔叶硬木，于是选择了空中喷药。1949到1959这十年间，全美施用除莠剂的农田面积就翻了一番,达到5 300万英亩。若是将喷施除莠剂的私家草坪、公园、高尔夫球场都一并算在内,那喷施除莠剂的总面积将会是一个天文数字。

化学除草剂表面上看确实是一个效果不错的新玩意儿。只要使用了它们,大地上保证寸草不生。于是乎,这就给了使用它们的人一种错觉,似乎人类真的拥有了征服自然的力量。同时,因为它们给环境造成的影响往往是潜在的、长期性的,故而很容易被人们忽视。谁要是提出质疑,就会被认为是毫无根据地乱想,甚至被说成是一个悲观主义者。今天的世界,所谓的"农业工程师"们毫无顾忌地鼓吹"化学除草",正是这些人在催促我们的农民将手中的犁铧换成喷枪。成千上万个小镇的父母官正认真倾听着那些热心无比的农药推销员和代理商的说辞,他们纷纷保证一定可以根除道路两边令人讨厌的灌木——只需最低的价格。农药推销员们的口号向来是,刈草费时费力,喷药马到成功。是的,也许记录在官方文件中一行行看上去毫无瑕疵的数目字能够证明这点,可是喷药的成本决不能仅仅以美元来计算,它所造成的各种损失也要一并算入成本之中才行。就算只看对金钱的浪费吧,这么多农药品牌,一年来光投放的广告费用就有多少。而喷药对生态环境造成的长期影响怎么算?靠山吃山、靠水吃水,那些靠着优美的自然生态吸引游客观光的人,他们的损失又怎么算?

举例来说吧,旅游商会评估某一个度假目的地商业价值的时候必定要调查游客满意度。如今,越来越多的旅游目的地的居民愤怒抗议:曾经,景观大道两旁的朵朵鲜花在喷药后都已凋零,仿佛美人脸上留下一道道伤疤。曾经,许多旅游目的地长满了各种蕨类、野花,<u>丛丛灌木蓊蓊郁郁,其间点缀着鲜花与浆果,如</u>

今望过去，只剩一片焦枯的颜色。一位住在新英格兰的主妇愤怒地写了一封信寄给当地报社，信中写道："我们的道路两旁被搞得乌烟瘴气，枝枯叶黄，一眼望去，死气沉沉。我们花了大价钱登出广告向人们展示这里的美景，游客来了之后，会有多失望。"

1960年夏，来自全美各州的环保主义者们聚集在缅因州一座静谧的小岛上，聆听全美奥杜邦协会会长米利特森·托德·宾汉姆的演讲。当日的议题主要集中在保护自然景观及由小到微生物、大到人类构成的错综复杂的生命之网。可与会人员在谈话中涉及最多的却是他们来到会场这一路上见到的令人感到绝望和愤怒的景象。曾几何时，这里道路两旁林木长青，长满了月桂、香蕨木、赤杨和越橘。可如今，树叶焦枯，一片荒凉。一位参会者写道："会议归来……缅因州道路两旁的凄凉萧索令我义愤填膺。在过去的许多年里，高速公路两旁一直都长满了各种野花和美丽的灌木。这次再来，路两旁却只有一株株死掉的植物，一英里，又一英里，好像两道长长的伤疤。……即便从经济发展角度来看，请问：缅因州承受得了游客因见到这般凋敝景色给出差评，进而造成的经济损失吗？

对于那些深爱着缅因州美丽景色的人来说，这里目前的状况的确令人感伤。可更令人忧心的是，全国上下目前都在以路侧灌丛防治的名义毫无顾忌地进行着环境的破坏，缅因州道路两旁的枝枯叶败也不过仅仅是这些胡作非为的后果之一罢了。

供职于康涅狄格州植物园的植物学专家们断言，正是由于当地生长的美丽灌木与野花大面积消失，才造成了所谓的"景观大道危机"。在化学药品的密集攻势下，杜鹃、山月桂、蓝莓、越橘、荚莲、山茱萸、月桂、香蕨木、矮唐棣、北美冬青、野樱和野酸梅正纷纷枯死。点缀其间的雏菊、黑心金光菊、野胡萝卜花、秋麒麟草、秋紫菀亦难逃厄运。

　　喷药计划本身就经常失当，而且还要加以经常性的药物滥用。下面是一些例证：在新英格兰南部一座小镇，一位承包商已经完成了全部喷药任务，可用来存储杀虫剂的罐中还剩下不少药剂，他索性将其全部倒在了路旁的林地里。而按照相关规定，那里绝对禁止喷药。这样的做法的后果则是，小镇秋日的公路上再也见不到蔚蓝天空下遍地金黄的颜色了。曾经，游客们会从很远的地方来到小镇，观赏在秋风中摇曳的紫菀与秋麒麟草，可现在这一切也不存在了。同样在新英格兰的另一座小镇，一位承包商在高速公路管理部门不知情的情况下，擅自违反康涅狄格州农药喷施作业管理办法，将对路侧植物的喷药高度由最高不得超过4英尺改为8英尺，这一做法直接导致高速公路两侧栽植的树木大面积被毁。马萨诸塞州一座小镇的行政官员则从一位热心的经销商那里购买了大量杀虫剂，根本没有意识到这种杀虫剂中含有砷元素。对路侧植物喷药后，除了威胁植物的生存，还导致12头奶牛因砷中毒而死亡。

　　1957年，沃特福德镇对道路两旁的植物喷药，导致康涅狄格州植物生态保护区内的树木严重损毁，甚至一些因树形高大而没有直接被药物喷到的树木也受到了影响。虽然正处于春季生长期，但橡树的叶子却开始卷曲、变黄。紧接着，新芽抽出，生长速度非常惊人，树枝差点都被压弯。半年后，树身上最粗壮的枝干全部枯死，其他树枝上则不见一片叶子。这些枝干此前还曾被满树叶片压弯，如今则已扭曲变形，丑陋不堪。

　　我太清楚一条能充分展现出自然之美的笔直的公路应该是什

么样的了：赤杨、荚蓬、香蕨木、刺柏；路旁盛开的野花四时不同；每到秋日，树上挂满果子，就好像镶嵌在天地间的宝石一般闪耀。路上并不是车来车往的一派繁忙景象，也没那么多急弯和路口，路边的灌木丛也不会挡住司机的视线。然而，喷药工人接管了这里，于是道路两旁寸草不生，看着眼前的荒凉景色，人们只想着快点驾车离开。科技就是这样让我们的世界变得如此贫瘠、如此可怕。不过，总有一些地方，"监管"未必到位，而恰是在这些被我们的行政官员无意中忽略的地带还有绿洲的存在。在这些绿洲的映衬下，大部分因喷药而变得贫瘠荒凉的道路就显得更令人无法忍受。每当我漫步于这些残存的绿洲，看到白色的三叶草、紫色的野豌豆花与火红的百合，我的精神都会为之一振。

对忙于兜售和使用化学杀虫剂的人来说，这些植物在他们眼中不过是些"杂草"罢了。如今，定期召开所谓"杂草防除论坛"已成惯例，我曾读到过某次会议记录中有关"除草哲学"的一篇奇谈怪论。文章作者试图为铲除某些对人类有益无害的植物进行辩护，"原因非常简单，因为它们与那些对人类有害的植物长在了一起。"作者说，当他看到有些人抱怨路边的野花因喷药而死掉时，不禁想起了那些"反对活体解剖动物的人"，"如果按照这些激进分子的价值观来判断，那么一只流浪狗的生命甚至比儿童的生命更加神圣"。

对这篇文章的作者来说，毫无疑问，我们很多人都有严重的性格扭曲嫌疑。因为，我们渴望看到野豌豆花、三叶草与百合，欣赏它们留给世界的短暂美好；我们却无法接受路边像过了火一样，大片植物都变成焦黄的颜色；我们同样不能忍受一丛丛灌木树叶枯黄，纷纷掉落；一丛丛曾傲然挺立的欧洲蕨如今变得憔悴枯萎、枝叶低垂。我们也许被认为是太过可悲、十足愚钝，竟然能容忍这些"杂草"长期存在而不因为它们被清除而感到欢欣，我们竟没有为人类又一次战胜邪恶的大自然而狂喜。

威廉·O.道格拉斯法官曾谈起，有一次他参加一个联邦农业工作会议，会议针对当地居民抗议根除三齿蒿这一事件进行了讨论。（这里提到的"根除三齿蒿计划"曾在本章开头提及。）一个老妪反对这一计划的理由是喷药会让路边的野花受到牵连，而这在与会者看来十分滑稽可笑。"如果说牧场工人有权利寻找牧草，伐木工人有权利寻找待伐树木，那么寻找一朵天香百合或虎皮百合是否也是这个老妪天赋的、任何人都不可剥夺的权利呢？"仁慈而富有远见的威廉·O.道格拉斯法官这样反问。"如果说山脉中藏有铜矿与金矿，还有丰富的森林资源，那么荒野赠予我们的审美价值无价。"

当然，保护生长在路边的植物并非仅出于审美方面的考虑，也有经济上的必要性。乡村道路两旁和农田边缘地带的灌木丛形成的片片绿篱是鸟类觅食、栖息与营巢的天堂，也是许多小动物的家园。仅美国东部各州的乡间道路两旁就有大约70种常见的灌木和藤本植物，而这70种里又有约65种乃是野生动物的重要食物来源。

路边的植被也是野蜂和其他多种授粉昆虫的栖息地。人类非常依赖这些野生传粉动物，只是他们常常意识不到这点罢了。甚至连农民们都很少意识到野蜂的价值，经常参与到"围剿"野蜂的行动中，最终自食其果。一些农作物和许多野生植物都部分甚或全部要依靠本地传粉昆虫授粉，数百种野蜂会参与到农作物授粉的过程中——仅为苜蓿花授粉的就多达百种。若没有这些昆虫授粉，绝大部分在尚未开垦的土地上生长的植物都会死亡，水土得不到保持，土壤将不再肥沃，远期后果则是整个地区的生态环境都将遭到破坏。森林和路边的杂草、灌木和乔木都要依赖本地的昆虫才能繁殖后代。同样，没有这些植物，野生动物和各种家畜也就没有了主要食物来源。可如今，所谓的"清耕法"和"化学防治法"导致路边绿篱与田间杂草悉数被芟除，传粉昆虫们失去了最后的庇护之所，自然界中生命与生命的密切联系也因此被彻底斩断。

我们已经知道，这些昆虫对我们的农业生产和保持优美的自然景观的确非常重要，人类本应更好地保护其栖居地而不是毫无意义地破坏它们生存的家园。蜜蜂和野蜂离不开诸如秋麒麟草、荠菜、蒲公英这样的"杂草"，它们采集上面的花粉并以之作为幼蜂的食物；在苜蓿花开之前，野豌豆花就成为蜜蜂的主要食物来源，帮它们挨过寒意尚存的早春，为之后给苜蓿花传粉做好准备。秋日来临，寒霜渐浓，当此食物匮乏之际，秋麒麟草就成为它们的食物来源，它们吃掉这种草，在体内存储足够度过漫漫寒冬的热量。大自然的时序是如此精准而微妙，有一种野蜂，每年都恰会在柳树开花的那一天准时出现。懂得自然神奇与尊重自然规律的人不在少数，不过，这并不包括那些只会下令大规模喷药的官员。

可那些似乎懂得保护野生动物栖居地具有重要价值的人又是如何认识化学药品的呢？他们中多数人认为除草剂对野生动物是"无害的"，因为其毒性被认为远小于杀虫剂。据说，因此甚至有人断言除草剂并未造成任何对野生动物的直接伤害。可实际情况却是，随着除草剂从天而降，洒在森林和旷野、沼泽与牧场，野生动物栖居地因此发生了显著变化，甚至造成了永久性破坏。从长远角度看来，破坏野生动物生存的家园和食物来源也许比直接杀死它们造成的危害更为严重。

对公路两旁的植被进行"化学攻击"，这一做法充满了讽刺性，具体表现在如下两个方面：首先，这是一个永远也解决不完的问题。多年的经验清楚地表明，地毯式喷药根本不可能彻底根除道路两旁的所有灌木丛，于是喷药就只能年复一年地持续下去。更具讽刺意义的是，尽管"选择性喷施"这一听上去十分完美的喷药方法人尽皆知，这样做也的确能达到长期防治的效果并减少向大部分植物反复喷药的次数，但我们却依然进行着地毯式喷药。

所谓公路灌丛防治，并非要清除除了青草之外的一切植被，而是要清除遮挡司机视线或影响公路布缆的高大树木。这就是说，一般情况下，只有高大的乔木才需要被砍掉。大多数灌木丛都非常低矮，根本不影响道路行车安全，更别说那些蕨类植物和野花了。

"选择性喷施"这一理念是弗兰克·艾戈勒博士在担任美国自然历史博物馆公路灌丛防治建议委员会主任时提出的。这一理念充分利用了大自然固有的稳定特性，即大部分灌木会阻止乔木在其"领地"生长，而与之相反，乔木幼苗却非常容易在牧草地中长大。"选择性喷施"并非要在公路及路边种上更多的牧草，而是通过直接向高大的木本植物喷药来保证其他植物的正常生长。对高大的乔木来说，一次喷药就足以见效。对于那些抗药性极强的品种，可能需要再追加一次。如果一次，灌木丛安然无恙，而高大的乔木绝不会再次落地生根。这再次证明，对植物进行防控，最佳的也是最经济的方法往往不是喷药，而是利用植物本身。

这一方法已在美国东部部分地区进行了测试。结果显示，只要处置得当，实验地区植物的生长态势就会变得十分稳定，至少二十年内都无须再次喷药。喷药工作经常可以徒步完成，工人带上背负式喷雾器，内中药量足以完成一个地区的植被防控工作。有些，也可以把压缩机泵和待喷药物装在载重汽车底盘上加快工作进度，但绝对不会出现地毯式喷洒的情况。喷药只针对乔木和长得异常高大的灌木等必须清除的树木进行。正因如此，整个生态环境会得到非常好的保护，具有重要价值的野生动物栖居地也毫发无损，再也不会出现灌木丛、蕨类植物和美丽的野花统统消失不见的悲剧了。

虽然不少地方已经采用了"选择性喷施"进行植被防控管理，但在更多地区，人们仍然积习难改，地毯式喷药仍大行其道。而这不仅每年要耗费大量纳税人的钱，而且给由各种生命交织而成的生态网络造成了巨大的破坏。地毯式喷药的举措仍能大行其道，其原因当然是民众根本不了解真相。如果我们的纳税人知道每年用于城镇道路灌丛治理的资金本可以大大降低，从现在的每年花钱喷药变成二十年才需喷药1次，他们一定会起来抗议要求改变现状。

在"选择性喷施"的众多优势之中，最重要的一点是其将用于植物防控的药量尽可能地减少了。再也不是无差别地喷洒，相反，只对目标树木的根部进行精准喷药。因之，药物对野生动物的危害也降到了最小。

目前，最广泛使用的除莠剂是2，4-D、2，4，5-T及同类化合物。这些除莠剂是否真正有毒，人们尚在争议中，但的确不时听说有人在用2，4-D向自家草坪喷洒后出现了神经炎甚至全身麻痹的症状。虽然这样的事故并非经常出现，但医学权威还是建议人们慎用这类化合物。2,4-D除莠剂对人体造成的另一种伤害往往不易被人察觉。相关实验已经证实,2,4-D会让细胞的呼吸受阻,进而干扰其基本的生理过程,像X射线一样破坏染色体。最新研究表明,未达到致死剂量的2,4-D或同类其他除莠剂可使鸟类繁殖能力严重下降。

除了直接的毒性作用,有些除草剂还会造成很多奇怪的间接危害。人们发现了一个奇怪的现象:无论野生还是家养的食草动物,都会被喷过药的植物吸引,哪怕这种植物从来不是它们的食物来源。若是用了剧毒除莠剂,比如药剂中含砷,食草动物嗜食这些因喷药而枯萎的植物,一定会带来灾难性的后果。就算除莠剂本身毒性不大,可如果碰巧植物本身含有剧毒或上面长满芒刺,后果照样不堪设想。举例来说,某些牧场中的牧草在喷药后会突然对牛羊产生致命诱惑,而牛羊一旦胃口大开,则必死无疑。兽医学文献中记载了大量相似病理:猪在吃了喷过药的苍耳后染上重疾;羔羊在吃了喷过药的奶蓟草后同样发病;蜜蜂在采食刚刚开花不久就被喷了药的芥菜花后中毒。野樱桃,其叶本有剧毒,在被2,4-D喷过后则会让耕牛嗜食从而造成其死亡。很明显,在被喷药(或采伐)而变得枝断叶枯后,这些植物突然变得对动物有了吸引力。狗舌草的情况与此不同。本来,牲畜对这种植物避之唯恐不及,除非在岁末或早春食物匮乏之际才不得不吃上一些来充饥,然而被喷过2,4-D以后,牲畜们就开始嗜食起原来毫无兴趣的植物。

对于牲畜的奇怪行为,科学家们给出的可能解释是化学除莠剂造成了植物自身新陈代谢的变化。由此,在对植物进行喷药处理后,植物叶片中的含糖量显著增加,使其对很多动物来说具有更大吸引力。

2, 4-D除莠剂另一个奇怪的作用则是对牲畜、野生动物, 显然也包括人类造成重大危害。大约十年前进行的一次实验就已表明, 在喷洒过2, 4-D后, 玉米和甜菜的硝酸盐含量都出现了急剧升高的情况。人们因此怀疑高粱、向日葵、紫鸭跖草、蔓生藜、苋菜、蓼草等也会出现同样的情况。正常情况下, 这些植物中大部分都并不受牲畜欢迎, 可一旦喷过2, 4-D以后, 它们的口感就颇受牲畜喜爱。据一些农业专家说, 许多牲畜死亡的原因都能追溯到喷过药的野草。硝酸盐含量增高对于牲畜来说之所以危险多多, 与反刍动物特殊的生理构造密切相关。大部分反刍动物都有着非常复杂的消化系统, 包括由四个腔室构成的复胃。对纤维素的消化是通过反刍动物的第一胃——瘤胃中的微生物(即瘤胃细菌)完成的。当反刍动物吃掉硝酸盐含量异常增高的植物以后, 瘤胃中的微生物就会对硝酸盐起作用, 将其转化为剧毒物质亚硝酸盐。于是, 一系列连锁反应就会发生, 最终导致反刍动物死亡: 亚硝酸盐首先作用于血色素并形成一种棕褐色的物质, 反刍动物体内的氧气会滞留其中进而无法参与到细胞的呼吸作用中, 因之, 氧气无法从肺部传送到身体其他组织中。不出几个小时, 这些动物就会因为缺氧而死亡。如此一来, 大量关于牲畜因食用喷过2, 4-D除莠剂的杂草而死亡的报告就能得到一个合理的解释。野生反刍动物, 诸如野鹿、羚羊、绵羊和山羊, 也会面临同样的危险。

虽然造成植物硝酸盐含量异常增高的因素有很多(比如异常干燥的天气), 2, 4-D除莠剂销量和使用量的飙升显然不容忽视。1957年, 农业部门曾发出过警示, "2, 4-D中毒的植物可能含有大量硝酸盐"。威斯康星大学农业实验站对此非常重视，通过大量实验，终于证实了这一说法。与动物一样，硝酸盐同样会对人类产生致命危害，这也可以帮助我们解开近期出现的几起"仓库死亡事件"的谜题。当含有大量硝酸盐的玉米、燕麦或高粱储存到粮库后，它们就会释放出剧毒一氧化氮气体。此时，任何进入仓库里的人都必死无疑。这样的毒气只要吸上几口，就会导致吸入性肺炎。明尼苏达大学医学院研究的系列类似病理中，全部患者里只有一名幸存下来。

杰出的荷兰科学家C.J.布雷约在总结杀虫剂滥用的情况说："我们一再肆意破坏自然，就好像一只大象闯入了瓷器店那样。在我看来，人类实在太过想当然了。我们根本就搞不清庄稼地里的杂草究竟是全都有害，还是其中一部分反而有益。"

杂草与土壤之间到底是什么关系？这一问题很少被人提及。也许，哪怕仅仅从最狭隘的利己主义角度来说，两者都存在着良性互动的关系。我们已经知道，土壤与生活在其上或其中的生物之间相互依存、互惠互利。诚然，杂草会从土壤中吸取养分，但土壤也可能离不开杂草。近期，荷兰某市几家公园中发生的事就为此提供了很好的例证。公园里的玫瑰花培植出现了问题。土壤取样分析表明，其中存在着大量小线虫。荷兰植物保护署的科学家没有推荐喷药或土壤治理等方法，相反，他们鼓励公园在玫瑰花附近种植金盏花。毫无疑问，这种植物必然被纯粹主义者视作长在玫瑰花坛中的杂草，但它的根部却能分泌一种杀死土壤线虫的特殊物质。公园管理方采纳了科学家们的建议，在一部分玫瑰花坛中种上金盏花；作为对照，另外保留几个花坛，什么处置措施都不做。最终结果是，两者形成了鲜明对比：栽植了金盏花后，玫瑰也花繁叶茂；而对比组的那些玫瑰花则呈现出病态，枯萎低垂。如今，金盏花在很多地方都被用来进行线虫防治。

  同样，也许我们尚未发现，还有不少被我们无情根除的植物可能都对保持土壤健康有着非常重要的作用。自然植物群落——如今通常被污名化为"杂草"，一个非常有用的功能就是被用作土壤健康状况的"晴雨表"。当然，如果滥用除莠剂，这一重要功能也就没法实现了。

  那些动辄就用喷药来解决所有问题的人忽略了一件具有重要科学意义的事——保护自然植物群落。我们需要将其作为一个标准，来衡量人类活动对自然环境的改变程度。自然植物群落乃是各种昆虫与微生物最佳的野外栖居地，有了它们，昆虫与微生物的种群数量才能保持稳定。本书第十六章将会谈到，逐渐形成的对杀虫剂的抗药性将会极大改变昆虫甚或其他微生物的遗传因子。一位科学家甚至提议建立微生物专属保护园区，在其基因结构尚未发生进一步改变以前，切实保护这些昆虫、螨虫及其他各类微生物。

  一些专家警告说，除莠剂的大量使用会导致植物生长过程发生变化，对生态环境造成严重损害。化学除莠剂 2，4-D 当然可以将一个地区所有的阔叶植物全部根除，但这却会导致牧草疯狂生长，因为与其争夺有限土地资源和养分的阔叶植物已经消失了。现如今，有些牧草已经成为需要被防控的"杂草"，要解决这一新问题，只能依靠喷洒更多的除莠剂。如此一来，新一轮的恶性循环又要开始了。这一怪现象被近期出版的一本关注农作物问题的杂志公之于众："随着 2，4-D 除莠剂的广泛使用，阔叶植物的数量的确被控制住了，可禾本科杂草却开始疯长，玉米和大豆的产量或将遭受影响。"

人类总是意欲控制自然，结果却往往自食其果。人们对造成枯草热的主要植物——豚草的防治就是这方面非常生动的例子。在豚草防治的名义下，人们将数千加仑的化学药剂洒向道路两旁的植被。然而，非常不幸，真实的情况却是地毯式喷洒反而导致豚草数量不减反增。豚草是一年生草本，只有在开阔的地方，其幼苗才能生长。故而，防治豚草最佳的方法就是保证密集生长的灌木丛、蕨类植物和其他多年生植物不遭受任何破坏。频繁喷药严重破坏了这些具有保护性的植被，造成了大片开阔的不毛之地，豚草恰好可以落地生根。此外，空气中出现的豚草花粉也可能与路边的豚草没什么关系，这些花粉乃是由城市废地或休耕农田中疯长的豚草造成的。

马唐草专用除莠剂销量的激增再次证明了人们对这种错误的杂草防治法可能达成的效果有多么乐观。要想根除马唐草，自有成本更低、效果更好的方法，根本无须年复一年地喷药。只要引入其他杂草与之"竞争"，"争夺"有限的土地资源和养分，马唐草的生存空间就会变得非常有限。要知道，马唐草只能在长势不好的草场上成活，这并非什么植物疾病，而是它的特性。只要土壤足够肥沃，其他草类幼苗能茁壮成长，马唐草就无法生存下去。前面已经说过，它需要大片开阔空地，只有在那样的地方才能落地生根，年复一年地疯长。

然而，郊区居民却罔顾上述基本情况——他们只会听从那些受到农药生产商蛊惑的苗圃工人的建议——每年仍继续向自家草坪中抛洒数量惊人的马唐草除莠剂。这些化学药剂包装上市后会被起上一个诱人的名字，从中你根本就看不出其究竟含有何种化学物质。而事实上，很多除莠剂都含有诸如汞、砷、氯丹等毒素。若是按所谓的推荐剂量进行喷施，草坪上就会出现大量的化学残留。比如说，如果按照产品说明书上标注的剂量喷洒某品牌除莠剂，就相当于在1英亩土地上喷洒了60磅的氯丹。若是我们再随意从令人眼花缭乱的除莠剂品牌中挑选一种，用这次选出的产品进行喷施作业就相当于在每英亩土地上喷洒了多达175磅的砷。这些重金属污染会造成鸟类大量死亡，我们将会在第八章中详细说明这一令人扼腕的情况。这些遭到重金属污染的草场会对人类造成什么样的伤害呢？目前还不好说。

对公路及路侧植被进行的"选择性喷施"实验大获成功，这让人们看到了生态防治法的希望。农田、森林与牧场等其他防治项目完全可以采用这种方法——其目标并非要根除某种植物，而是致力于建立一个由各种生物构成的生态群落。

另一些可靠的例证同样向我们证明了生态防治法的可行性。运用这一方法，那些希望清除某些不必要植物的地区取得了不错的防治效果。其实，我们今天遇到的各种棘手问题，大自然早就遇到过，而且它早已有了成功应对的方法。只要人们深谙道法自然的智慧，就必定能获得成功。

在这方面，一个非常有名的例子是人们利用生态防治法成功阻止了加利福尼亚州克拉马斯草的疯长与蔓延。克拉马斯草，又名山羊草，原生地为欧洲（在那里，它被称之为圣约翰草），随早期欧洲西迁移民进入到美国。1793年，这种草首先出现在宾夕法尼亚州的兰开斯特市附近。到了1900年，这种草又蔓延到加利福尼亚州克拉马斯河沿岸附近，因而得名克拉马斯草。到

1929年,克拉马斯草已经"占领"了约10万英亩的牧场;而截至1952年,它们则入侵了250万英亩的土地。

与三齿蒿等本地植物颇为不同,克拉马斯草在这一地区的生态系统中原本没有什么位置,没有什么动物或其他植物需要依赖它生存。相反,只要有克拉马斯草的地方,那里的牲畜吃了这种有毒植物,就会变得"遍身结痂、口舌生疮、健康状况堪忧"。遭克拉马斯草入侵的地区,土地价格都会因此下跌。

其实,克拉马斯草或圣约翰草,在欧洲从来都没有成为一个问题。这是因为,那里有种类繁多的昆虫,它们以之为食,对这种草的需求量反而极大,如此一来,其数量自然会受到严格控制。尤其是在法国南部地区,有两种豌豆粒大小、浑身呈金属色的甲虫,它们已经完全适应了有克拉马斯草的生活,这种草成了它们唯一的食物来源。

1944年,第一艘满载这两种甲虫的货船抵达美国,这乃是具有历史意义的重要时刻。因为,这乃是北美地区首次尝试利用昆虫进行生物防治。到1948年,这两种昆虫的种群数量已经足够多,无须再从外国进口了。人们先在原生地捕捉甲虫,再将其投放到需要的地方,按照每年100万只的速度投放。在较小的区域内,这些甲虫会自行扩散,只要一处地方的克拉马斯草被吃光,它们会非常准确地找到另一处新地方。这些甲虫的出现使原本到处蔓延的克拉马斯草日益变少,曾经被其"排挤掉"的那些理想的牧区植物又重返牧场。

1959年,一项历时十年的调查研究宣告完成。研究报告显示,利用生物防治法对克拉马斯草的治理"远远超出最乐观的预期",克拉马斯草疯狂蔓延的态势得到控制,锐减到原有种群数量的1%。而这两种可被视为杂草防治过程中生物防治典型代表的甲虫对人却没有任何危害。事实上，仍需让这两种甲虫保持一定的种群数量，以防止克拉马斯草卷土重来。

在澳大利亚，也可以找到生物防治的案例。同样，省钱又见效。早期的殖民者踏上一处陌生的土地时，往往习惯于带上自己国家的植物或动物。1878年，当亚瑟·菲利普船长来到澳大利亚，他同样带上了多种本国产的仙人掌。船长打算用这些仙人掌来饲养可做染料的胭脂虫。显然，船长带来的一些仙人掌或仙人球从他的花园中被带了出去。于是，到了1925年的时候，人们已经在澳大利亚的野外发现了大约20种仙人掌。在这片新的领土上，仙人掌与殖民者一样不受任何控制，它们以超乎寻常的速度扩张，最终竟然"占领"了约6000万英亩的土地。整个澳大利亚，至少一半土地上长满了仙人掌，密密麻麻，彻底丧失了利用价值。

1920年，一批澳大利亚昆虫学家被派往美洲，试图掌握在仙人掌的原生地，它们的昆虫天敌的情况。经过对多种昆虫的反复试验，1930年，30亿粒阿根廷飞蛾卵被投放到澳大利亚。7年后，最后一片密密麻麻长满仙人掌的土地被治理完毕，曾经根本不适宜人居的地方如今牧草遍地、牛羊成群。整个防治项目的成本，每英亩不足1便士；与之相比，早前用化学防治法的时候，不仅防治效果难以令人满意，且花费高达每英亩约10英镑。

以上两个成功案例表明，想要根除对人类有害的植物，最行之有效的防治方法就是依靠植食性昆虫的力量。这些昆虫，在食草动物中可能算是最挑食的了，然而，正因为它们的食物来源单一，才可能轻而易举地被人类利用。只可惜，我们的所谓牧场管理科学长期以来早就放弃了对生物防治法的可能性的思考了。

第七章
毫无必要的破坏

在朝着征服自然这一既定目标进军的过程中，人类一次次将对自然的破坏记录铭写在历史之上，这实在令人心痛。人类不仅破坏其生存的地球，更伤害了太多与之共享地球家园的生灵。近几个世纪以来，这部自然破坏档案记载了更加黑暗的历史——西部平原上的野牛惨遭屠杀；为了金钱，猎手们将黑洞洞的枪口对准了滨鸟，制造了一次又一次的大屠杀；同样，为了将羽毛变卖，白鹭已濒临灭绝。今天，更多动物面临生存危机，人类将以一种全新的杀戮方式在其破坏生态环境的黑暗历史上再添上全新的一章——鸟类、哺乳动物、鱼类，都将无一幸免。这种新的杀戮方式就是，将化学杀虫剂随意地洒向大地。

如今，破坏的哲学似乎正主宰着人类的命运，没有什么能够阻挡人类拿起手中的喷雾枪。在人类发起的向害虫的猛攻中，不幸受到牵连而死掉的其他受害者在我们看来也许算不了什么。若是知更鸟、野鸡、浣熊、猫甚或家畜碰巧与要清剿的害虫栖居在一起，它们也得默默承受从天而降的化学毒药。人们不应对此提出抗议。

民众哪怕想要了解当前野生动物数量是否出现了下降，都很难得到一个明确的说法。为此，他们常常陷入两难的处境：一方面，环保主义者和不少野生动物学家坚称野生动物损失严重，在某些恶性事件中，野生动物的损失情况甚至可以说达到了灾难级的水平；而另一方面，政府管理部门则断然否定这种说法，他们也坚称，野生动物种群数量从未出现过下降的情况，就算真的下降了，也不会对生态环境造成破坏，所以无关紧要。民众究竟应该相信哪种说法呢？

证人资质的可靠性是做出正确判断的第一要务。专业的野生动物学家显然更有资格谈论和解释关于野生动物死亡的真相。而昆虫学家的学术专长显然在昆虫研究方面，他们既没有受过专业的野外训练，同时在心理上恐怕也并不愿意去寻找自家设计的害虫防治项目可能存在的副作用。然而，联邦政府和各州政府负责害虫防治的官员，当然，也包括化学农药生产商，却一贯坚持否定野生动物学家们提交上来的报告，官员们宣称他们没有掌握太多野生动物受到侵害的证据。他们就像《圣经》中的祭司和利未人那样，无视真相，见死不救。就算我们宽恕了他们，将他们对野生动物学家报告的真相屡屡弃置一旁的做法解释为昆虫学家们的短视与商人的牟利之心，那也不意味着我们就要接受他们的谬论。

想要形成自家独立判断，最好的方式就是亲自调查一些大型的害虫防治项目。同时，也要向那些熟悉野生动物生活习性且对化学农药并无偏袒之心的研究人员多多请教。只有这样，我们才会明白，当化学毒药像倾盆大雨一样从天而降，洒向野生动物的家园，这之后究竟会发生什么。

对于鸟类观察者、在自家花园赏鸟为乐的郊区居民、捕猎者、垂钓爱好者以及荒野探险者来说，不管是在什么地方，只要那里的野生动物遭到伤害,哪怕只有一年时间,人们享受美好生活的权利就是被剥夺了,这一诉求绝对正当。虽然有些时候,一次喷药之后,部分鸟类、哺乳动物和鱼类可以从药物中毒中慢慢恢复健康,但农药造成的巨大伤害仍是一个不争的事实。

其实,动物在农药中毒后并没那么容易恢复过来。况且,喷药往往是重复性的,野生动物极少可能只接触农药一次,并有机会在这之后恢复健康。不管是本地物种,还是迁徙至此的外来物种,对于野生动物来说,喷药的结果就是造成其生存环境中充满了毒素,让它们的世界布满一个个致命的陷阱。喷药范围越广,危害越严重。在大面积喷洒之下,绝无安全的绿洲存在。过去的十年间,以害虫防治计划为名,成千上万英亩甚至是上百万英亩的土地被喷了农药。无论是私人土地还是公共用地,农药喷洒面积持续飙升。相应地,全美有关野生动物的伤亡记录也在不断增加。让我们从众多的害虫防治项目中找出几例,看看究竟发生了什么。

1959年秋,密歇根州东南部地区,包括底特律郊区在内的27 000英亩土地上洒满了艾氏剂小颗粒。政府部门选择了空投这些艾氏剂粉剂——氯化烃类杀虫剂中最具危险性的品种之一。项目由密歇根州农业部门与美国农业部联合实施,据称,其目的是为了防治日本金龟子。

采取如此猛烈和危险的清剿行动实在看不出有任何必要。密歇根州最知名、最博学的博物学家之一沃尔特·尼克尔,将自己一生中大部分时间都投入到相关研究中。长期以来,他坚持每年夏天在密歇根州南部地区进行野外观察。他指出:"据我的观察,三十多年来,底特律市日本金龟子的种群数量一直都很少。这么多年过去了,它们的种群数量并未出现任何显著增长。除了在农业部门安装的捕虫器里见到过几只以外,我还没在别的什么地方看到过日本金龟子。……我从来就没有听说过任何因为日本金龟子种群数量增加对环境产生严重影响的消息。"

州政府发布的官方通告中只提到将要在"出现日本金龟子"的地区进行空中药物喷施作业。尽管喷药的理由并不充分,但这一项目最终仍如火如荼地开展了起来。州政府提供喷药所需人力并负责对喷药过程进行监管,联邦政府提供各种喷药设备及后备人手,社区负责大量购进杀虫剂。

日本金龟子其实是一种被意外引进到美国的昆虫。1916年,人们在新泽西州里弗顿附近的苗圃中发现了一些浑身闪耀着金属光泽的绿色甲虫。人们起初搞不清它们究竟是什么来头,但很快这些甲虫就被确认为是日本主岛上一种常见的昆虫。显然,它们是在1912年国会颁布《植物检疫法》以前,随着进口的苗木入境美国的。

自日本金龟子被引进美国后,它们就不断地向密西西比河以东的各州扩散,因为那里的气温和降雨情况都非常适合其生存。每年都会有一群日本金龟子离开原来的栖息地,不断扩张到新的"领地"。后来,人们开始尝试在日本金龟子入侵较早的东部地区采用自然防治法对其种群数量进行控制。许多记录可以证实,使用自然防治法后不久,日本金龟子的种群数量就被控制在相对较低水平。

尽管东部地区已经有了合理的日本金龟子防控经验,但在日本金龟子尚未造成多大影响的中西部各州,那里的主管部门却将这种破坏能力有限的昆虫视为最致命的敌人,非要消灭干净不可。主管部门动用了最危险的化学杀虫剂，最终导致无数当地居民以及它们驯养的家畜、野生动物等均暴露在本来意欲消灭日本金龟子的剧毒农药之下。结果，日本金龟子防控项目使野生动物种群数量出现了令人震惊的下降。同样不可否认的是，人类也因此受到伤害。在密歇根州、肯塔基州、艾奥瓦州、印第安纳州、伊利诺伊州及密苏里州等多个地区，化学农药如暴雨般从天而降，而这一切荒唐的举措，都以害虫防治为名。

密歇根州是最早采用空中大面积喷药的方法来消灭日本金龟子的州之一。该州之所以选择使用艾氏剂——所有化学农药中最致命的一种，并非因为其更适合用来灭杀日本金龟子，而仅仅因为官员们希望防治过程能更省钱而已——艾氏剂算是目前市面上复合农药中售价最便宜的了。尽管该州在其举办的官方媒体发布会上承认艾氏剂"有毒"，不过相关发言人却暗示在人口密集地区喷洒艾氏剂进行害虫防控不会对人们造成危害。（有媒体提问："人们需要采取什么预防措施？"发言人的回答是："不需要采取任何类似措施。"）当地报纸援引美国联邦航空局一位官员的话，说"空中喷药作业非常安全"。底特律公园和休闲娱乐设施管理处的一位代表也言之凿凿："农药粉剂对人无害，也绝不会对植物和动物造成危害。"我们只能认为这些官员中竟没有一人读到过美国公共卫生署、美国鱼类及野生动植物管理局公开出版且十分容易得到的艾氏剂毒性分析报告。显然，他们也没有留心过关于艾氏剂含有剧毒的其他证明材料。

根据密歇根州害虫防治法，州政府有权在不提前通知或获得私人土地所有者许可的情况下，为达到害虫防治之目的，在该州任何地方喷洒杀虫剂。于是乎，无数架飞机开始在底特律地区进行低空喷药作业。底特律市政当局和联邦航空局的电话很快就被焦虑万分的市民打爆了。据《底特律新闻报》，在一个小时接到将近800个投诉电话以后，警方恳请当地电台、电视台和新闻报纸出面，"向目击了大面积喷药过程的市民解释他们所看到的情况是怎么一回事并告诉市民喷药过程绝对安全"。联邦航空局负责航空安全的官员向民众保证，"所有作业飞机都处于认真监管之下"，而且"都有低空作业授权"。为了安抚民众恐惧不安的情绪，该官员甚至做出了一些错误的尝试。比如，他竟告诉民众飞机都配有安全阀，在紧急情况下可将其打开，机舱内装载的全部农药瞬间就会全部倾泻出去。实在是万幸，这样的紧急情况并未发生。然而，随着飞机低空喷药作业的进行，大量杀虫剂颗粒纷纷落在日本金龟子身上，也落在了人身上。数不清据称"无害"的化学毒药从天而降，落在去购物的人身上，落在去工作的人身上，落在午餐时间刚刚放学的孩子们身上。家庭主妇们将洒在走廊和人行道上的杀虫剂颗粒扫在一起，据说"看上去好像地上有一层厚厚的雪"。正如密歇根州奥杜邦协会在事情发生后描述的那样："屋顶木瓦的缝隙、屋檐的槽沟、树皮和树枝的裂缝，全都洒满了细小的艾氏剂白色颗粒，这些甚至没有钉头大的小颗粒足有上百万个。……只要一场雨雪降临，这里的每一个小水洼都可能变成死亡的深潭。

喷药作业完成后，仅过了几天，底特律奥杜邦协会就开始接到报告鸟类死亡的电话。据协会秘书安·博伊斯女士介绍，她最初意识到人们开始对喷药后果表示担忧是因为在一个周日的清晨接到了这样一个电话。一位女士报告说，她在从教堂回家的路上见到了数量惊人的鸟，它们或者已死多时，或者即将死去。这位女士提到的地方是在同一周的周四完成喷药作业的。她对我说，天空看不到一只鸟儿在飞翔。在自家的小院中，她发现了至少12只（死鸟），而邻居家中竟然还发现了一只死掉的松鼠。同一天，博伊斯女士接到的其他电话也都与此有关——"发现了大量死鸟，没有一只一息尚存……家中有喂食器的人说没有一只鸟儿前来啄食。"人们捡来了几只濒死的鸟，发现它们全部表现出典型的杀虫剂中毒症状——浑身颤抖、无力飞翔、麻痹瘫痪、痉挛惊厥。

受到喷药直接影响的并非只有鸟类，当地一位兽医报告说他的诊所里挤满了给自家猫狗看病的人，这些宠物都是突然间发病的。猫向来最爱干净，它们总是一丝不苟地梳理毛发、舔舐爪子，因而病情似乎也最重。发病宠物的症状非常相似：严重腹泻、呕吐、抽搐。这名兽医唯一能给出的建议就是不要让宠物外出，如果万不得已，外出回家后必须立即清洗宠物的爪子。（然而，残留在蔬菜或水果上的氯化烃类杀虫剂残留都很难被洗掉，所以这种预防措施对宠物来说能起到的作用显然是非常有限的。）

尽管底特律地区主管卫生的官员一再坚称鸟类死亡原因并非艾氏剂中毒，而是"由其他药物造成"；人们在接触艾氏剂后出现的咽喉和胸部疼痛也一定是由"其他原因"导致，当地卫生部门还是经常接到大量投诉。底特律一位非常有名的内科医师在一个小时内被请去为4名患者进行诊疗，这些患者都因观看低空作业的飞机而意外接触到艾氏剂。他们的症状同样非常相似：恶心、呕吐、畏寒、高热、乏力、干咳。

随着各地要求使用化学杀虫剂消灭日本金龟子的呼声日渐高涨，底特律地区在施用艾氏剂后出现的可怕情形不断在其他地区重复上演。在伊利诺伊州的蓝岛，人们捡到了上千只死亡或濒死的鸟。从给鸟腿系上环志的人那里获得的信息表明，这一地区80%的鸣禽成了化学农药的牺牲品。同样在伊利诺伊州，1959年，乔利埃特市大约3 000英亩的土地被喷洒了七氯。据当地一家户外运动俱乐部报告，在喷洒了七氯的地区，鸟类"几乎全部消失了"。野兔、麝鼠、负鼠以及鱼类同样大量死亡。当地一家学校索性收集了不少被杀虫剂毒死的鸟类尸体，用作科学研究。

仅仅为了创造一个没有日本金龟子的世界，恐怕没有什么地方比伊利诺伊州东部的谢尔顿市和易洛魁县周边地区付出的代价更为惨重了。1954年，美国农业部与伊利诺伊州农业署启动了一项旨在彻底消灭日本金龟子的项目。该项目将沿着日本金龟子入侵到伊利诺伊州的整条线路对其展开全面清剿。他们满怀希望，坚信大面积喷洒杀虫剂一定会让这种外来入侵的害虫在数量上大为减少。当年，为根除日本金龟子而进行的第一次喷药运动就轰轰烈烈地开展起来，大量狄氏剂从天而降，洒在1 400英亩土地上。1955年，有2 600英亩的土地被喷施了狄氏剂，人们当时觉得清剿行动已圆满完成了。孰料自此以后，越来越多的地区都需要进行喷药，至1961年年末，该州已在约131 000英亩的土地上进行农药喷施作业。即便是在项目实施的第一年，该州野生动物与家畜在数量上的重大损失也是显而易见的。尽管如此，喷药行动仍在继续。并且，农业部门在实施这一项目之前，根本就没有与美国鱼类及野生动植物管理局及伊利诺伊州狩猎管理部门进行过任何协商。（不仅如此，1960年春，美国农业部官员甚至还在国会委员会上反对就喷药前各相关部门进行协商的制度立法。给出的理由听起来似乎也平淡温和，他们认为这样的法案毫无必要，因为各部门之间的合作与协商向来都是"频繁"的。农业部的官员们声称他们实在回忆不起哪一次"华盛顿层面"没有与地方各州的相关部门事前沟通，而就在这次听证会上，他们的言辞却清清楚楚地表明他们根本就无意与伊利诺伊州渔猎局就喷药问题进行任何协商。）

用于害虫化学防控的资金源源不断，可伊利诺伊州自然历史调查研究所那些致力于评估当地野生动物伤亡情况的生物学家们的科研基金却捉襟见肘。1954年，用于聘请田野调查助理的经费只有区区1 100美元。到了1955年，政府甚至不再提供用于聘请田野调查助理的专项资金了。尽管困难重重，生物学家们还是搜集了大量事实证据，这些证据向我们展示了野生动物遭受空前毁灭的悲惨景象——这样的悲惨景象，在启动金龟子化学防控项目伊始就已十分明显。

大量食虫鸟类中毒，既与使用的杀虫剂品种有关，也与喷洒方式有关。在谢尔顿市，金龟子化学防控项目实施初期，工人是按照每英亩土地喷洒3磅狄氏剂的标准进行作业的。如果想了解这一喷洒剂量对鸟类意味着什么，我们只需记住：在实验室中，在鹌鹑身上进行的狄氏剂毒性试验表明，狄氏剂的毒性大约是DDT的50倍。这样算起来，谢尔顿市每英亩土地上的那3磅狄氏剂可就相当于150磅的DDT！这还是按照最低值算的，因为人们往往还会在农田边界和角落处重复喷药。

杀虫剂中的毒素渐渐渗入土壤，中毒的日本金龟子幼虫亦随之从土壤中爬到地表，它们并不会马上死掉，它们对于食虫鸟类来说就是美味佳肴。喷药两周后，地表就会出现大量各种已死或濒死的昆虫，我们不难预料这些中毒了的昆虫会对鸟类造成什么样的影响。棕鸫、棕鸟、草地鹨、白头翁，还有野鸡，几乎全都消失不见了。而据生物学家的调查报告，知更鸟更是"几乎绝种"。一场小雨过后，地面上就会出现数不清的死掉的蚯蚓，而知更鸟极有可能就是吃了这些中毒的蚯蚓后才大量死亡的，其他鸟类的处境也与知更鸟相似。曾几何时，雨水是何其珍贵而有益，可如今一切都变了。化学毒药将它那邪恶的力量注入雨水之中，使雨水也有了涂炭生灵的魔力。一场降雨过后，我们会看到鸟儿在地上一个个小水洼里饮水、洗澡，它们并不知道这些地方在几天前刚刚喷过药，更不知道等待它们的将会是无可避免的厄运。

就算幸存下来，鸟儿也可能失去了繁育后代的能力。虽然在喷过药的地区还能发现少数鸟巢，鸟巢中也偶尔能见到几个鸟蛋，不过没有一只幼鸟被孵化出来。

哺乳动物中，地松鼠几乎全部灭绝了，它们的尸体被发现时呈非常奇怪可怖的姿势，明显是中毒暴毙所致。人们在喷过药的地方还发现了死掉的麝鼠和野兔。狐松鼠本是这一地区相当常见的动物，可在喷药后，连它们也消失无踪了。

自谢尔顿地区打响了消灭日本金龟子的战役后，那里的农场附近就再也难见到猫的踪影了。喷药项目启动没过多久，谢尔顿市所有农场中 90% 的猫就成了狄氏剂的直接受害者。人们早该预见到这样的后果，因为很多地方都发生过狄氏剂致猫大量死亡的恶性事件。猫对所有杀虫剂都非常敏感，对狄氏剂则似乎尤其敏感。世界卫生组织在爪哇岛西部地区开展抗疟疾运动的过程中，就曾接到过不少关于当地的猫离奇死亡的报告。在爪哇岛中部地区，因为那里的猫大量死亡，一度还导致其价格上涨了不止一倍。与此类似，世卫组织在委内瑞拉启动喷药项目后不久，就接到报告说那里的猫数量锐减，竟然成了稀有动物。

在谢尔顿市，成为消灭日本金龟子运动牺牲品的绝不仅仅是野生动物和家养宠物。生物学家们对当地数个羊群和一群肉牛的观察表明，牲畜同样受到中毒和死亡的威胁。自然历史调查研究所的报告中有一部分专门对牲畜中毒死亡的过程进行了描述，摘录如下：

> 羊群……被赶到一个面积不大，长满了早熟禾的牧场上，它们要经过一条砾石小路才能来到这里。而这条小路，在5月6日那天刚刚被喷过狄氏剂。显然，一些洒在小路上的狄氏剂粉剂随风飘落到牧场上。因为，羊群几乎是立刻就表现出了中毒症状。……它们对食物毫无兴趣，看上去非常焦躁不安；它们在牧场四围的栅栏附近来回转圈，明显想要找一条路冲出去。……它们怎么赶也赶不走，咩咩直叫，头耷拉着，僵立在那里。最后，牧羊人只得把它们从牧场中硬拉出来。……它们变得极度嗜水。有两只羊死在了流经牧场的溪流之中，牧羊人只得再次将羊群从溪流中驱赶出来，有几只甚至是被牧羊人从水中硬拽上岸的。结果，又死了三只羊。其余的羊慢慢恢复了。

上面描述的是1955年末发生的事。虽然在这之后很多年，对各种害虫的化学战争从未停止过，但用于调查杀虫剂危害的科研基金却已全部用光。每年，自然历史调查研究所在向伊利诺伊州议会提交的预算报告中都会列入杀虫剂对野生动物影响研究专项经费，然而，这项经费都是第一个就被砍掉了。直到1960年，自然历史调查研究所才不知道从哪儿弄到一点可怜的研究经费，用来支付田野调查助理的费用——而这位助理一个人则需要承担4个人的工作量。

这样，从1960年起，中断了五年的研究终于重启了。遗憾的是，五年中，因野生动物大量死亡而出现的荒凉景象没有一点改变。与此同时，喷药用的杀虫剂却被换成了毒性更强的艾氏剂。在鹌鹑身上的试验表明，其毒性是DDT的100到300倍。到了1960年，该地生活的每一种哺乳动物，数量都在减少。鸟类的情况更不乐观。在小镇多诺万，知更鸟、白头翁、椋鸟和棕鹀均已全部灭绝。在伊利诺伊州其他地区，这几种鸟和其他鸟类的数量也都出现了急剧下降。在喷药地区，野鸡窝的数量比原来少了一半，每窝孵出的小野鸡数量也减少了。前些年，这里一直很受狩猎者欢迎。可现在，因为常常一无所获，已经没什么人会来这里打野鸡了。

尽管消灭日本金龟子运动对环境造成了巨大的破坏，然而在易洛魁县，历时八年，通过对超过10万英亩土地喷药进行化学防控，换得的结果也仅仅是对这种害虫的暂时性控制。事实上，化学防控从未真正阻止过日本金龟子的"西进运动"。而我们也许永远也无法真正搞清这一基本无效的防控项目造成的全部损失，伊利诺伊州的生物学家们评估后得出的那个数字不过是最保守的估计罢了。如果他们的研究项目能够获得充足的配套资金支持，也许就能全方位地调查评估这个化学防控项目造成的一切损失了，真要是如此，调查出的结果恐怕会是相当惊人的。只可惜，在这八年中，生物学家们只拿到了区区6 000美元用于田野调查。与此同时，联邦政府却足足花费了37.5万美元用于化学防控工作，州政府还也拿出了数千美元的配套资金。算下来，整个日本金龟子化学防控项目中，用于调查研究的经费仅占到总费用的1%。

在强烈的危机感之下，中西部地区才开展了这些化学防控项目。人们似乎觉得日本龟子的"西进"真的极其危险，非要不惜一切代价来对付它们。当然，这种想法不过是对事实的歪曲而已。倘若那些容忍自己生活在化学毒药包围之中的社区居民稍微了解一下日本金龟子进入美国的早期历史，他们断然不会甘心接受化学防控这种荒谬的做法。

很幸运，东部各州遭遇日本金龟子入侵之时，合成杀虫剂尚未被发明出来。日本金龟子的入侵不仅没给东部各州带来什么灭顶之灾，恰恰相反，通过采用不会对任何生物造成危害的方法，东部各州最终成功地控制虫灾的蔓延。与之相比，底特律和谢尔顿市以喷药为手段进行害虫防治的做法实在不值一提。东部地区对抗虫灾行之有效的办法还包括发挥自然调控作用，这种做法无论在防治效果持久性还是在环境安全性方面都具有多重优势。

日本金龟子最初进入美国的十几年间，数量增长飞快，这完全是因为它们离开了本土，再也不用担心"天敌"使然。不过，到了1945年，在日本金龟子所到之处，它不过是次要的害虫而已。其种群数量之所以急剧下降，主要是由于人们从远东地区引进了多种寄生性昆虫，这些寄生性昆虫携带的病原菌对日本金龟子来说是致命的。

1920年到1933年间,经过坚持不懈的探索,科学家们在日本金龟子的原生地找到了大约34种捕食性或寄生性昆虫,这些日本金龟子的天敌被从远东地区运往美国用以进行自然防控。最终,有5种昆虫在美国东部顺利存活下来。原生于韩国和中国的一种寄生蜂对防控日本金龟子最有效,分布也最广,这就是春臀钩土蜂。这种寄生蜂的雌蜂会在土壤中找到日本金龟子的幼虫并将有毒液体射入其体内,待其全身麻痹后,再将一枚卵产在其表皮下面。这样一来,幼蜂出生后就能以被麻痹后一动不动的金龟子幼虫为食继而将其消灭。在过去的二十五年间,东部各州政府与联邦政府合作开展了一项春臀钩土蜂引进项目,成群的钩土蜂被引进到东部的14个州。昆虫学家们普遍认为,遍布东部各州的春臀沟土蜂在成功防控日本金龟子的过程中扮演了重要的角色。

一种细菌性疾病发挥了更为重要的作用,它能对包括日本金龟子在内的整个金龟子科甲虫都产生影响。这是一种非常特殊的微生物,它们绝对不会攻击除金龟子科昆虫之外的其他昆虫,对蚯蚓、恒温动物和各种植物均无害。这种病原菌的芽孢会出现在土壤之中,一旦进入同样在土壤中觅食的金龟子幼虫体内,就会在其血液中疯狂地增殖,而这又会引起幼虫身体变成异常的乳白色,故而俗称"乳状病"。

1933年,新泽西州首先发现乳状病。而到了1938年,该病在日本金龟子最早入侵的那些地区已经广泛流行。1939年,相关部门更启动了一项防控计划,旨在让该病的传播加速。可惜的是,科学家尚未发现在人工媒介下让该病原菌繁殖的方法,不过他们却渐渐摸索出一种令人满意的替代性方法:将感染该病原菌的日本金龟子幼虫碾碎,进行干燥处理并将其与白垩粉混合。标准配比为每克由幼虫碾成的粉末含 1 亿个病原菌芽孢。1939 到 1953 年间，东部 14 州约 94 000 英亩土地接受了联邦机构与州政府的联合防控治理，隶属于联邦政府的其他土地也同样得到了治理，另有一大片土地（具体面积不详）则接受了民间组织或个人出资者的治理。1945 年的时候，乳状病已经蔓延到康涅狄格州、纽约州、新泽西州、特拉华州、马里兰州地的虫灾高发区。在一些试点地区，高达 94% 的日本金龟子幼虫发病。1953 年，政府终止了乳状病芽孢杆菌扩散项目，将其交由私人实验室继续承担，继续为个人、园艺俱乐部、市民协会及其他所有对日本金龟子防控感兴趣的人提供服务。

实施了该防控项目的东部地区，目前已经实现了对日本金龟子良好的自然控制。芽孢杆菌可以在土壤中存活许多年，因而完全可以达成持久的防控效果。借助大自然的力量，这些芽孢杆菌扩散的范围越大，防控的效果就会越好。

既然东部地区在日本金龟子防治战中取得了如此骄人的战绩，那么，为什么伊利诺伊州及西部其他各州却根本无意尝试这种方法，反而仍如此疯狂地坚持进行农药歼灭战呢？

也许有人会说乳状病芽孢杆菌接种防控法的成本"过于昂贵"——虽然 20 世纪 40 年代参与这项计划的东部 14 个州里，没有一个人这样认为过。同时，我也想问，"过于昂贵"这样的判断究竟是通过什么方式计算出来的？毋庸讳言，得出这一判断使用的计算方法绝不会与计算喷药给谢尔顿市造成的实际损失的方法一致。同时，"过于昂贵"这样的判断显然也忽视了下述事实，即乳状病芽孢杆菌接种只需一次，换句话说，一次的花费就是全部的花费。

还有人可能会说乳状病芽孢杆菌防治法并不适用于日本金龟子活动的边缘地带,因为这种病菌只有在金龟子幼虫非常密集的土壤中才容易扩散。与许多支持化学防治法的论调一样,上述观点非常值得怀疑。引起乳状病的病原菌至少还可以使 40 种其他甲虫受到感染,这些甲虫分布均非常广泛。即便在日本金龟子数量非常少甚或没有其存在的地方,这种病原菌照样也能传播乳状病。此外,因为这种病原菌的芽孢可以在土壤中存活很长时间,它们完全可以像被引入到日本金龟子活动的边缘地带一样引入目前尚不存在金龟子幼虫的地方,万一那里将来日本金龟子数量大增,这些潜伏在土壤里的芽孢到时就能派上用场了。

总有人想要立竿见影的效果,这些人自然会不惜一切代价,继续坚持用化学农药消灭日本金龟子。而那些从现代工业"计划性汰旧"中尝到甜头的人也会举双手赞成这样的做法,因为化学防控绝不可能一劳永逸地解决问题,而是需要频繁且大量的资金投入。

反过来说,愿意等待一两个季度以换得圆满结果的人则会选择乳状病防治法,他们懂得如何用短暂的等待换来长效的害虫防控效果。是的,随着时间的流逝,防控效果不减反增。

美国农业部已经启动了一系列科研项目,试图找到用人工培养基进行乳状病芽孢杆菌培养的方法,相关研究正在伊利诺伊州皮奥瑞亚市的实验室中进行。若实验成功,将极大地降低乳状病防治法的成本,使其被推广到更多的地区。经过多年探索,这项工作目前已经取得了一些进展。待这一难题被科学家们彻底攻克,也许在中西部地区日本金龟子防控战中大肆涂炭生灵、破坏生态的人们才会清醒过来，重新恢复理性。

伊利诺伊州东部地区因喷药而引发的一系列事件触及一个深刻的命题，不仅关乎科学，更关乎道德伦理。这个问题就是：是否哪一种文明可以发动一场毁灭生命的残酷战争，却既不会毁灭自己，也不会丧失被尊为"文明"的资格？

我们用的可都是新型广谱杀虫剂，它们绝不可能只杀死我们想要除掉的害虫。人类使用杀虫剂的理由简单至极：它们都含有剧毒。是的，它们会杀死与之接触的所有生物：被主人宠爱的猫咪、田间劳作的耕牛、荒原中奔跑的野兔还有翱翔于天际的角云雀。这些无辜的生命对人类不仅没有任何害处，相反，正是因为它们及其同类的存在，我们的生命才如斯美好。可人类回报给它们的却是死亡，而且是非常惨烈而痛苦的死亡。一位在野外从事科学观察的研究人员向我们描述了他在谢尔顿市见到的死前的草地鹨的惨状："它已无力保持平衡，飞不起，站不住，只能侧躺在那里。它不停地扑棱着翅子，爪子努力地想要抓住什么。嘴巴始终大张着，因为几乎已经窒息。"更为可怜的是地松鼠，它的死简直是对人类之恶的无声控诉。"这是何等奇怪可怖的死法啊。背部弓起，前肢紧紧曲缩在胸前……头颈外伸，嘴里经常含着泥巴，这说明它们在临死前因为痛苦不堪而啃咬过地面。"

滥用杀虫剂简直就是涂炭生灵之举，而我们竟默许这一切发生。作为万物之灵长的人类，我们真的都不会感到一丝羞愧吗？

第八章
再无鸟儿歌唱

美国现在越来越多的地方,再无鸟儿归来报春。曾经,每一个清晨都可听到鸟儿欢快的叫声,如今却只剩一片静默。往昔的万喙同鸣突然变成寂静无声,往昔鸟儿们带给整个世界的美妙色彩与无穷乐趣荡然无存,这一切来得太快,人们还没来得及反应过来,而对于尚未遭受污染地区的居民来说,这样的变化还没有引起他们足够的注意。

伊利诺伊州欣斯代尔县一个小镇的家庭主妇曾绝望地给世界知名鸟类学家之一、美国自然历史博物馆鸟类馆名誉馆长罗伯特·库什曼·墨菲写了一封信:

就在我们的村庄中,向榆树喷洒农药已经持续了好几年(此信写于1958年)。我们是六年前搬到这里来的,那时村庄中有许多鸟儿。我自建了一个喂鸟架,每年冬天成群结队的红雀、山雀、绒毛鸟和五子雀会到这里觅食;到了夏天,红雀和山雀还会带着幼鸟前来。

连续几年向榆树喷洒 DDT 后,小镇里知更鸟和椋鸟几乎绝迹了;我的喂鸟架上已经两年没有山雀前来觅食,今年,红雀也不见了;在附近筑巢的鸟儿只剩下一对鸽子和一窝猫鹊。

我实在无法和孩子们解释为什么鸟儿都被杀光了，要知道他们在学校里学过，联邦法律保护鸟类，禁止捕杀。"鸟儿们会回来吗？"孩子们问我，而我却不知道该如何回答。农药仍在榆树中喷洒，鸟儿仍在持续死亡。面对这一切问题，政府目前采取了什么有效措施吗？之后还能做些什么？我，又能做些什么？

联邦政府实施了一系列灭除火蚁的喷药计划一年以后，亚拉巴马州一位妇女写道："我们这儿在超过半个世纪的时间里一直都是名副其实的鸟类保护区。去年7月我们还曾说过，'今年来这儿的鸟比往年更多了'。然而，这话说了才1个月，非常突然地，鸟儿竟全都消失不见了。"我习惯了每天早起去照顾心爱的那匹母马和她生的小马驹，可如今的清晨再也听不到鸟鸣声声了。这实在太过怪诞，甚至令我感到恐惧。人们究竟对我们这个美好而美丽的世界做了些什么？最终，5个月以后，只有一只蓝鸦和一只鹩鹩来我们这里过冬。"

她提到的鸟儿突然消失的那个秋天，南部其他州也接连报告了同样严峻的形势。全美奥杜邦协会与美国鱼类及野生动植物管理局联合发布的《野外调查》季刊记录了调查人员在密西西比、路易斯安那、亚拉巴马三州的惊人发现，"不少地方所有鸟类已全部消失"。《野外调查》收录的相关调查报告都是由经验丰富的观察员撰写而成的，他们往往会耗时几年时间在观测地进行野外调查，对相关地区的鸟类生存情况极其熟稔。有一位观察员报告说，就在那年秋天，当她驾车行驶在密西西比州南部地区时，发现"很长的一段路上看不到一只鸟"。一位在路易斯安那州首府巴吞鲁治的观察员报告的内容则是,她专为鸟儿制作的喂食架"已经连续几周"没有被鸟儿碰过了,往年此时早就被鸟儿们啄食一空的灌木上的浆果,如今仍缀满枝头。另一位观察员报告说,他家的大落地窗"以往经常会变成一幅五彩斑斓的'画卷',放眼望去,四五十只红雀与各种其他鸟类群聚在你眼前,可如今想要见到一两只鸟也是奢望"。西弗吉尼亚大学研究阿拉巴契亚地区鸟类的专家莫里斯·布鲁克斯教授报告说,西弗吉尼亚地区的鸟类数量目前正以"惊人的速度下降"。

下面要说的故事可被视为鸟类悲剧命运的一个缩影——有几种鸟已然遭此厄运,而所有的鸟则都面临着威胁。这是一个关于知更鸟的故事,这种鸟每个人都熟悉。对千百万美国人来说,第一只知更鸟的到来意味着凛冬已去。它的到来总是引起各大报纸争相报道,随后人们就会迫不及待地在早餐桌上热议这个消息。北归的候鸟越来越多,森林中也出现了第一抹绿意,无数人都期待着在晨光熹微中再次听到知更鸟们的合唱。可如今一切都变了,人们甚至不再认为鸟儿的北归是理所当然的事。

知更鸟的生存危机——其实无数其他种类的鸟儿也一样,宿命般地与美洲榆紧密相关。这种树的历史可以算作是美国成千上万座小镇发展历史的一部分,从大西洋沿岸到落基山脚下,人们用它装点大街小巷,扮靓街头广场,美化大学校园,排排榆树垂拱在道路两旁,放眼望去一派盎然绿意。然而如今,美洲榆正受到一种自身无法抵抗的疾病的侵袭,这种疾病如此严重,以至于许多参与救治的专家认为一切努力都将是徒劳。失去这些美洲榆固然令人感到痛心,可如果我们采取的那些无望的救治措施反过来又让绝大多数鸟类陷入濒临灭绝的黑暗之中,这场悲剧也许会让我们悲上加悲吧。遗憾的是,这一切目前正在发生。

1930年前后,为发展木材装饰贴面加工产业,美国从欧洲大量进口榆木段,一种被称为"荷兰榆树病"的树间传播疾病随之蔓延开来。这是一种真菌性疾病,细菌会侵入榆树的导水管中,随着树液的流动,细菌芽孢在树体中进行扩散。芽孢分泌的有毒物质及其所致的导管堵塞会使榆树枝干干枯,最终死亡。榆绒根小蠹会将毒素从已经染病的榆树带到健康的榆树身上。榆树死亡后,树皮层层剥落,榆绒根小蠹专在这些剥落的树皮下掘穴,洞穴中满是真菌芽孢,身上附着大量真菌芽孢的榆绒根小蠹飞到何处,就会把病毒带到何处。于是,防治榆木真菌病害的行动主要指向了这种携带病毒的小虫。一个社区接着一个社区——尤其是在大量栽种美洲榆的中西部地区和新英格兰地区——一次接着一次的农业喷洒作业已然成为政府的常态化工作。

大规模喷洒农药对鸟类,尤其是知更鸟来说意味着什么?这一问题最先由密歇根州立大学鸟类学家乔治·华莱士和他的一名研究生约翰·迈勒尔解释清楚。1954年,约翰·迈勒尔先生开始攻读博士学位,他制订了一项关于知更鸟种群问题的研究计划,这一选择实属偶然,因为当时并没有人意识到知更鸟种群正处于危险之中。然而,研究工作甫一开始,事情的变化就使他不得不改变了原定的研究内容,因为他几乎找不到自己的研究对象。

为防治荷兰榆树病而进行的农药喷洒作业最初于1954年在大学校园内的一小块地上试行。接下来的一年,喷药范围扩大到整个东兰辛市(这所大学所在的城市);在大学校园中,原本在一小块地上的试喷也改成了全校范围内喷施,再加上彼时正在进行的舞毒蛾及蚊虫防治计划,化学农药如暴雨般从天穹倾泻而下。

1954年,也就是首次进行大规模农药喷施的那一年,一切看上去似乎都是正常的。第二年春天,知更鸟也如往年一样飞还大学校园。一如汤姆林逊散文名篇《失去的树林》中的风信子,这些北归的知更鸟重回故地,"并没有嗅到一点点危险的气息",然而人们很快就发现有什么事不对劲。死亡或濒死的知更鸟开始在大学校园中出现,几乎找不到仍在正常觅食或栖息在巢穴中的知更鸟,没有鸟儿在筑巢,没有幼鸟出生。之后几年,每到春天,情况都是如此,毫无改观。那些喷施过农药的地区对于知更鸟来说早已成为一个"致命的陷阱",不论多么活泼的鸟儿,只要进入这个"陷阱",一周内必定毙命。接下来,更多刚刚飞还的知更鸟宿命般地加入了速死者的行列。人们看到,这些鸟儿在死前浑身颤抖、痛苦万分。

乔治·华莱士博士说:"大学校园对大多数试图在春天来此定居的知更鸟来说不是温暖的巢穴,而是坟墓。"然而,究竟是什么原因造成了这样的后果?起初,他怀疑知更鸟的神经系统出现了病变,但很快有证据表明:"知更鸟乃是死于杀虫剂中毒,尽管施用杀虫剂的那些人一再保证它们用的产品'对鸟类绝对无害',但知更鸟明显表现出中毒症状:身体首先失去平衡,继而浑身颤抖、抽搐,最终死亡。"

大量事实已经表明知更鸟死于农药中毒,不过大部分死掉的知更鸟并未直接接触过杀虫剂,它们只是啄食了地上的蚯蚓。在一个研究项目中,实验人员因疏忽而误用校园中的蚯蚓去喂食实验用的小龙虾,结果是所有小龙虾立刻全部死亡。在另一间实验室中,养在箱子里的蛇被喂食校园中的蚯蚓后出现剧烈抽搐症状。蚯蚓，正是知更鸟在春季的主要食物。

目前，知更鸟神秘死亡事件中最关键的谜题已经被位于乌尔班纳的伊利诺伊自然历史调查研究所的罗伊·巴克博士解开。罗伊·巴克博士于1958年完成的著作完整地追溯了这一复杂事件中的每一个环节，他认为知更鸟之死与为防治美洲榆而施药密切相关，而这两件事中都可以见到蚯蚓的影子。人们会在每年春天向榆树喷施农药（一般按照每棵高50英尺的榆树喷施2到5磅DDT的比例进行作业，即相当于在榆树种植较为密集的地方，每英亩土地上的榆树要被喷施23磅之多的DDT），并且常会在7月进行复喷，复喷时所用DDT浓度约为初喷时的一半。威力十足的喷雾器将一条条药柱直射向那些高大的榆木，树身上的每一处全无遗漏。

不仅原定的喷杀目标榆绒根小蠹在劫难逃，其他种类的昆虫，包括授粉昆虫、捕食性蜘蛛和甲虫，都无一幸免。农药会在树叶和树皮表面形成一层黏着力极强的毒膜，连雨水都冲刷不掉。到了秋天，树叶飘落地面，在土壤中层层堆积，再慢慢在土壤里腐烂。这一过程有赖于蚯蚓的帮助，它们以吃树叶为生，榆树叶正是它们最爱吃的食物之一。蚯蚓吃掉了榆树叶，也就将那些喷洒在叶片上的杀虫剂一并吃掉，这些杀虫剂在其体内越积越多，浓度越来越高。罗伊·巴克博士发现蚯蚓体内的DDT残留几乎无处不在，消化道、血管、神经以及体壁，到处都可见到DDT残留。毫无疑问，这么高的DDT残留会导致一部分蚯蚓死亡，而那些幸存下来的蚯蚓就变成了毒素的"生物放大器"。到了春天，飞还大学校园的那些知更鸟就成为这一死亡链条中的下一个受害者。只需11条蚯蚓体内积存的DDT含量就可以置知更鸟于死地，而 11 条蚯蚓对于一只知更鸟来说仅能算作每日正常食量的一小部分，要知道，它们吃掉 10 到 12 条蚯蚓只需几分钟而已。

并非所有知更鸟都摄入了致死剂量的 DDT，但农药残留导致的另一后果完全可能导致知更鸟种群的灭绝。不育的阴影笼罩在调查范围内所有知更鸟头上，甚至可以说笼罩在调查范围内一切生物头上。如今，人们每年秋天在密歇根州立大学占地 185 英亩的校园中遍寻更知鸟的踪迹，却只能找到两三对而已，而在喷药前，保守估计，这里每年总会有 370 只成年知更鸟出现。据约翰·迈勒尔观察，1954 年，每个鸟巢中都会有新生命诞生。若没有进行农药喷施作业，依往年正常情况来看，到 1957 年 6 月底，至少应该有 370 只幼鸟（如果一切正常，那么依据成鸟数量推算就应该如此）在校园内觅食了，然而，约翰·迈勒尔却发现整个校园中只有一只知更鸟。一年后，乔治·华莱士博士则报告说："（1958 年）整个春天和夏天，我就没有在这所学校的任何地方见到过一只幼鸟，也从没听谁向我提起他们见到过。"

新的小生命没有诞生，部分的原因乃是鸟巢尚未搭建完成，亲鸟中的一只或整对亲鸟就死掉了。然而乔治·华莱士教授的重要实验记录却指向一个更为残酷的真相——鸟类的繁育能力遭到了实质性的破坏。1960 年，乔治·华莱士教授在国会委员会上报告说，他至今已经掌握了大量"知更鸟或其他鸟类筑巢后无法正常产蛋或产蛋后经正常孵育无法孵化出幼鸟的实例。我们记录了这样一个例子，有一只雌鸟在自己产下的蛋上锲而不舍地伏窝了整整 21 天，可最终还是什么也没孵化出来。知更鸟正常孵育时间为 13 天……我们的实验检测证实了在成鸟的睾丸和卵巢中存在高浓度的DDT残留：实验检测的10只雄鸟，睾丸内DDT含量范围为30~109ppm；2只雌鸟卵巢内的卵泡所含DDT浓度分别为151ppm和211ppm。

很快，其他地区的相关研究也得出了同样令人忧心忡忡的结论。威斯康星大学的约瑟夫·希基教授和他的学生们对喷药地区和未喷药地区进行了详细的比较研究，最终发现知更鸟的死亡率至少在86%~88%之间。1956年，为了估算防治榆树病而喷洒的农药使这一地区知更鸟数量究竟锐减了多少，坐落于密歇根州布隆菲尔德山的克兰布鲁克科学研究所呼吁人们将所有疑似DDT中毒而死的鸟类都送交研究所进行检测。这一呼吁得到了远超预期的响应，几周之后，研究所长期闲置的实验设备就超负荷运转起来，以至于不得不拒收其他种类的死鸟。截至1959年，仅克兰布鲁克这一地区就有1 000只中毒死亡的鸟被送到或报告给研究所。这其中，虽然知更鸟是主要受害者（一位妇女在打给研究所的电话中说，她家的草坪上现在就躺着12只死掉的知更鸟），但研究所检测的死鸟中还包括63种不同的鸟类样本。

其实，知更鸟之死，仅仅是榆树喷药防治计划造成的一连串灾难中的一小部分而已，这正如榆树喷药防治计划本身也不过是为数众多的农药喷施计划之一。90多种鸟类大量死亡，其中不乏郊区居民和业余博物爱好者熟知的品种。一些喷施过农药的城镇，营巢繁育的鸟类数量总体下降了有90%之多。正如我们将要在下面看到的那样，各种各样不同种类的鸟都受到了影响——不论它们习惯于在地上觅食还是在树上觅食，不论它们吃虫或是吃肉，皆不能幸免。

知更鸟的命运使我们有理由怀疑所有以蚯蚓或土壤中其他生

物为食的鸟类或哺乳动物都受到了同样的威胁。要知道，45种鸟类的食物来源中都包括蚯蚓。这45种鸟中有一种叫丘鹬，它们习惯于在南部地区过冬，可最近那里刚刚喷洒了大量的七氯。下面是最近两个关于丘鹬的重要发现：第一，位于加拿大新布伦斯瑞克省的丘鹬繁育基地里，新出生幼鸟数量肯定减少了；第二，经检测后发现成年丘鹬体内含有大量DDT和七氯残留。

另一些同样令人忧心忡忡的报告记录了超过20种以地面觅食为主的鸟类大量死亡，而它们的主要食物来源——蠕虫、蚂蚁、蛆虫等土壤生物——体内竟是含有农药残留的。这些死亡的鸟类中还包括三种鸫属鸟类，橄榄背鸫、黄褐森鸫和隐夜鸫，它们的歌声在所有鸟类中最为婉转动听。北美歌雀与白喉莺，它们最喜欢轻轻掠过层层灌木，落在林地中央，在飘落地面的树叶中觅食，发出窸窸窣窣的声响，可如今也成了榆树病防治计划的受害者。

哺乳动物同样也非常可能直接或间接卷入这一连串的灾难之中。蚯蚓是浣熊最主要的食物来源之一，负鼠也会在春秋两季食用蚯蚓。一些会在土地中掘穴的动物，比如地鼠和鼹鼠，也会吃掉一些蚯蚓，如果之后被它们的天敌，如鸣角鸮和仓鸮等吃肉类动物，抓住吃掉，毒素也就随之转移到后者体内。某年春天一场大雨过后，人们在威斯康星州发现了集中濒死的鸣角鸮，也许正是因为吃了蚯蚓才引起的中毒。人们还发现了不少出现抽搐症状的老鹰和猫头鹰，包括大角鸮、鸣角鸮、赤肩鹰、食雀鹰、白尾鹞等等。这些症状的发生恐怕与"二手农药"密切相关，即它们吃掉了鸟类或鼠类，而这些被吃掉的动物则在其肝脏或其他脏器中积存了大量的杀虫剂。

受到农药危害的不仅是在地面上觅食的鸟类及以捕食它们为生的动物,所有在树上觅食者,即那些在树叶上啄食昆虫的鸟类,在大量喷施杀虫剂的地区全部消失了。这些消失的森林精灵们包括红冠鹟䳭、金冠鹟䳭、小食虫鸣禽和其他各种会唱歌的鸟,每当春日降临,它们总会成群结队地从树上飞过,五彩缤纷,为林间带来生命的颜色。1956年的春天比往年来得要晚一些,喷药作业只得延期,可没想到人们在重新定好的日子进行喷施作业时,正赶上大群鸣禽从南方飞还,洒药后不久,北归此地的所有鸣禽没有一只躲过灭顶之灾。在威斯康星州怀特菲什湾,往年,在北归的大群候鸟中,至少有上千只桃金娘森莺会飞来这里;而1958年,为防治榆树病而喷施了农药以后,人们竟然只发现了2只。若是算上威斯康星州其他地区,这一死亡名单就会变得更长,那些因农药中毒而死的鸣禽有不少是人们熟知的,它们曾是如此可爱、如此迷人:黑白森莺、黄林莺、木兰林莺、栗颊林莺;橙顶灶莺,在5月的林间,它们的叫声有如跳动的音符;黑森斑莺,它们的两只翅膀有如两团燃烧的火焰;还有栗胁林莺、加拿大林莺和黑喉绿林莺,等等,等等。这些在树上觅食的精灵或因吃掉了体内有农残的昆虫中毒而死,或在昆虫遭到大面积消杀后因食物短缺而饿死。

食物短缺对在空中飞来飞去觅食的燕子也是致命一击,它们在空中捕食小飞虫,就好像鲱鱼在大海中一边游弋一边吞食大量浮游生物一样。威斯康星州的一位博物学家在报告中说:"燕子们如今正遭遇非常严重的生存危机,每个人都会告诉你燕子的数量比四五年前少多了。四年前,只要你仰头看天,就会发现天空中满是飞来飞去的燕子,可如今我们几乎连一只也见不到。……这种情况的发生，要么就是因为喷洒农药导致了作为燕子食物来源的昆虫数量锐减，要么就是燕子吃掉了体内含有农药残留的昆虫。"

关于其他鸟类的情况，这位博物学家写道："另一种数量锐减的鸟类是菲比霸鹟。到处都寻不见小霸鹟的踪影，就连早先容易见到的体格壮硕的普通东菲比霸鹟也踪迹不见了。今年春天，到目前为止，我见到过一只菲比霸鹟，而去年整个春天我也仅仅见到过一只。威斯康星州的其他鸟类观察者对这样的情况都有同感。我往年总还能看到五六对红雀呢，可如今一只也没有。过去，每年都会有鹪鹩、知更鸟、猫鹊和鸣角鸮在我家的花园中筑巢，可如今一只也没有。夏日的清晨，我再也听不到鸟鸣声声，只能见到一些害鸟、鸽子、椋鸟和英国麻雀。这实在太悲哀了，我无法忍受。"

人们在秋天对进入休眠期的美洲榆进行农药喷施作业，毒药残留在干枯树皮开裂后的每一处缝隙里，这大概就是造成山雀、五子雀、凤头雀、啄木鸟以及褐旋木雀等鸟类数量锐减的原因。1957年到1958年的那个冬天，乔治·华莱士博士多年来第一次发现自家喂食架上不见了山雀和五子雀的踪影。稍后，他发现3只五子雀，而这3只鸟的情况使他一点点明白了整个悲剧事件的原委：一只鸟正在美洲榆上啄食，另一只表现出典型的DDT中毒症状，还有一只已死多时。随后进行的检测表明，死掉的那只五子雀身体组织中DDT含量高达226ppm。

这些鸟类的进食习惯使它们更容易受到杀虫剂的危害，而鸟类数量的锐减则又会给人类带来巨大的间接经济损失。何以如此？举个例子，白胸鸭与褐旋木雀夏天会吃掉数量令人吃惊的害虫虫卵、幼虫及成虫。而山雀四分之三的食物来源于处于生命周期中任何阶段的各种昆虫。山雀的进食习性在阿瑟·克利夫兰·本特的堪称不朽名著《北美鸟类生活史》中有过详细记载："一群山雀刚落在树上，每一只鸟就开始在树上仔细搜寻，无论树皮、树梢还是树干，它们在树上的每一个地方一点点啄食（蜘蛛卵、茧或其他休眠中的昆虫）。"

大量科学研究已经证实，鸟类在各种不同情况下都会对害虫防控起到关键作用。譬如，啄木鸟就在防控恩格曼云杉甲虫方面发挥了首要作用，让这种害虫的数量减少45%到98%。同时，啄木鸟对果园中苹果蠹蛾的防控也有重要的作用。山雀和其他冬栖鸟类也可以使果园免受尺蠖幼虫的危害。

然而，这些正常的自然规律却不容于一个高度现代化，充满了化学药品的世界。当今时代，我们喷洒的杀虫剂不仅"杀死了"害虫，也"杀死了"它们最主要的天敌——鸟类。不久之后，那些貌似被"杀死"的害虫一定会卷土重来，正如经常发生的那样，可到那时，足以消灭海量害虫的鸟类，数量早已不足。正如密尔沃基公共博物馆鸟类馆馆长欧文·J. 格洛姆在写给《密尔沃基新闻报》的文章中所说："一种昆虫的天敌是其他捕食性昆虫、鸟类以及某些小型哺乳动物，然而DDT会不分青红皂白地将它们全部赶尽杀绝，包括堪称大自然'卫士'或'警察'的生物。……以发展、进步之名，我们以如此残忍的手段防治所谓'害虫'，图一时之安乐，可有多少人想过，这种饮鸩止渴的做法最终并不会让我们取得灭虫之战的胜利，更会让我们自己成为受害者。这些，我们真的了解吗？当大自然的卫士（鸟类）被大量鸩杀之后，我们又如何防控新的害虫？如何应对这些新的害虫对美洲榆以外其他树种的破坏？"

据欧文·J. 格洛姆先生说，自从威斯康星州推行喷洒农药的做法以来，他收到的报告死亡及濒死鸟类消息的电话和信件就日益增多起来。经过询问后，总能发现出现鸟类死亡的地方往往喷洒过农药。

格洛姆先生的经历与不少在中西部地区研究机构（如密歇根州的克兰布鲁克科学研究所、伊利诺伊自然历史调查研究所及威斯康星大学等）工作的鸟类学家和环保主义者非常相似。只需拿起任何一份报纸，看看其中"读者来信"一栏，你就会发现那些正在进行农药喷施作业地区的民众不仅表现出激动和愤怒的情绪，而且他们往往比那些下令要求喷洒农药的政府官员更清楚农药喷施带来的危险。"我真担心，用不了多久，许多美丽的鸟儿就会死在我院后院"，密尔沃基的一位妇女写道，"鸟儿们的遭遇实在太过可怜，我的心都要碎了……除此之外，我更感到沮丧和愤怒，因为人们如此残暴地杀戮却明显没有达到自己的目的……仔细想想吧，怎么可能在不保护鸟类的情况下保护树木？依大自然的法则，难道它们不是相互依存的吗？难道就不能让大自然恢复其原有的平衡吗？难道就非要把好好的自然平衡破坏掉吗？

在另一些读者来信中，公众则表达了这样的看法：纵使美洲榆是英姿挺拔的遮阴树，但也不能将其视作"圣牛"一样尊崇，实在不应为了这一种树免受害虫破坏而发动一场以伤害其他生命为代价的"永无止境"的战争。"我一直都很喜欢那些榆树，它们看起来就好像这片土地上的地标一样"，另一位来自威斯康星州的妇女写道，"可还有那么多其他种类的树木……我们也必须保护鸟类。谁敢想象一个了无生趣、死气沉沉、听不到一声鸟鸣的春天会是什么样的？"

对公众来说，这看起来无非一个简单无比的非黑即白式选择：究竟要鸟儿留下？还是要榆树留下？可问题并非如此简单，化学防控计划让我们的土地上到处都充满了农药，若我们沿着这条无数人走过且准备继续走下去的路前行，最终的结局必然是同时失去鸟儿和树木。喷施农药杀死了鸟类，但却救不了那些榆树。通过喷药来拯救榆树不过是危险的幻想罢了，这镜花水月式的幻想只会让一个又一个地区陷入巨额开支的泥沼却不会产生任何持续效果。在康涅狄格州的格林尼治镇，连续十年，每年都会定期进行农药喷施作业。之后，该地遭遇大旱，甲虫们一下子有了最适宜大量繁殖的环境，随之，该地美洲榆死亡率迅速上升了10倍。在伊利诺伊州的乌尔班纳，就是伊利诺伊州立大学所在地，1951年首次发现荷兰榆树病，1953年开始第一次农药喷施作业。到1959年，虽然喷施农药防控计划已经进行到第6个年头，州立大学校园内86%的美洲榆还是死亡了，死掉的榆树中半数是因为感染了荷兰榆树病。

同样的情况也发生在俄亥俄州港市托莱多，该市主管林业的约瑟夫·A.斯维尼决定对喷药效果进行实际观测。在托莱多，大规模喷药始于1953年并一直持续到1959年。然而，约瑟夫·A.斯维尼先生注意到一场远较之前严重得多的、席卷全市的大规模绵蚧虫害恰恰发生于政府官员听从了所谓"专家和权威们"的意见而进行了农药喷施之后。他决意亲自出马，复查评估为防治荷兰榆树病而进行的农药喷施作业会带来怎样的后果，调查结果令他感到震惊。他发现，就整个托莱多市而言，"虫害得到控制的地区都是那些将染病或有虫卵寄生的树木及时移走的地区，而施药地区的病害则全部失控。很多没有对荷兰榆树病采取任何防治措施的乡村,其病害传播速度反倒没有采取了措施的市区发展得那样快,这在表明,农药会毒死害虫的天敌"。

约瑟夫·A.斯维尼还表示:"我们正准备放弃用喷药的办法防治荷兰榆树病。而这样的做法使我与那些支持美国农业部主张的人产生分歧,但我知道真相是什么,所以会和他们斗争到底。"

很难理解,为何在这些近年来才流行荷兰榆树病的中西部城市,人们竟会如此毫不犹豫地上马一个又一个野心勃勃且耗资巨大的农药喷施项目。显然,他们根本等不及去向那些在处理这类问题上颇有经验的地区进行任何咨询。比如纽约州就在与荷兰榆树病长期以来的斗争中积累了丰富的经验,要知道,荷兰榆树病正是在1930年前后通过纽约港进口的染病榆木入境美国并开始传播的。如今,纽约州在防控荷兰榆树病方面取得了一系列让人印象深刻的成就,然而这些成就没有一项是靠喷施农药取得的。事实上,纽约州农业推广服务中心从来都不将喷药作为防控虫害的方法向民众推广。

那么,问题来了,纽约州是通过何种方法取得这么好的防控效果的呢?从打响榆木病害防治之战的第一枪开始,直到现在,纽约州依靠的都是严格的植物防疫制度,就是说迅速将所有已经生病或刚刚感染病毒的植株立即全部转移或销毁。起初,这种做法的效果并不明显,那是因为人们开始时并不知道不仅是染病的植株,所有发现了榆绒根小蠹虫卵的榆木都必须处理掉。只要是染病的榆木,被砍伐并用作木柴存储起来后,除非在春天之前被烧掉,否则上面的虫卵也会在春天长大变成榆绒根小蠹成虫。正是这些结束了冬眠、于4月底到5月底期间觅食的榆绒根小蠹,成为传播荷兰榆树病的罪魁祸首。纽约州的昆虫学家们通过大量经验的积累，已经学会辨别榆绒根小蠹更容易选择在哪种类型的榆木上繁育后代，通过集中处理掉这些危险的树木，榆树病防控不仅取得良好的效果，而且防控成本也会控制在一个合理的区间内。截至1950年，纽约市5.5万株榆木的荷兰榆树病发病率降至0.2%。威彻斯特县自1942年启动植物防疫项目，接下来的十四年里，榆木年损失率同样仅为0.2%。在拥有18.5万株榆木的布法罗市，植物防疫也使其在榆树病防控方面取得了骄人的成绩，最近这些年，那里的榆树年平均损失率仅为0.3%。换句话说，若是照目前这一树木损失速度来看，如果要布法罗那里所有的榆树彻底消失至少需要300年才行。

锡拉丘兹城发生的事尤其令人印象深刻。那里在1957年以前几乎没有任何防控榆树病害的有效措施。1951至1956年间，那里损失了将近300株榆树。这之后，在纽约州立大学林业学院霍华德·C.米勒的指导下，锡拉丘兹城密集推动了一系列举措，将所有染病的榆树以及所有可能携带病原菌的榆树全部移除。如今，这里年均榆树损失率远低于1%。

纽约州负责荷兰榆树病的专家们特别强调植物防疫这一方法的经济性。纽约州立农业学院的J·G.马特西说："大多数情况下，植物防疫的实际花费相比于其可能达成的病害防治效果来说是非常少的。如果因为病害导致树枝枯死或断裂，那么整棵树就该被砍掉运走，这样做乃是预防树木病害可能造成的财产损失或断枝伤人。如果砍掉的病树被用作薪柴，那么这些薪柴就应在春天到来之前被用完，若是不能，那么就应将树皮剥下单独处理掉或是将薪柴置于干燥的地方暂时保存。对于那些染病将死或已死的榆木，为防止荷兰榆树病传播而迅速将其移除所需费用通常不会比等待一段时间后再去移除的花费更多，你不可能对这些已然枯死的树置之不理，因为在城区，所有枯死的树最终都必须被砍掉运走。

若能采取更为明智的办法，荷兰榆树病的防治并非完全没有希望。纵使目前已知的防控手段还不可能将此病完全根除，但只要某一地区发现了荷兰榆树病，我们完全可以通过植物防疫手段将其控制在合理的范围之内，而不是使用那些不仅无效，还会给鸟类生存带来巨大威胁的方法。林木遗传学领域内的研究成果也可为树木病害防治提供解决之道，实验人员有望培育出对荷兰榆树病具有抗病性的杂交榆树品种。其实，欧洲榆木就具有高抗病性，华盛顿地区大量栽植了这种树。事实表明，当华盛顿地区的荷兰榆树病呈高发态势之时，这些欧洲榆木却安然无恙。

在榆木数量大面积减少的地区，迫切需要通过马上启动育苗及造林项目补种苗木。这自然非常重要，不过需要注意的是，补种的苗木不仅应包括抗病性高的欧洲榆树，也应包括其他各类品种的苗木，如此一来，哪怕未来出现了新的树木流行病，也不会使整个地区的所有树种悉数遭劫。若要使一个植物或动物群落保持健康的发展，最重要的就是做到英国生态学家查尔斯·埃尔顿所谓的"保护物种多样性"。今天发生的一切在很大程度上正是上个时代人们在栽种苗木时推行"物种单一化"策略导致的后果。二三十年前，没有人知道在一大片土地上栽植单一品种的树木竟会招致灾难，因而，整个城镇的街道两旁总可以见到成行的榆树，公园中也随处可见榆树的高大身影。如今呢，大片榆树早已踪迹不见，同时消失的，还有曾经的声声鸟鸣。

如同知更鸟一样，另一种生活在美国的鸟类似乎也将濒临灭绝。这就是美国的国鸟白头鹰。过去十年间，其种群数量正以惊人的速度锐减。事实表明，白头鹰的生存环境必定出了什么问题，导致其繁育能力几乎丧失了。造成这一严重后果的确切原因尚不可知，但已有的一些证据显示，杀虫剂难脱干系。

在北美洲，最受研究人员关注的就是在佛罗里达西海岸从港市坦帕到迈尔斯堡沿线筑巢繁育的那些白头鹰。加拿大温尼伯的银行家查尔斯·布罗莱在退休后获得了鸟类学者的名声，他在1939~1949年间在超过1 000只白头鹰幼鸟的腿上戴上了识别环。（要知道，在他之前，历史上仅有166只白头鹰曾被戴上过环志。）查尔斯·布罗莱先生利用冬季那几个月在幼鸟腿上戴上识别环，用以探究它们在春天离开自己的巢穴后究竟去了何方。稍后对这些佩戴环志的白头鹰进行的研究表明，这些原本出生在佛罗里达的白头鹰却沿着海岸线一路向北，列队前行，最终抵达加拿大爱德华王子岛，而长久以来，人们从不认为这种鸟也会迁徙。每到秋天，它们又会从加拿大南归，而想要观察它们的迁徙活动，最佳观测点就是宾夕法尼亚州东部如今被称为鹰山的地方。

为白头鹰戴上环志后，最初几年，查尔斯·布罗莱先生每年都会在海岸沿线他所选定的观测点观察到125处已有幼鸟孵出的巢。每年，他还会为大约150只新出生的幼鸟戴上环志。然而，到了1947年，新出生幼鸟数量开始出现下降。有些鸟巢中根本就看不到鸟蛋，还有一些有鸟蛋，但最终却不见有幼鸟被孵出。1952年到1957年间，约有80%的鸟巢中都不见幼鸟的踪影。1957年，仅43个鸟巢中可见到准备繁育的白头鹰。最终，7个鸟巢里有幼鸟诞生（共8只小白头鹰）；23个鸟巢中仅有鸟蛋，却没能孵出幼鸟；还有13个鸟巢成了白头鹰成鸟用来进食的地方，根本就没见到一个鸟蛋。1958年，查尔斯·布罗莱先生沿着海岸线径直前行了足足有一百多英里，才发现了1只白头鹰并给它戴上了环志。再说说成年白头鹰，1957年的时候，查尔斯·布罗莱先生在43个鸟巢里见到过它们，可只过了一年，能见到成年白头鹰的鸟巢就只剩下10个了。

1959年，查尔斯·布罗莱先生去世，这项坚持多年、意义深远的观测工作只能结束了。虽然如此，但佛罗里达奥杜邦协会以及新泽西州、宾夕法尼亚州等提供的报告都一再证实了查尔斯·布罗莱先生观测到的白头鹰数量锐减的事实，也许我们真的要重新寻找另一种鸟来做美国的国鸟了。一份来自鹰山保护区管理员莫里斯·布龙的调查报告意义尤其重大。风景如画的鹰山是宾夕法尼亚州东南部最高的山，属于阿拉巴契亚山脉最东边的一座山，它仿佛一道屏障，阻挡着吹向沿海平原的西风。气流遇到山脉阻挡会上升，这样一来，在秋天的大部分时间里，巨翅鹰与白头鹰就可以借着源源不断吹来的上升气流毫不费力地乘风翱翔，在它们向南迁徙的过程中，这会让它们在一天中多飞上不少距离。鹰山，不仅是山脊会交之处，鸟类空中迁徙的不同线路也在此交会，这样的地理位置使鹰山成为从南方各地北归的候鸟们的必经之地。

在超过二十年的保护区管理员职业生涯中，莫里斯·布龙观察并实际记录下来的普通山鹰和白头鹰比任何美国人都多。白头鹰的迁徙高峰在8月末到9月初，它们一直被认为是生活在佛罗里达州的鸟类，在北方度过夏天之后于此时重返故土。时间再推后一点，大概在深秋到初冬这段时间内，人们还会看到一群群体型更大的白头鹰从天空中飞过，它们是生长北部地区的另一种白头鹰，不知南飞何处度过寒冬。保护区成立后的前几年，即1935~1939年间，人们观察到的白头鹰中有40%之多鸟龄都在1岁左右——通过观察它们是否长有暗黑色羽毛即可轻松确定鸟龄。然而近几年，幼鸟数量变得越来越少。1955到1959年间，幼鸟数量仅占总数的20%，有一年（1957年），白头鹰幼鸟和成鸟的数量之比竟然达到了1∶32。

其他地区对白头鹰的观察结果与在鹰山观察到的情形非常一致。一份来自伊利诺伊州自然资源委员会官员埃尔顿·弗克斯的报告说明了白头鹰——可能是前面提到过的北方种类的白头鹰，沿着密西西比河与伊利诺伊河飞来过冬的情况。1958年，弗克斯先生报告了最新的数据：59只白头鹰中仅有1只雏鹰。白头鹰正在濒临灭绝的消息同样从世界上唯一的白头鹰专属保护区萨斯奎汉纳河上的蒙特·约翰逊岛传来。这座位于科纳温戈大坝上游8英里的岛屿虽然距离兰开斯特县的河岸仅有不到一英里的距离，却保持着原汁原味的原始风貌。自1943年起，兰开斯特县鸟类学家、保护区管理员赫伯特·H.贝克教授就开始对此地一处白头鹰的巢进行多年的连续性观察。他发现，1935到1947年间，该巢的伏窝情况一直很正常，每次都能伏窝成功。但从1947年开始，虽然成年白头鹰仍然回到巢中伏窝，也确有证据表明巢中可以见到鸟蛋，可就是没有一只雏鹰被孵化出来。

可以说，蒙特·约翰逊岛的情况与佛罗里达州的情况一般不二——成年白头鹰筑好了巢，甚至产下了蛋，可就是少有甚至没有小生命诞生。如果要找到对此情况的解释，恐怕只有一个理由可以为眼前所有的事实作出一个合理的说明，那就是投放在白头鹰生存环境中的那些化学毒药极大地降低了它们的繁殖能力,这使得新出生的幼鹰逐年减少,无法维持白头鹰这一种群继续繁衍生息下去。

美国鱼类及野生动植物管理局的詹姆士·德威特博士对其他鸟类进行的人工仿真环境实验表明,化学毒药对其他鸟类会产生同样的影响。詹姆士·德威特博士为研究杀虫剂对鹌鹑和环颈雉的影响,完成了一系列经典的实验。这些实验表明,与DDT或同类化学杀虫剂有过接触后,成鸟可能看起来并不会表现出任何异常,但其繁殖能力却可能出现严重损伤。杀虫剂对白头鹰繁殖能力产生影响的具体方式可能多种多样,但造成的后果却往往是一致的。举个例子来说,在繁殖季节将DDT添加到鹌鹑的食物之中并不会影响它们的生存,鹌鹑还是会产下正常数量的蛋,但问题是这些蛋却难以孵化出小鹌鹑。"许多胚胎在孵抱初期往往能正常发育,可到了最后的孵化阶段就会死掉",詹姆士·德威特博士如是说,"在那些有幸被孵化出的雏鸟中,超过半数也会在5天内死亡。在以环颈雉和鹌鹑为受试对象的其他动物试验中,那些常年被视喂食含有杀虫剂的食物的受试对象无论如何都产不下一枚蛋来。加利福尼亚州大学的罗伯特·拉得博士和理查德·吉纳利博士也报告了类似的发现。当环颈雉吃了含有狄氏剂的食物,"产蛋率会显著下降,雏鸡成活率也会变得极低"。据这些报告的作者所说,蛋黄中积存的狄氏剂会给雏鸟带来迟来但却致命的影响,而狄氏剂正是孵抱期间及孵化后被雏鸟逐渐吸收的。

上述结论得到了乔治·华莱士博士和他的一名研究生理查德·F.伯纳德最新研究成果的有力佐证,他们在密歇根州立大学的校园内发现了体内含有高浓度DDT的知更鸟。他们发现毒物无处不在——受试成年雄性知更鸟体内含毒、发育中的卵泡中含毒、雌鸟的卵巢中含毒、雌鸟体内的遗腹卵中含毒、输卵管中含毒、被遗弃的空巢中尚未孵化的鸟蛋中含毒、鸟蛋胚胎中含毒、刚被孵出没多久就死去的雏鸟体内含毒。

这些重要的研究确定了这样的实情，即鸟类一旦接触过杀虫剂以后，其毒性就必定对其下一代产生影响。积存在你鸟蛋中的毒素——要知道蛋黄中的营养物质是胚胎发育必不可少的，事实上要了鸟儿们的命，这也解释了为什么在詹姆士·德威特实验中那么多鸟儿不是胎死腹中就是在出生后没几天便死去。

上述对鸟类进行的实验室研究目前几乎不可能对白头鹰开展，不过不少野外调查项目目前已在佛罗里达州、新泽西州以及所有希望找到引起大量白头鹰不育的明确原因的地区展开。毫无疑问，已经掌握的间接证据仍将原因指向了杀虫剂。在鱼类资源丰富的地区，鱼类理所当然地成为白头鹰食物来源中非常大的一部分（在阿拉斯加，白头鹰的食物来源中有 65% 是鱼类，在切萨皮克湾地区这一占比则是 52%）。毫无疑问，查尔斯·布罗莱先生长期研究的那些白头鹰都主要以鱼类为食。自 1945 年起，人们一次次用溶解在燃油中的 DDT 反复向查尔斯·布罗莱先生观察白头鹰的这片沿海地区进行喷洒，其主要目的乃是要消灭生长在盐沼泽中的蚊子，而这些蚊子集中出现的沼泽和沿海地带又恰恰是白头鹰平常觅食的地方。这些地方，鱼类和蟹类大量死亡，经实验室化验分析，死亡的鱼类和蟹类身体组织中含有高浓度的 DDT 残留竟有 46ppm 之多。一如清水湖中的䴙䴘在吃了湖里游鱼后体内积存了高浓度的杀虫剂残留，几乎可以肯定，这些白头鹰的身体组织中也积存了大量的 DDT。同样，一如䴙䴘、环颈雉、鹌鹑以及知更鸟那样，这些白头鹰的繁殖能力也变得越来越差，整个种群变得危在旦夕。

我们生活在一个现代化的世界之中，可世界各地关于鸟类濒临灭绝的消息却纷至沓来。这些消息在细节上或有不同，但都重复着野生动植物因杀虫剂的使用而死亡这一主题。这些故事包括：在法国，人们将含砷的除莠剂喷向葡萄藤后，数百只小鸟和黑鹂死亡；在比利时，这个曾经以拥有庞大数量的鸟类而闻名的国度，因为周边国家向农田中喷洒农药，导致这里的黑鹂全部死光。

在英国，人们面临的主要问题似乎是相当专业化的，这与人们在播种前越来越多地使用杀虫剂进行种子处理有关。其实，种子处理并不是什么完全新鲜的事物，早年间，种子处理使用的化学药剂主要是杀菌剂，那时，人们并未发现这会对鸟类造成什么危害。之后，大概是在1956年左右，拌种方法发生了改变，以期达到双重功效，除杀菌剂之外，人们还在拌种时加入了狄氏剂、艾氏剂以及七氯，以期使种子具备抵抗土壤中害虫的特性，而正是在这之后，情况开始变得越来越糟。

1960年春，英国野生动物管理部门收到了大量关于鸟类死亡的报告，这些报告来自英国鸟类学基金会、英国皇家鸟类保护学会以及猎鸟协会。"这里俨然就是一个刚刚结束了战斗的战场"，一位来自诺福克郡的农场主这样写道，"我的管家发现了数不清的鸟类尸体，其中包括不少小型鸟——苍头燕雀、金翅雀、朱顶雀、篱鹊、麻雀……野生鸟类这样大量死亡实在令人感到痛心。"一名猎区管理人写道："经过包衣剂处理过的玉米种子毒死了猎场中所有的黑鹂、部分野鸡以及所有其他种类的鸟，一共死掉了几百只鸟……我管理猎场一辈子，这是经历过的最让我感到痛心的事。眼看着以一对又一对黑鹂接连死去，我感到揪心不已。

英国鸟类基金会和皇家鸟类保护学会联合发布的报告中仅提到 67 例鸟类死亡事件——这一数字其实远远低于 1960 年春天死亡鸟类的总数。在这 67 例鸟类死亡事件中，59 例死鸟类死亡事件由包衣剂造成，8 例由喷洒有毒农药造成。

第二年，又一波关于鸟类中毒死亡事件的报告纷至沓来。英国上议院接到报告，仅仅在诺福克郡一个庄园里就发现了 600 只死鸟，而在北埃塞克斯郡的一处农场中则躺着 100 只野鸡。很明显，与 1960 年的情况相比，接下来的一年里有越来越多的郡卷入鸟类死亡事件之中。（1960 年有 23 个郡，到 1961 年则有 34 个郡。）林肯郡——一个农业郡，是受灾最为严重的地区，报告说那里死掉了 10 000 只鸟。事实上，北至安格斯，南到康沃尔，西至安格尔西岛，东到诺福克，灾难席卷了英国所有的农业地区。

1961 年春，鸟类死亡事件引发了空前的关注，英国下议院成立了专门的调查委员会负责调查整件事的来龙去脉。调查委员会从普通农民、农场主、农业部代表及与野生动物保护有关的政府和政府机构那里进行了广泛地取证。

一位"目击者"说："鸽子会从天空中突然掉落下来死掉。"另一位作证人则说："你可以在伦敦郊外开车走上 100 或 200 英里而完全不见到一只红隼。"大自然保护协会的一位官员则说："在最近一百年中，没有任何时期像我们今天所处的时代这样，或者说，就我所知，历史上任何一个时代也从未出现过今天这样的情况，（就在今天），生活在我们这个国家的野生动物正面临着最大的危险。"

用以对死亡的鸟类进行化学分析的仪器设备严重不足，而且目前整个英国也只有两名化学家可以从事相关检测（一位化学家供职于政府部门，另一位则受聘于英国皇家鸟类保护协会）。见证者们向我们描述了人们为焚烧死鸟的尸体而点起熊熊大火的情景。尽管如此，人们还是尽其所能地将收集到的鸟类尸体送去进行检验，对这些送来检验的鸟类尸体进行化学分析后，结果表明除了一只沙锥鸟以外，其他全部含有杀虫剂残留。需要说明的是，沙锥鸟是一种不吃植物种子的鸟类。

和鸟类的遭遇一样，大量的狐狸也中毒而死，而致死原因似乎是因为狐狸们吃掉了中毒的老鼠或鸟类也间接地中毒了。要知道，英国一直饱受兔子泛滥成灾这一问题的困扰，迫切需要能够捕食兔子的狐狸来解决这个问题。然而，在1959年11月至1960年4月间，至少有1 300只狐狸死掉了。狐狸大量死亡的地区往往也是雀鹰、红隼及其他食肉猛禽几乎全部消失的地区，这一现象在在表明毒素已然通过食物链，从采食种子的动物传递到了食肉性动物体内。垂死的狐狸的一举一动特征完全符合氯化烃类杀虫剂中毒后的行为特征，人们看到那些狐狸不停在原地转圈，眼神恍惚迷离，临死前抽搐不已。

种种证据最终使调查委员会确信野生动物遭受的威胁"令人震惊"，调查委员会最终向下议院提出如下建议，"农业部和苏格兰事务大臣应立即下令禁止使用含有狄氏剂、艾氏剂、七氯或毒性与上述农药相似的其他化学药剂对种子进行拌种"。调查委员会同时提议用更为完善的控制手段确保化学农药在被推向市场之前，对其安全性进行充分的测试评估，测试既要在实验室进行，同时也要在农田中进行。这一做法值得大书特书，因其填补了杀虫剂研制过程中的一大空白。此前，农药制造商们对自家产品的安全性评估通常只在一些常见的实验室动物身上完成，比如大鼠、狗、豚鼠，却从来不去观测这些农药对野生动物、鸟类、鱼类等可能造成的影响，并且这些所谓的安全性评估都是在人为控制的环境中开展的，这些实验室得出的结果很难说明农药对自然环境中的野生动物带来的真实影响。

英国绝不是唯一一个需要保护鸟类免受经过化学农药处理过的种子危害的国家。在美国加利福尼亚州和南部水稻产区，这一问题同样非常棘手。多年来，加利福尼亚州的水稻种植者一直在播种前使用DDT对水稻种子进行处理，目的是为防治鲎虫和食腐甲虫，它们有时会破坏水稻苗。加利福尼亚州的猎鸟爱好者曾在稻田中有过非常好的捕猎体验，因为彼时水田里聚集着数不清的水鸟和野鸡。然而，在过去十年间，从水稻种植区持续不断地传来鸟类数量锐减的消息，野鸡、野鸭以及画眉鸟数量的锐减尤其让人触目惊心。"雉鸡病"已然成为这些地区众所周知的常见鸟类疾病，据一位鸟类观察者说，患病鸟类的典型症状是："口渴多饮，浑身无力，被发现时往往在沟壑上或水田里全身颤抖。"这种鸟类疾病多发于春季，正是人们在稻田中播种的时节。用来拌种的DDT浓度则是毒死一只成年野鸡所需浓度的数倍。

几年以后，人们研制出毒性更强的杀虫剂并用其对种子进行处理，这也使处理过的种子更具危险性。艾氏剂——其毒性对于野鸡来说是DDT的100倍，如今被广泛用作种子包衣剂。

得克萨斯州东部稻田在播种时就使用了经过艾氏剂处理过的种子，最终导致褐树鸭种群数量锐减。褐树鸭生活在墨西哥湾沿岸，全身为黄褐色，看起来就像大雁。诚然，我们有理由认为水稻种植者们通过使用杀虫剂实现了双重目标，既杀死了害虫，也成功地让稻田中画眉鸟数量减少了，可这样做却同时也给稻田中无数其他种类的鸟带来了巨大灾难。

因为人们越来越习惯于用灭杀的方式解决问题，即对于任何让我们感到烦恼或给我们的生活带来不便的动物均诉诸用"根除"的方法剿灭，不少鸟类的死亡已不再是意外造成的，而是人类将其视为毒杀目标而采取行动后的必然结果。当前，农民们正趋之若鹜地用在空中喷洒诸如对硫磷这样的化学毒药的方法来"防控"所谓"鸟灾"。对于滥用化学农药这一趋势，美国鱼类及野生动植物管理局认为对此非常有必要表达严重关切，在其引发的文件中指出"喷施过含对硫磷的化学农药的地区，无论是人类、家畜还是野生动物都面临着潜在的健康风险"。举例来说，1959年夏天，印第安纳州南部一群农民集资租用了一架喷药飞机，将大量对硫磷洒向河滩地区。这片河滩栖息着数千只黑鹂，它们常在附近的玉米田中觅食。这样的问题本不难解决，只要将目前种植的品种稍微改动既可，即改种深穗玉米，这样，黑鹂们就很难吃到玉米粒了。但是，农民们显然认为农药的杀伤力更强，他们把农药装上飞机，目标竟是将这数以千计的鸟儿全部毒死。

喷药结果可能令这些农民十分满意，因为最终的死亡清单上包括6.5万只红翅黑鹂和椋鸟。因无人发现或发现但未被记录在案，其他野生动物的死亡情况尚不可知。要知道，对硫磷绝对不只对黑鹂具有致命威胁，其杀伤力乃具有普遍有效性。可如此一来，像野兔、浣熊或负鼠这样的野生动物，它们可能只是从河滩走过，甚或从未踏上过农民的玉米地，却也要被那些从未注意到也从不会在意它们的存在的农民判处死刑。

喷药会对人类造成何种影响？在喷施了上文中提到的对硫磷杀虫剂的加利福尼亚州果园，不少接触到一个月前被对硫磷杀虫剂喷洒过的树叶的园林工人会突然晕倒并进入休克状态，只有经过专业诊疗之后才可能死里逃生。如今，印第安纳州还有人敢让自家的男孩子去森林、田野甚至河边去玩耍吗？如果有的话，又有谁能守在那些被化学毒药污染的土地上，及时拦住那些本来想要探索原始自然却不幸误入有毒区域的孩子们？又有谁能时时刻刻保持警惕，始终注视着被污染的土地，告诉那些完全无辜的路人他将要走进的那片田野将给他带来致命的伤害——那里的一草一木都已披上了一层致命的毒膜？尽管这样做会带来如此令人恐惧的危险，却没有任何人去阻止农民们发动这场毫无必要的消灭黑鹂的战争。

在上面提到的每一次事件中，人们都在回避去思考如下问题：是谁做出的决定引起了这一连串的中毒事件，毒素仍在传播，死亡仍在继续，就仿佛有人向平静的池水中投去一枚石子，涟漪一圈圈荡开。是谁在天平的一端放上甲虫可能使用的树叶，而在另一端则放上了许多五颜六色的鸟类羽毛？鸟儿已死，羽毛仍在，它们的惨死正是由于人类不加选择地使用杀虫毒药。是谁在根本没有征询过任何意见的前提下，就替所有人做出了这样的决定：我们的最高价值就是生活在一个没有昆虫的世界里，为了实现这个目标，哪怕我们最终要生活在一个荒凉贫瘠、了无生趣、永不再见鸟儿展翅翱翔的世界里。谁有权利替我们做出这样的决定？做出这一决定的必定是暂时攫取了权利的独裁者，他利用了人们一时的盲视，才做出如此荒谬的决定，总有一天人们会醒悟，大自然的美丽与秩序才具有真正深远与不可替代的意义。

第九章
死亡之河

在蔚蓝的大西洋深处,隐藏着无数通往海岸的路径。那便是鱼类洄游之路,虽然人类难以察觉其存在,但这些海水中的路径却真的与沿海河流相通。千万年以来,无数鲑鱼都会沿着这些它们熟稔无比的路径洄游到淡水河流,每一条鲑鱼都会回到其出生后最初几个月甚至几年里生活过的那些支流中。1953年夏秋之交,鲑鱼们如期从遥远的大西洋觅食处洄游到它们的出生地,加拿大新不伦瑞克省沿海的米拉米奇河。米拉米奇河上游溪流交汇,溪水湍急而清洌。如往年一样,1953年的那个秋天,鲑鱼们照常在河床上的大片砾石层中产卵。河流两岸是大片的针叶林,里面长满了云杉和香脂冷杉、铁杉与松木,这样的环境再适合鲑鱼产卵不过。同时,也非常适合新出生的小鲑鱼在其中生活。

长久以来,鲑鱼们都会洄游至此,而这也使米拉米奇河成为北美洲最佳的鲑鱼产地之一。然而,正是在1953年,事情开始起了变化。

正常情况下,秋冬季节,雌鲑鱼会事先在河床的砂砾中挖好一个浅槽,然后在其中产下包裹着厚厚外壳的巨大鱼卵。在寒冷而漫长的冬季,鲑鱼卵发育速度异常缓慢,待到春暖花开,河水解冻,小鲑鱼才会被孵化出来。起初,它们大都将自己藏在河床砾石之中——小鲑鱼此时只有大约半英寸长。它们不会出去觅食，仍靠着硕大的卵黄囊提供的营养为生，待到卵黄囊的营养被吸收殆尽，小鲑鱼才开始在溪水中游来游去，觅食小昆虫。

1954年春天，米拉米奇河中照常游弋着大量新出生不久的小鲑鱼，有当年孵出的鲑鱼苗，亦有一两岁的幼鲑。它们好像都穿上了颜色鲜艳的新衣，上面有着点点耀人眼目的红色斑点。它们在河水中贪婪地觅食，寻找河水中千奇百怪的昆虫。

可到了这一年夏天，一切都变了。此前一年，加拿大政府为保护森林免受云杉食心虫危害，出台了一系列大面积喷洒农药的政策，米拉米奇河流域西北部林区亦被划定为喷药地区。说到云杉食心虫，这是一种当地特有的、常常会破坏各种常青植物的害虫。在加拿大东部地区，它们大概每35年就引发一次严重的虫灾，而20世纪50年代前期，云杉食心虫的种群数量出现了爆发式增长。为防治虫害，人们开始使用DDT。最初喷洒剂量不大，但到了1953年，喷施力度却骤然增大了。喷施土地面积由之前的数千英亩扩大到1953年的数百万英亩，其目的则是尽最大努力保护香脂冷杉，因为这种树乃是当地制浆造纸产业最重要的原材料。

于是，1954年6月间，大量喷药专用机飞抵米拉米奇河流域西北部林区上空，飞机盘旋不断，团团白色烟雾在天空中交织。从天而降的乃是油溶性的DDT，按照每英亩土地喷施0.5磅的标准作业，它们被喷洒到香脂冷杉树上，还有一些则穿过云杉密布的针叶落到地面上、飘到溪水中。飞行员们将注意力全都放在如何尽快完成喷施作业任务上，根本没人关心如何避免将农药洒在河流中。飞机飞过河流时，他们根本不会关闭喷雾器。但，也许就算他们真的这么做了也无济于事，因为哪怕空中有一丝微风，雾状的药剂也会随风到处飘洒，河流又如何能幸免于难？

就在喷药结束后不久，人们发现一切都不对了。仅仅2天之内，人们就在河岸上发现了无数将死或已死的鱼类，这其中就包括不少幼鲑。死鱼中还有溪红点鲑。大路两边、森林之中则不断有鸟儿死去，河流一片死寂。喷药前，河水中有种类繁多的水生物，它们构成了鲑鱼和鳟鱼的食物来源——既有生活在由植物茎叶和碎砾石黏结成的松散掩体中的石蛾幼虫，也有仅仅黏着在涌流漩涡中的石头上的石蝇蛹，还有在浅滩或溪水漫过的岩石上缓缓移动、外形酷似蠕虫的黑蝇幼虫。可在施用了DDT之后，溪水中的昆虫就消失殆尽了，幼鲑鱼已然无法找到任何食物。

在这样一个充满了死亡与毁灭的自然环境中，我们很难相信有鲑鱼会幸免于难。事实上，它们并没有躲过这一劫。到了1954年8月，河床两岸的砾石层里再也看不到一只春天孵化出来的鲑鱼苗。从洄游到产卵、从产卵到孵化、从孵化到成长，鲑鱼们为了繁育下一代，整整一年时间的努力全都化为乌有。一两岁龄的小鲑鱼运气稍好，在飞机喷洒作业完成后，1953年春天孵化出的那些一岁龄小鲑鱼存活率是六分之一。1952年春天孵化出的幼鲑此时刚刚准备从米拉米奇河游往大西洋深处，没承想也死掉了三分之一。

我们之所以能如此清楚地掌握上述情况，端赖加拿大渔业研究委员会自1950年起就在米拉米奇河流域西北部开展了鲑鱼生存情况调查研究。每年，该委员会都会对河里的鲑鱼数量进行普查。生物学家的统计内容包括洄游到米拉米奇河产卵的成年鲑鱼数量、河中不同年龄段的幼年鲑鱼数量、河中鲑鱼及其他品种鱼类的正常种群数量。这些喷药前做所的详细记录,使我们可以非常精准地评估喷药可能产生的影响,而这在其他地区是很难实现的。

调查结果向我们呈现出的不仅是鱼类的大面积死亡,它还揭示出河流本身发生的一系列变化。频繁喷药已经让河水水质彻底变差,作为鳟鱼和鲑鱼食物来源的水生昆虫也被消灭殆尽。哪怕仅仅向河水中喷药一次,河水也需要大量时间进行自我修复。要知道,水生昆虫被大量灭除后,如果想要恢复到满足鲑鱼正常食物需求的数量,那绝对是需要很长时间的——不是几个月,而是几年。

形体较小的水生昆虫,比如蠓虫和墨蚊,在被灭除后,种群数量会很快恢复到原有水平。但这些小虫仅仅适合只有几个月大的鲑鱼食用。作为 2 岁或 3 岁龄鲑鱼食物来源的那些较大的水生昆虫一旦被灭除,种群数量的恢复可就没那么快了。这些较大的水生昆虫包括石蛾、石蝇及蜉蝣的幼虫。即使在向水中喷洒 DDT 后第二年,幼鲑们也不容易在水中找到自己所需的食品,只能靠运气,偶尔发现些个头不大的石蝇吃掉充饥,而要想找到大个的石蝇、蜉蝣和石蛾则几乎不可能。为了尽可能让鲑鱼吃到这些天然食物,加拿大人试图将石蛾幼虫及其他水生昆虫投放到水生物资源已经非常匮乏的米拉米奇河中。然而,毫无疑问的是,如果不停止频繁喷药,这些新投放到河里的昆虫早晚也得被消灭殆尽。

更大的问题是,云杉食心虫的数量并没有如人所愿地减少,虫灾仍持续肆虐。于是,1955 到 1957 年间,新不伦瑞克省及魁北克省继续向大量地区重复喷药,有些地方甚至被喷过三次之多。截至1957年,差不多有将近1 500万英亩的土地上被喷过农药。之后的一段时间,喷药暂停,以观后效。可很快,虫灾再次死灰复燃。没办法,1960、1961两年,喷药计划又被重启。事实上,没有任何证据表明,用化学农药进行云杉食心虫防治仅仅是一个权宜之计(要知道,如果想要香脂冷杉不再因为大量落叶而死亡,就要连续多年进行喷药作业),故而,只要喷药作业持续不停,那么由其导致的那些不幸的副作用就会一直存在。为减轻喷药对鱼类的伤害程度,加拿大林业官员根据渔业研究委员会提供的推荐数值,要求将用于喷洒的DDT浓度由每英亩0.5磅降低至每英亩0.25磅。(顺便一提,美国仍在按照每英亩1磅DDT的高致命性标准进行喷施作业。)经过几年观察,人们发现按照这个标准喷药,产生的影响确实会相对小一些。可只要喷药作业持续不停,那些热衷钓到新鲜鲑鱼的钓鱼爱好者们就没法高兴得起来。

没有人会预料到,一些不同寻常的事件凑巧同时发生,而这竟使米拉米奇河流域西北部的鲑鱼幸免于难——这一系列事件简直可以说是百年难遇。故而,很有必要了解那里到底发生了什么以及为何会发生这些事。

我们已经知道,1954年,米拉米奇河流域曾被大量喷过农药。而这之后的1956年,除一块狭长地带之外,米拉米奇河上流地区都被排除在计划喷药地区之外了。1954年秋天,一场热带风暴的发生竟意外地给米拉米奇河上游的鲑鱼带来了好运。飓风"埃德娜"一路北上,给美国新英格兰地区和加拿大海岸带来强降雨。洪水漫灌,米拉米奇河河水大量涌入海洋中,大量鲑鱼也因这场洪水顺利洄游。因此,这一年河床的砾石层中出现了大量的鲑鱼卵，数量远超以往。1955年春天，米拉米奇河流域西北部地区新孵化出的鲑鱼苗有着非常理想的生存环境。虽然1954年喷洒的DDT将河水中的昆虫全部杀死了，但那些形体非常小的昆虫，诸如蠓虫和墨蚊，很快恢复了原有的种群数量。前面提到过，这些小昆虫最适合刚孵出不久的小鲑鱼食用。1955年，新出生的鲑鱼苗不仅有充足的食物，且很少有竞争对手与其争食。这是因为如下残酷的事实，即1954年人们向河中喷施的农药已将大部分年龄较大的鲑鱼杀死。由此，1955年，河里的鲑鱼长势迅猛，成活率高。它们很快在米拉米奇河中长大并提早游向大海。1959年，它们从大西洋洄游到故乡的河流并在河床上产下大量鱼卵。

如果说米拉米奇河流域西北部的形势相对来说还算不错，那也是因为这里的农药喷施作业仅持续了一年。如果去看看其他流域的情况，人们大概就会明白反复喷施农药的后果是什么——那些用农药轮番喷施的地区，鲑鱼的种群数量出现了惊人的下降。

在所有喷药的河流中，各种大小的幼鲑鱼都非常少见。生物学家报告说，幼鲑鱼在喷过农药的河里"事实上常常被全部毒死"。1956到1957的两年间，米拉米奇河流域西南大部分地区都喷洒了农药，而其直接结果则是1959年这一地区的鲑鱼捕捞量达到了十年内的最低点。渔民们对幼鲑鱼数量之少的情况议论纷纷，而这主要是因为洄游产卵鲑鱼变少了。米拉米奇河口取样处给出的数据显示，1959年，河里幼鲑的数量仅为1958年的1/4。1959年全年，整个米拉米奇河流域中，初次由河入海的小鲑鱼仅有60万条，这一数字较之前三年中任何一年数字的1/3还少。

面对这样的情况，我们只能说新布伦斯瑞克省鲑鱼捕捞业的未来似乎在很大程度上取决于能否在森林害虫防治工作中找到一种 DDT 的替代品。

加拿大东部地区的情况并不特殊，其与众不同之处或许在于其向林区喷药的范围之广与其对喷药后果记录之详。缅因州也有着大片云杉与香脂冷杉林，同样，也面临着严峻的林区虫害防控形势。同样，缅因州每年也有大量鲑鱼洄游，不过如今洄游至此的鲑鱼在数量上大不如前，就是这点洄游的鲑鱼还是在生物学家和环保主义者通过清除大量的工业污染物及堵塞河道的枯枝败叶从而保护鲑鱼栖息地而吸引来的。虽然这里也将农药视作对付无处不在的食心虫的利器进行过喷洒，不过一来喷施面积不算大，二来到目前为止尚未在鲑鱼产卵的关键河段造成不良影响。不过，缅因州渔猎管理局工作人员在一处溪流中观察到的异常情况却可能是个不祥的预兆。

在管理局发布的报告中写道："1958 年喷药后不久，大戈达德河中就出现了大量垂死的吸口鱼。这些鱼表现出典型的 DDT 中毒症状。它们到处乱游，因无法呼吸而跃出水面，浑身颤抖，痉挛不已。喷药后 5 天，人们下网捕捞出两网吸口鱼，其中有 668 条已经死亡。在小戈达德河、卡里河、阿德河及布莱克河中，也有无数已经死掉的鲦鱼和吸口鱼。人们总是看到一条条鱼漂浮在水中，顺流而下，一动不动，等待死亡到来。另有许多情况表明，喷药后不到一个星期，就会有许多出现严重视力障碍的鳟鱼漂浮在水中，顺流而下。"

DDT 能使鱼类失明这一事实目前已经被多项研究证实。1957

年，一位加拿大生物学家在温哥华岛北部被喷药后对这里的鱼类进行了观察。他在报告中说，原本凶猛异常的割喉鳟竟在河道中慢吞吞地游动，人用手就可以把它们从水中捞出来，因为它们根本不想逃掉。经过检测，人们发现这些割喉鳟的眼部蒙上了一层不透明的白膜，这使其视力严重受损甚至失明。加拿大渔业部通过实验研究发现大部分鱼（银鲑）在接触低浓度DDT（3ppm）后都不会死亡，但却可能出现失明症状，眼球晶体混浊不堪。

凡有大片森林之处，林区河流中生活的鱼类都面临现代害虫防治手段的威胁。在这方面，最为臭名昭著的要算1955年发生在美国的那次事件，在黄石国家公园及附近地区被喷药后，那里的鱼类遭到了灭顶之灾。那一年秋天，黄石河中出现了大量死鱼，垂钓者和蒙大拿州渔猎管理机构的行政长官都为此大为惊骇。约有90英里长的河段被污染。在一段300码长的河岸，人们发现了600条死鱼，包括褐鳟、白鲑和吸口鱼。而河水中的昆虫，鳟鱼的天然食材，也消失殆尽。

美国林务局官员坚称他们是根据建议按照每英亩土地喷洒1磅DDT的标准作业，这一用量是"安全"的。但喷药的后果历历在目，这些活生生的例子无疑向人们表明，这一"安全标准"并非"安全"。1956年，蒙大拿州鱼类管理局与两家联邦政府机构——美国鱼类及野生动植物管理局及美国林务局，开展了合作研究。当年，蒙大拿州有90万英亩的土地被喷药。1957年，被喷药的土地面积也有80万亩。这样一来，联合研究小组的生物学家根本不用发愁去寻找调查对象了。

调查结果表明，出现大量死鱼的地区通常都具有如下特征：整个林区弥漫着DDT的味道，河面上漂浮着一层油膜，河岸两边都是死鱼尸体。与加拿大东部地区出现的情况一样，农药污染所致的严重后果之一就是造成了作为鱼类饵料的水生昆虫数量锐减。在很多被调查地区，水生昆虫及其他各种生活在河底的动物种群数量锐减到原来的10%。一旦被农药大量毒死，这些对鳟鱼生存至关重要的水生昆虫的种群数量就要经过很长时间才能恢复到原来的水平。甚至到喷药后第二年夏天，也仅有非常少的几种水生昆虫恢复到原有的种群数量水平。有一处河流，原本在河底生活着大量水生生物，如今却无法找到它们的痕迹。仅在这条河中，供人垂钓的鱼就比原先减少了80%。

并不是所有鱼类在中毒后都会立刻死亡。事实上，中毒后经过一段时间才死亡的鱼远比立刻就死掉的鱼多。同时，蒙大拿州的生物学家发了更为重要的问题，如果鱼类在中毒后要经过一段时间才死亡，那么其死亡情况很可能无法被上报，因为其死亡时很可能已经过了捕鱼期。研究结果还表明，还有大量秋季产卵的鱼也会离奇死亡，这些鱼包括褐鳟、美洲红点鲑及白鲑。其实，这没什么好奇怪的，不论是人还是鱼，在出现生理应激反应时都会调用积存的脂肪以产生能量。此时，积存在身体组织中的DDT自然就会对鱼类造成致命伤害。

因此，情况实在是再清楚不过了：以每英亩1磅DDT的喷药标准进行作业必定会给林区河流中的鱼类带来严重的威胁。另外，用DDT防治云杉食心虫的目标根本没有实现，这样，人们就会计划在更多地区喷药。蒙大拿州鱼类管理局强烈反对在未来实施更多的喷药计划，其声明"不愿为可行性和预期效果都令人生疑的农药喷施项目而牺牲该州的渔业资源"。然而，该管理局同时也宣布将会继续与林业管理部门携起手来共同致力于"寻找让喷药危害最小化的方法"。

可是这样的合作真的能够成功拯救鱼类吗？在英属哥伦比亚省发生的事情充分说明这不过是妄想而已。由黑头食心虫引起的虫灾在这一地区肆虐多年。美国林务局的官员们担心树叶再脱落一季后可能会造成大量树木死亡的严重后果，于是决定在1957年采取害虫防治措施。他们与渔猎管理部门的官员进行了多次磋商，因为后者对喷药可能给鲑鱼洄游造成的影响深表担忧。最终，森林生物管理部门同意在不影响防治效果的前提下尽可能修改喷药计划，以使鱼类免受伤害。

尽管采取了提前预防措施，双方也都做出了最大努力，最终的结果仍使该地区至少4条主要河流中几乎100%的鲑鱼都被毒死了。

其中一条河里，有40 000条成年银鲑鱼悉数灭绝，同时死掉的还有数千条幼年硬头鳟及其他种类的鳟鱼。银鲑鱼的洄游周期为三年，且洄游的银鲑鱼龄差不多都相同。与其他种类的鲑鱼相似，银鲑鱼具有很强的洄游本能，它们只会洄游到自己出生时的那条河。换句话说，出生在其他河流中的银鲑鱼绝无可能洄游到这里。对于这条死掉了40 000条成年银鲑鱼的河流来说，这意味着每三年一次的鲑鱼洄游将不复存在。在这三年中，除非通过精细化管理，采用人工繁殖或其他有效手段，这一具有重要经济价值的洄游循环模式才能得以恢复。

解决问题的方法并不是没有，我们完全能做到既保护森林，又不使鱼类受到伤害。如果认为只有将大量河流都变成死亡之河才能解决问题，那我们无疑就陷入了绝望与失败的情绪之中。一方面，我们应将目前已知的替代性方案推广下去；另一方面，我们还需要发挥自己的聪明才智、调用所有可利用的资源去探索其他的解决方法。有记录显示，用天敌昆虫来防治食心虫远比喷药更有效果，这种天敌昆虫防治法亟需大面积推广使用。当然，我们也可以使用低毒性的农药进行化学防治，不过更理想的办法还是自然防控，比如引进一些可导致食心虫发病致死而不会危及森林生态网络的微生物。我们将会在本书第十七章中了解这些替代性方案及其效果。总之，重要的是必须认识到喷药绝非林区害虫防治的唯一手段，更不是解决问题的最佳方法。

威胁鱼类生存的杀虫剂可以分为三类。第一类，正如我们已经了解到的那样，专为解决林区害虫防治问题而喷洒，所以会造成北方林区河流中的鱼类死亡，这类杀虫剂主要是指DDT。第二类杀虫剂则可通过扩散效应造成更大的影响，这类杀虫剂会毒死不同种类的鱼——鲈鱼、太阳鱼、莓鲈、吸口鱼及其他多种鱼类——这些被毒死的鱼或生活在静止水域中，或生活在流动水域中，分布在全美各个地区。第三类杀虫剂可以说囊括了今天在农业生产中使用到的几乎全部农药，这其中最为人熟知的几种主要杀虫剂是异狄氏剂、八氯莰烯、狄氏剂以及七氯。同时，另一个人们必须要认真考虑的问题是，尽管当前研究仅仅揭露了杀虫剂造成的巨大危害的冰山一角，我们还是应该理性地做出预判：照此情形发展下去，未来将会产生怎样的恶果；除河流中的鱼类之外，生活在沼泽、海湾及入海口处的鱼类又会受到怎样的毒害。

新型有机杀虫剂的广泛使用将不可避免地给鱼类带来灭顶之灾。鱼类对构成现代杀虫剂主要成分的氯化烃类化合物极其敏感。当百万吨的化学毒药被喷洒到地表后，大部分化学毒药将不可避免地进入到陆地与海洋之间永无休止的水循环之中。

有关鱼类死亡的报告（其中一些报告中记载的鱼类死亡情况简直就是灾难级的）如今已然屡见不鲜，美国公共卫生署为此专门成立了负责收集相关报告的办公室，并将鱼类死亡情况列入水污染评估指标之中。

鱼类大量死亡也关系到人们的利益。全美有2 500万人将钓鱼视为自己最主要的休闲方式，还有1 500万人也会偶尔去垂钓。每年，这些钓鱼爱好者们用于办理执照、购买钓具、小船、露营装备、汽油以及在外住宿的总花费高达30亿美元。如果这一爱好因为鱼类的大量死亡不得不改变，那么垂钓业将蒙受巨大的经济损失。商业捕捞同样会因此而蒙受经济损失，可更为重要的是，别忘了，鱼可是我们人类的主要食物来源。内陆及沿海捕鱼业（不包括近海捕捞）每年会贡献30亿磅的捕捞量。然而，我们很快就会发现，在杀虫剂对大量溪流、池塘、河流及海湾造成污染后，无论是作为休闲的垂钓业还是商业捕捞都将面临巨大的威胁。

农田喷药造成鱼类大面积死亡的事情也俯仰皆是。举个例子，在加利福尼亚州，人们试图用喷洒狄氏剂的方式防治稻叶黄潜蝇，可最终却导致6万条用于垂钓的鱼死亡，死掉的鱼大部分是蓝鳃太阳鱼及其他种类的太阳鱼；在路易斯安那州，因为在蔗田中喷洒了异狄氏剂，仅仅一年之间（1960年）就发生了三十余起严重的鱼类死亡事件；在宾夕法尼亚州，人们用异狄氏剂治理鼠患，却造成了鱼类的大量死亡；在西部高原地区，人们为了消灭蝗虫而喷洒氯丹，可不久之后，山涧中的鱼类却大量死亡。

美国南部地区为消灭火蚁不惜向数百万英亩土地上大肆喷施化学农药，如此"大手笔"的农田害虫防治计划其他地区恐怕实在是难以匹敌。七氯——这次大范围喷药计划中主要使用的杀虫剂，其毒性对于鱼类来说仅比 DDT 稍弱一点点。而大量历史记录表明，这次规模庞大的喷药行动中使用的另一种杀虫剂——狄氏剂，对于所有水生生物来说都会产生巨大危害。不过，比起这次喷药行动中使用的另两种剧毒农药异狄氏剂和八氯莰烯来说，前面提到的那些农药实在算不了什么。

火蚁防治区的所有地方，不管是被喷洒了七氯还是狄氏剂，都报告说水族生物受到了灾难性的影响。不少生物学家研究了这次喷药行动对鱼类造成的危害，现将其研究报告摘录如下，从中可以一窥情况之惨烈：来自得克萨斯州的报告——"尽管人们特意避开运河水道喷药，但水族生物仍然严重死亡""死鱼……出现在每一条喷过药的河流之中""鱼类大量死亡且目前已持续 3 个多星期"。来自亚拉巴马州的报告——"喷药后仅几天时间，（威尔科特斯县）大量已经成年的鱼死亡""季节性水域及小支流中的鱼类全部死亡"。

路易斯安那州的农民们抱怨自家鱼塘中养的鱼纷纷死亡。在一段长度不足 500 米的河道中，人们看到超过 500 条死鱼漂浮在河中或是被冲到河岸边。路易斯安那州的另一处地区，死了 150 条太阳鱼，占这一地区太阳鱼总数的 1/5。该地区另有 5 种鱼已经彻底绝迹。

在佛罗里达州，人们对喷药地区一个鱼塘中的鱼进行了检测，结果发现其体内含有七氯及其分解后产生的环氧七氯等残留物。这些体内含毒的鱼也包括太阳鱼和鲈鱼，要知道，这两种鱼可是最受垂钓爱好者欢迎的；更令人的担忧则是，这两种鱼也经常出现在人们的餐桌上。这些鱼体内所含的化学毒物全都被美国食品药品监督管理局列为剧毒农药,对人来说,哪怕仅仅食用一丁点,都可能对身体造成巨大的危害。

有关鱼类、青蛙和其他水族生物大量死亡的报告纷至沓来,于是,1958年,美国鱼类学家和爬虫学家学会——一个专门致力于研究鱼类、爬行动物及两栖动物的颇令人尊敬的科学团体,决定呼吁农业部及其他相关国家机构发布禁令,终止"从空中喷洒七氯、异狄氏剂及其他毒性相同的农药的行为,以免造成无法补救的危害"。学会希望政府部门能够高度关注在美国东南部地区生活的种类繁多的鱼类及其他种类的生物,尤其是那些只有美国才有的珍稀物种。他们警告说:"许多珍稀动物的分布区域很小,因此非常容易导致彻底灭绝。"

南方各州为防治棉花害虫也使用了大量杀虫剂,所以那里的鱼类同样难逃厄运。1950年夏天,亚拉巴马州北部棉花产区遭遇严重虫灾。在这之前,人们只是用少量有机杀虫剂来防治棉子象鼻虫。可连续几年的暖冬终于导致了1950年的虫灾大爆发。在县里负责农业技术推广的官员的说服下,估计有80%到95%的当地农民转而开始大量使用杀虫剂喷杀害虫。最受农民们欢迎的杀虫剂是八氯茨烯,而这种杀虫剂则会给鱼类带来灭顶之灾。

那一年夏天,暴雨频降。雨水将大量杀虫剂冲走并带入河水中,因为这一缘故,当地农民不得不喷洒更多的农药。当年,每英亩棉田中平均喷洒了63磅八氯茨烯杀虫剂。有些农民则在每英亩棉田中喷了高达200磅的杀虫剂。有一个棉农,也许是太想把害虫一股脑儿都杀死,竟然在每英亩棉田中喷洒了超过550磅的杀虫剂。

后果不难预料,弗林特河的情况在这一地区可算是较为典型的，这条河在流入惠勒水库之前，要从亚拉巴马州近50英里的棉花产区穿流而过。1950年8月1日，弗林特河流域暴雨倾盆。雨水落在棉田中，先是温和的涓滴，后来汇聚成溪流，雨越下越大，最后成了滔天洪水，在棉田中肆虐，流入弗林特河中。弗林特河水位因此上涨了6英寸。第二日上午，人们惊讶地发现，流入河中的绝不仅仅是大量雨水，还有什么东西也随着雨水流入河中了。河里的鱼莫名其妙地在水面附近绕着圈子游来游去，有时，这些鱼自己会突然从水面上跃出，跳到岸上死掉。这些鱼很容易就能被抓到，一个农民抓了几只回家养在自家干净的池塘中。很快，这些被养在干净池塘中的鱼又恢复了往昔的活力。可越来越多的死鱼却竟日漂浮在弗林特河上，这不过是后来一系列更为可怕的事情的前兆而已，因为这之后，每一场大雨都会将更多的杀虫剂冲入河中，河中就会有更多的鱼类死亡。8月10日那天的大雨造成河中游鱼几乎全部被冲进来的杀虫剂毒死。这样，8月15日虽然仍是大雨倾盆，仍有大量杀虫剂被冲入河中，可这已经不重要了，因为河中鱼类早已绝迹了。为了证实河中游鱼的死亡乃是因为大量化学毒药被洪水卷入河中这一事实，人们把几条金鱼装入鱼笼再放进河里，这些金鱼不到一天就死光了。

弗林特河中被"判了死刑"的鱼类包括大量白莓鲈，这可是颇受垂钓爱好者青睐的鱼种。人们还在弗林特河流入的惠特水库里发现了大量死亡的鲈鱼和太阳鱼。而那些没什么经济利用价值的鱼类也没有幸免于难——鲤鱼、牛胭脂鱼、石首鱼、斑鳋、鲶鱼等等，全部死亡。没有任何迹象表明这些鱼是因患病而死，它们明显呈现出中毒症状——临死时痛苦地四处乱游，两侧的鱼鳃出现了奇怪的酒红色。

农场鱼塘中的水温暖又不流动，一旦其周边地区被杀虫剂污染后，池塘中的鱼类就非常容易被毒死。正如许多例子已经证明的那样，这些存在于鱼塘附近土地上的有毒化学物质会随着雨水或地表径流进入鱼塘之中。有些时候，鱼塘中的有毒化学物质不仅来自地表径流中的毒物，甚至有可能是某位粗心大意的飞行员在驾驶喷药飞机经过池塘上空时忘记关闭喷雾器，于是大量农药就从天而降了。其实根本不需要讨论这些复杂的污染过程，正常的农业用药量就已经远超将鱼类毒死所需的剂量了。换句话说，就算明显减低杀虫剂用量，也无法改变鱼类被大量毒死的现状，这是因为，每英亩鱼塘中喷洒超过 0.1ppm 的杀虫剂就被认为是危险的剂量了。更麻烦的是，有毒化学物质一旦进入鱼塘，就很难被清除出去。有这样一个鱼塘，人们为了毒死不受欢迎的闪光鱼施用了 DDT，这之后人们在池塘中进行了排水及冲洗作业，但 DDT 的毒性似乎一点都没有减弱，池塘中 94% 的太阳鱼也相继被毒死。很显然，大量化学药物已经堆积在池塘底部的淤泥之中。

与现代杀虫剂刚问世时造成的环境影响相比，如今的情况显然没有明显的好转。俄克拉荷马州野生动物保护部门宣称，1961 年全年，他们至少每周都会收到一份关于农场鱼塘和小型湖泊中鱼类大量异常死亡的报告，并且，此类报告正变得越来越多。几年下来，人们早已对造成该州鱼类大量死亡的原因了如指掌：人类先在农田中喷药，然后是一场大雨，最终农药随雨水流入池塘中。

当今世界的许多地方，池塘养殖的鱼类已经成为人们不可或缺的食物来源。在这些地区，如果人们根本不在意杀虫剂可能对鱼类造成的危害，那么恶果就会立即显现出来。举个例子，在罗得西亚（津巴布韦旧称——译者），浅水池塘中的喀辅埃鲷鱼苗一旦接触到浓度仅为 0.04ppm 的 DDT 就会立刻毙命，而这种鱼是当地人重要的食物来源。是的，其他许多种类的杀虫剂也一样，只需微量，足以致命。喀辅埃鲷鱼生活的地方非常有利于蚊虫滋生。如何既能消灭大量蚊虫，同时又使作为非洲中部人民重要食物来源的喀辅埃鲷鱼得到保护，目前这一问题显然没有得到令人满意的解决。

菲律宾、中国、越南、泰国、印度尼西亚及印度等国家的遮目鱼养殖同样面对类似的问题。这些国家的渔民通常在沿海地区的浅水池塘中养殖遮目鱼。成群的遮目鱼幼苗总是会突然出现在海边（没有人知道它们究竟从何而来），渔民们将它们从海水中舀出来放到浅水池塘中，这些鱼就在那里长大。因为遮目鱼为东南亚及印度等国家数百万以大米为主食的人口提供了优质动物蛋白，所以在太平洋科学大会上，科学家们纷纷倡议进行跨国合作研究，争取找到适合遮目鱼大量产卵的地方，从而推动更大规模的遮目鱼养殖计划。科学家们认为，导致现有浅水池塘中遮目鱼数量严重下降的主要原因正是喷药。在菲律宾，为防治蚊虫而进行的空中喷药行动让遮目鱼养殖户蒙受了巨大的经济损失。一位养殖大户在池塘中养了 12 万条遮目鱼，可在喷药飞机从鱼塘上空经过后，鱼塘里过半的遮目鱼都死掉了。不管这位养殖户如何不顾一切地向鱼塘中注入清水希望能够将杀虫剂浓度稀释掉，一切都无济于事。

近年来最令人触目惊心的鱼类死亡事件发生在得克萨斯州奥斯汀市科罗拉多河中，时间是 1961 年。当年的 1 月 15 日是一个星期天，天刚蒙蒙亮，人们就在新城湖及其下游 5 英里处的水面上发现了不少死鱼。而前一天，这里的水面还平静如常。到了星期一，又传来科罗拉多河下游 50 英里处出现死鱼的报告。事情到了这一步，人们显然意识到一定是河水中存在某种有毒物质且其正顺流而下。到了 1 月 21 日，科罗拉多河下游 100 英里处的拉格兰奇市附近也出现了大量死鱼。又过了一周，这些有毒物质则漂到了科罗拉多河下游 200 英里处的奥斯汀市。1 月份的最后一周，人们关闭了大西洋沿岸的近岸内航道以防止有毒物质进入马塔戈达湾，如此一来，这些有毒物质就随着河水流入了墨西哥湾。

与此同时，负责该事件调查的人员注意到，流经奥斯汀市的河段充满了七氯和八氯莰烯这类杀虫剂的味道。这种刺鼻的气味在一处雨水管道的排放口尤其强烈。该雨水管道过去就曾因排放过工业废水而给环境造成过严重污染，于是，得克萨斯州渔猎管理委员会的工作人员顺着湖中的排污口进行逆向追查，最终查到一家化工厂，厂子里所有的排水管道口处都可以闻到一股疑似六氯化苯的刺鼻气味。这家化工厂生产的主要产品是 DDT、六氯化苯、七氯、八氯莰烯，除此之外，也生产少量其他种类的杀虫剂。该厂负责人承认，最近的确有大量杀虫剂粉末被暴雨冲进了排水管道。更令人震惊的是，他同时承认该厂近十年来一直都是以这种方式来处理泄露或残留的杀虫剂的。

通过进一步调查，管理渔业的官员还发现其他工厂也存在类似情况，即排入污水管道的雨水及日常清洁用水中含有杀虫剂。然而，使证据链最终闭合的竟然是下面这一发现，在新城湖及科罗拉多河中出现大量死鱼这件事发生前几天，政府对城市雨水管网系统进行了彻底的清洁，他们准备了数百万加仑的水，工人用高压水枪清洁管网系统中的每一处死角。毫无疑问，如此彻底的冲刷，将积存在砂砾碎石中的杀虫剂全都冲了出来，它们随后被排放到湖水中，再流到下游的河流里。很快，对取来的水样进行的化学成分分析证实了杀虫剂的存在。

大量有毒物质沿科罗拉多河顺流而下，所到之处鱼类无一幸免。新城湖下游140英里的河道里，所有的鱼都死亡了，当人们用围网将它们捕捞上来，试着去看看是否还有什么鱼能躲过这一劫，结果令人大失所望。观察发现，死亡的鱼类多达27种，一英里长的河道中死鱼重量高达1 000磅。这其中有最受钓鱼爱好者欢迎的斑点叉尾鮰鱼，有蓝鲶鱼、平头鲶鱼、大头鱼、四种太阳鱼、闪光鱼、鲮鱼、曲口鱼、大嘴黑鲈、鲤鱼、胭脂鱼、吸口鱼；还有鳗鱼、雀鳝、红鲤、马口鱼、内河鲱鱼、牛胭脂鱼。这些死鱼中有些堪称河中"元老"，看它们硕大的形体就可以知道它们在河中生活多年——很多平头鲶鱼体重超过25磅，也有一些重达60磅，当地居民沿河岸行走查看灾情时发现了它们。而在官方记录中，一头死掉的蓝鲶鱼竟然重达84磅。

渔猎委员会预测，即便今后不再发生任何新的污染事件，河中的鱼类种群若想要恢复到原来的样子也需要多年。有些种群——那些只能适应本地自然环境的稀有种群，也许永远也不能恢复原有的种群数量了，其他一些种类的鱼，如果想要恢复原有数量，只能靠州政府推动的大规模人工养殖才能实现。

奥斯汀市鱼类死亡灾难的真相已然揭开，但几乎可以肯定，这远非事情的结局。有毒的河水在向下游流了200英里后仍拥有置河中游鱼于死地的力量。人们之所以认为河水一旦流入马塔戈达湾会造成非常危险的后果，乃是因为那里有不少牡蛎养殖场和捕虾场，于是携带大量有毒物质的河水都被引流到墨西哥湾。但有必要追问，这些有毒物质会对那里的环境造成何种影响？如果其余10来条同样遭受污染的河水都被引流到墨西哥湾，后果又会怎样？

目前，我们对这些问题的回答大部分情况下仍只能靠猜测，但对于河口、盐沼、海湾及其他沿海水体污染的问题，确实越来越受到人们的关注。这不仅是因为常有受污染的河水流向这里，更因为人类为消灭各种蚊虫而经常直接向其中喷药。

没有哪里比佛罗里达州东海岸、印第安河沿岸地区更能生动地展现出杀虫剂对生活在盐沼、河口及宁静海湾的生物造成的巨大影响了。1955年春，为了试图消灭白蛉幼虫，人们用狄氏剂对圣露西县约2 000英亩的盐沼进行了喷洒，按照每英亩盐沼喷洒1磅有效成分的标准进行喷施作业，而这对各种水族生物来说就是一场灾难。佛罗里达州卫生委员会昆虫学研究中心的科学家们对这场"大屠杀"进行研究后做出这样的结论，这里的鱼类"全部灭绝"。海滨一带，到处都是死鱼的尸体。从空中可以看到，成群的鲨鱼正向那些无助的将死之鱼快速游去。各种鱼类无一幸免，死鱼中有胭脂鱼、锯盖鱼、长棘银鲈和柳条鱼。以下是对调查组科学家所做报告的摘录——

> 除印第安河沿岸之外的整个盐沼地区，直接毙命的鱼类至少有30种，1 175 000条，总重量达到20~30吨。
> （引自调查组成员R.W.小哈林顿及W.L.彼得林美尔的报告）
> 软体动物似乎不易受到狄氏剂危害，而这一地区的甲壳类动物实际上已经全部死亡。很明显，蟹类种群数

量出现了明显的减少，招潮蟹几乎全部毙命，只有数量极少的蟹子幸存下来，它们暂时生活在农药没有喷到的小片盐沼地里。

形体较大的供人垂钓及食用的鱼类死亡速度最快……螃蟹向那些垂死挣扎的鱼进攻并将它们吃掉，但第二天，它们自己也会中毒身亡。淡水螺也会吃掉死鱼的尸体，如此，2周后死鱼残骸就消失不见了。

已故的赫伯特·R.米尔斯博士对佛罗里达东海岸对面的坦帕湾进行了观测，其结果同样令人感到担忧。全美奥杜邦协会在坦帕湾及威士忌湾一带建立了一个海鸟保护区，可颇具讽刺意味的是，在当地卫生当局掀起了一场消灭盐沼地蚊虫的运动以后，海鸟保护区就变成了中毒动物的避难所。在这一地区，鱼类和蟹类又一次成为主要受害者。招潮蟹，这种小巧而美丽的甲壳类动物，它们成群结队地爬过盐沼、爬过沙滩，一如牧场上的牛群结队而过，它们对喷洒在盐沼中的杀虫剂毫无招架之力。经过夏秋两季连续几个月的反复喷药（有些地方竟然被反复喷洒了16遍之多），米尔斯博士对生活在这里的招潮蟹的情况进行了总结："这一次，招潮蟹的数量继续明显下降。根据今天（10月12日）的潮汐及天气情况来看，这附近应该有大约10万只招潮蟹出现，可找遍整个海滩，却只看到不足百只蟹子，而且都非死即伤，它们摇摇晃晃、颤颤巍巍，几乎无法正常爬行。而附近没有喷药的地区，仍可见到数量众多的招潮蟹。

招潮蟹在其所处的生态系统中发挥着不可替代的重要作用。它是许多动物的重要食物来源，生活在海边的浣熊就以其为食。

长嘴秧鸡等生活在沼泽中的鸟和一些岸禽，甚至迁徙到此地的海鸟都以它们为食。新泽西州一块盐沼在喷洒 DDT 后数周，笑鸥的数量比平时大幅减少了 85%。推测起来，大概就是因为这些笑鸥在喷药后无法找到足够的食物。沼泽地中的招潮蟹还有其他方面的重要作用，因为它们是食腐动物，所以会在盐沼里四处掘穴挖洞，而这则会使沼泽地中的淤泥通气顺畅。它们也为渔民们提供了大量的饵料。

招潮蟹显然不是潮沼盐泽及河口地区唯一受到杀虫剂威胁的生物，还有很多对人类来说更有用处的生物亦处在危险之中。生活在切萨皮克湾及大西洋沿岸其他地区的有名的蓝蟹就是一例。这种蟹子对杀虫剂极为敏感，人们每次只要向潮沼盐泽中的溪流、沟渠或水塘中喷药，都会造成生活在那里的大量蓝蟹死亡。杀虫剂不仅会毒死本地的蟹子，任何从海里来到被喷过药的盐沼中的蟹子都会被残留在那里的杀虫剂毒死。很多时候，它们可能死于间接中毒，就像前文中提到的，印第安河流域附近的沼泽地里那些食腐的蟹子会攻击因中毒而濒死的鱼并将它们吃掉，可它们很快也会中毒而死。我们对于龙虾所受杀虫剂威胁的情况所知甚少。不过要知道，龙虾与蓝蟹同属于节肢动物，有着非常相似的生理特征，所以很可能也会对杀虫剂极其敏感。对于那些可供人类食用因而具有重要经济价值的石蟹等甲壳类动物来说，杀虫剂造成的危害同样不可避免。

近岸水域，包括海湾、海峡、河口、潮沼，构成了一个非常重要的生态单元。它们与鱼类、贝类、蟹类等各种生物关系非常密切，一旦近岸水域不再适合这些水族生物生活，我们的餐桌上，各种生猛海鲜也将消失不见。

广泛分布于近海水域的许多鱼类，也会将近岸水体视为"养育"下一代的安全"育儿所"。佛罗里达州西海岸有三分之一地势低洼、迷宫般的红树林中溪流与运河纵横交错，大海鲢的幼苗就生活在其中。在大西洋沿岸，海鳟鱼、白姑鱼、斑点鱼以及石首鱼会在像保护链一般围绕着纽约州南部海岸线的海边小岛的浅滩或堤岸产卵。鱼苗被孵化出来后，将会随着巨大的潮汐运动被卷入海湾之中。在海峡与海湾，比如柯里塔克湾、帕姆利科湾、博格湾及其他许多海湾、海峡，这些鱼苗们会找到充足的食物并迅速生长。如果没有这些温暖、安全且食物充足的产卵及育幼区存在，各种鱼类的种群数量绝不可能始终保持稳定。然而，我们竟会默许大量杀虫剂通过河流注入其中，甚至在其周边的沼泽地上直接喷药。要知道，这些鱼苗较之成鱼，更容易受到化学毒药的直接伤害。

海虾同样依赖近海的育幼区。这一物种数量巨大、分布广泛，乃是美国大西洋南岸及濒临墨西哥湾的5个州商业捕捞行业的支柱。虽然海虾在大海中产卵，但其幼仔会在出生后数周游到河口及海湾地区，在那里完成连续蜕皮进而长成。从每年5、6月份开始，一直持续到秋天，它们都会待在那里，以水底的腐殖物为食。在近海地区生活期间，海虾的数量及其所支撑起的捕捞产业都仰赖河口良好的自然环境条件。

杀虫剂会对海虾捕捞业及海虾的正常市场供应产生威胁吗？美国商业水产局近期开展的实验室研究给我们提供了答案。研究结果显示，刚过幼苗期、开始具备一定商业价值的小海虾对杀虫剂的耐受力非常差——一般来说，衡量杀虫剂耐受能力用到的标准都是ppm（百万分比）这一浓度单位，对于海虾来说，则需要改用ppb（十亿分比）。举个例子，在一次实验中，半数受试海虾被浓度仅为15ppb的狄氏剂毒死，而其他杀虫剂对于海虾来说毒性则更强。异狄氏剂，对于海虾来说是最具杀伤力的毒药之一，仅仅需要浓度为0.5ppb的异狄氏剂，就可以置半数受试海虾于死地。

杀虫剂对牡蛎和蛤蜊的危害程度更为严重。同样，两者在幼苗阶段更易受到伤害。这些甲壳类动物生活在从新英格兰到得克萨斯州的海湾、海虾及潮汐河流的底部，或是在太平洋沿海地区寻求荫庇。虽然它们的成体始终静静躺在水底，但当它们在大海中产卵后，新出生的幼苗则会在数周内无拘无束地游动一段时间。夏日，若是从渔船上撒下细密的渔网，就会发现打捞上来的除了各种浮游生物，就是牡蛎和蛤蜊的幼体了，它们精致小巧，拿在手中，像玻璃一样容易碎掉。这些小若尘粒、通体透明的贝壳在水面上游动，寻找更为微小的浮游植物为食。可若是浮游植物全都消失不见，幼贝就只能活活饿死。杀虫剂，正是使大量浮游生物灭绝的罪魁祸首。很多用于草坪、农田、路旁甚至沿海沼泽等地的常见除草剂对于作为幼贝食物来源的浮游植物都有剧毒——对于不少浮游植物来说，仅需浓度为十亿分之几的杀虫剂，就可以让它们悉数死亡。

常见的杀虫剂，仅需非常小的剂量，就足以毒死这些精致无比的小贝壳。哪怕这些幼贝接触到的杀虫剂剂量不足以使其立刻毙命，最终它们还是难逃死亡厄运，这是因为哪怕只接触微量的杀虫剂，幼贝的生长速度也会不可避免地变缓。这一超长的生长期势必使幼贝需要吃掉更多的浮游植物维系生存直至长大，可因为杀虫剂的强大毒性，浮游植物的数量已然继续减少了。

成年软体动物显然较少受到杀虫剂的直接影响，至少有一些杀虫剂的情况是这样。不过，这并不一定让人真正放心。看上去没问题的牡蛎和蛤蜊也许在其消化器官和其他身体组织内积存了大量毒物。要知道，对于这两种贝类，人们一般都是整只吞食下去的，有时甚至直接生吃。美国商业水产局的菲利普·巴特勒博士曾做过一个令人感到不祥的比喻，他认为，我们也会像知更鸟那样中毒而死。他提醒人们，知更鸟并非直接死于到处喷洒的DDT，它们不过是吃了身体组织中积存了大量杀虫剂的蚯蚓然后才死掉的。

当然，人类为防治害虫施用杀虫剂导致大量河流及鱼塘中成千上万种鱼类及甲壳类动物暴毙，这种杀虫剂造成的影响非常直接，显而易见，引人注目，让人震惊。然而，江河中裹挟的毒物顺流来到河口处，使海湾、海峡间接遭到污染，毒物在这些地方造成的不易察觉、目前尚无法评估进而无从了解的恶劣影响可能才是更具灾难性的。严峻的形势、数不清的问题困扰着我们，但目前我们却找不到令人满意的答案。我们知道，农田及森林的地表径流中含有杀虫剂，这些毒物汇入许多河流，也许是全部主要的河流之中，如今已经随着江河入海了。但是，我们对这些毒药的种类及总量并不了然，而一旦它们汇入海洋被海水大量稀释，我们就更无法测定出其可靠的种类和总量了。尽管我们知道这些化学毒药在漫长的迁移过程中一定会发生各种化学变化，但我们并不清楚这些发生了变化的物质究竟比原来毒性更强还是更弱。另一个几乎尚未被探索的研究领域是这些汇入河海中的毒物之间是否也会起化学反应。如今，对这一问题的研究变得越来越迫切,因为大量化学毒药进入到海洋环境之后,一定会与那里的各种无机物相互混合,产生各种新的反应。所有这些问题都亟需给出精确的答案,而只有展开大量广泛的研究才能达至这一目的,然而用于类似研究的资金却捉襟见肘。

淡水及海洋水产都是极为重要的资源,它关涉到许多人的利益和福祉。毋庸置疑,它们目前正遭受到进入各种水体的化学药物的严重威胁。如果我们能从每年用来研发毒性更强的化学药物的资金中拿出一小部分去进行更具建设性的研究,我们就一定能研发出危害性更小的药物,更能找到将积存的化学毒药从水体中清除出去的办法。广大公众何时才能充分意识到现实问题的严峻性,呼吁政府采取这样的行动呢?

第十章
无人幸免的天灾

飞机喷洒杀虫剂从最初在农场与森林上方小范围作业直到如今喷洒面积与剂量的剧增,这一事实正如一位英国生态学家最近所说,是洒向地球表面的"一场令人惊愕的死亡之雨"。而我们对这些毒药的态度亦经历了微妙的变化。它们曾被封存在贴有提示危险品的骷髅画的容器中,偶尔使用时,也总是谨小慎微地确保它们仅洒向真正的目标而不伤及无辜。可伴随有机杀虫剂的推广与第二次世界大战后甚至有些过剩的飞机可供调用,曾经的一切都被遗忘了。尽管今天的毒药较之过往任何时期都更为危险,但它们还是令人惊愕地被人们从天上纵意洒下。不仅是那些要被灭除的害虫与杂草,化学制剂滴落的每一寸土地上的人类与非人类也懂得被毒药触碰的灾难性后果。森林和耕地被喷洒,小镇和城市亦然。

如今,很多人对向数以百万英亩计的土地喷洒具致命杀伤力的化学制剂心怀忧惧。20世纪50年代末进行的两次大规模喷药运动加深了人们的疑虑:这就是除灭东北部各州舞毒蛾[1]及南部

---

[1] 舞毒蛾(Gypsy moth),成虫雌雄异型。雄蛾较小,翅膀有斑点,呈Z字形排列,触角较长,节膝状鞭节。雌蛾颜色有白色、黄色等,体型更大,腹部肥大,因身体太重几乎不能飞行。整个北半球都可以看到它们的踪迹(舞毒蛾于1872年被引入北美),一般生活在阔叶林中,以树叶为食,会严重毁坏树木。其特性(包括生态性)一直是人类研究的重要内容之一,但是至今还是很那遇见它们的活动和爆发趋势。(以上据【法】罗曼·卡鲁斯特:《昆虫》,张丽萍译,上海科学技术出版社,2016年版,第137页。)

地区火蚁的两次运动。事实上，两种昆虫绝无害处，它们在这个国家生存的这些年，从未闹出过什么需要人们以如此极端的手段处置的麻烦。然而，在农业部害虫防控部门长久以来信奉的为达目的可不择手段这一行事哲学影响下，突然发起的极端行动还是将矛头指向了它们。

灭除舞毒蛾运动表明：如果那些鲁莽而丝毫不计后果的害虫防治运动不能被局部而有节制的防控方式替代，会带来何等严重的灾难。扑灭火蚁的运动也是一个典型例子，它展示了在尚未掌握消灭害虫所需药物剂量或评估毒药本身对其他生物的影响前，人们是如何在过度夸大这些昆虫的危害后鲁莽地发起了这场运动。毫无疑问，这两场运动无一实现其目标。

舞毒蛾，曾一直生活在欧洲，引进美国也有差不多百年的历史了。1869年，一位名为利奥波德·特鲁夫洛（Leopold Trouvelot）的法国科学家在马萨诸塞州的梅德福建立了实验室，尝试让舞毒蛾与普通的蚕蛾杂交。一次意外，几只舞毒蛾飞出了实验室。逐渐，舞毒蛾生活范围蔓延至新英格兰地区。使其渐次蔓延的最重要媒介是风，幼虫也即毛毛虫阶段的舞毒蛾极轻，可被风吹到极高、极远的地方。蔓延的另一途径则是卵块附着在植物上并随其转运，这一形式可保虫卵即使是寒冬，仍能得以生存。如此一来，待到开春，这种在幼虫阶段就足以破坏橡树及其他阔叶树长达数周的舞毒蛾就遍布于新英格兰地区了。其实，自1911年从荷兰引进云杉树后，舞毒蛾也在新泽西州时而出现。不过，舞毒蛾进入密歇根州的路径现在还不得而知。1938年的那场飓风，同样将舞毒蛾的幼虫及虫卵从新英格兰地区吹到了宾夕法尼亚和纽约两州，不过横亘的阿迪朗达克山脉却总能阻断其西行，这是因为山中栽植的树种似乎对舞毒蛾构不成吸引力。

虽然使用各种方法将舞毒蛾的活动范围限制在美国东北部地区的任务获得了成效，然而自进入北美洲开始的近百年，对于它们将会侵袭南阿拉巴契亚山脉大片阔叶林的忧惧从未被真的证实过。13种寄生虫和舞毒蛾的天敌们从国外被引进并在新英格兰地区顺利地生存下来。随着虫灾爆发频次与破坏性明显下降，农业部门对这些外来者们充满信心。这类自然控虫法，加以隔离防控法与局部喷药，最终实现了如农业部门1955年声称的"对害虫分布地与危害性出色的管控"。

然而，在宣布这件事仅仅一年后，植物病虫害防治科又启动了一个要求在一年内向几百万英亩土地地毯式喷洒农药的计划，这次他们宣称其目的是最终将舞毒蛾彻底根除。("根除"一词意味着最终使这一物种在其分布的区域中彻底灭绝。不过，随着接连多次的计划失败，农业部门意识到接二连三地表示"根除"同一地区的同一物种是多么必要。)

农业部门这场针对舞毒蛾的全面化学战最初显得野心勃勃。1956年，宾夕法尼亚州、新泽西州、密歇根州、纽约州近100万英亩的土地被洒药。而在这些地区，人们对药物破坏作用的抱怨愈来愈多。随着大面积喷洒被确立为一套防止病虫害的模式，环保主义者们也变得愈加愤怒。当一项关于在1957年向300万英亩土地喷药的计划被宣布时，反对派们的愤怒情绪更为强烈了。各州及联邦农业部的官员们则以招牌式的耸肩动作表示他们视这种反对意见为完全不重要的个人抱怨。

长岛被包括在1957年向舞毒蛾喷药的区域之中，整个岛屿主要有人口众多的城镇、乡村以及被盐碱滩包围的海岸线。长岛的纳苏县是纽约州除了纽约市之外人口最为密集的地方。看起来荒谬绝伦的是,"纽约市城区害虫横行的潜在威胁"被用来作为实施这个项目的理由。可舞毒蛾是生活在森林里的昆虫,当然绝无可能成为城市的居民,也绝无可能生活在草地、耕地、花园或沼泽中。虽然如此,美国农业部和纽约州农业市场厅还是在1957年将事前规定好的油溶性DDT不偏不倚地喷洒下来。他们将DDT洒向菜园、奶牛场、鱼塘以及盐碱滩。他们向郊外一块占地1/4英亩的菜园中喷洒,当飞机咆哮着从头顶飞过,一位已然被浇透的农妇正不顾一切地试图遮盖自己的菜园。杀虫剂,就这样洒向正在玩耍的孩童,洒向车站的通勤者们。在锡托基特,一匹当地的好马在飞机喷洒过的牧场的水槽里饮水,10小时后,死去。车身上溅满混合着油渍的泥点,花朵与灌木悉数枯萎。飞鸟、游鱼、螃蟹、益虫尽皆被杀死。

在国际知名的鸟类学家罗伯特·库什曼·墨菲的带领下,一群长岛市民向法院提出诉求,希望法院能发出强制令阻止1957年的喷药行动。在这一最初要求发布禁令的请求遭拒后,抗议的市民不得不继续忍受按原定计划喷洒的含DDT的药剂将自己淋湿,但这之后他们仍坚持不懈地为永久禁令的颁布而申诉。由于喷药行动已经完成,法院值得将他们对颁布禁令的申诉归入"争议未决"之列。此案一直达到最高法院,但最高法院却拒绝受理。法官威廉·O.道格拉斯强烈反对拒绝审查此案的决定,他提出"大量专家及相关负责人对DDT风险的警告突出了此事对公众的重要性"。

长岛居民的诉讼至少有助于使公众注意到大量使用杀虫剂这一日益严峻的趋势,同时也注意到具有控制力和倾向性的管理机构对一般人都坚信的公民私有财产权神圣不可侵犯这一观念的漠视。

在喷杀舞毒蛾过程中对牛奶及其他农产品的污染作为一个令人不快的意外来到人们眼前。发生在纽约州北威彻斯特县沃勒农场 200 英亩土地上的事很好地证明了这点。沃勒夫人特意向农业官员请求不要向她的土地洒药，因为在向林地洒药的过程中几乎不可能避开她的牧场。她提出先仔细检查土地上舞毒蛾的情况再以点状喷洒的方式消灭害虫。虽然她得到了信誓旦旦的保证，说不会有牧场被洒药，可最终她的土地还是受到了两次直接喷洒，除此以外，还两次遭受了从其他被喷洒地区飘散过来的药剂的污染。48 小时后，来自沃勒的纯种恩格西奶牛的牛奶样品被检测出 DDT 总量为 14ppm。从放养这些奶牛的牧场中取来的牧草样品无疑也遭到了污染。尽管这个县的卫生部门获知了这一消息，可没有任何官方声明表示这些奶牛不能被销售。此事不幸地成为普遍缺乏消费者保护意识的典型例证。尽管食品与农药管理局不允许牛奶中含有农药残留，但这些禁令不仅从未得到充分监管，且禁令仅只适用于各州之间运送的货物。州及县的各级官员除非在本地区法令恰好与联盟法律碰巧一致时才会遵循联邦政府规定的农药用量标准——事实上，他们极少这样做。

菜园同样被污染了。庄稼地里有些菜叶枯焦一片，遍身污斑，无法上市，还有些含有大量农残。康奈尔大学农业试验站分析出一份豌豆样品 DDT 含量达 14~20ppm，而法定最高限制只有 7ppm。种植者们因之不得不承受巨大损失或者使自己成为售卖含有非法农残者。他们中的一些人寻找并搜集了受损的情况。

空中喷洒 DDT 的激增带来了到法院起诉人数的激增。在这些起诉案件中，有来自纽约州不少地区的养蜂者。甚至还在1957年洒药以前，养蜂者就忍受着果园中超量使用的DDT。"直到1953年，我都将来源于美国农业部和农学院的一切奉若真理。"他们中的一位愤怒地说。然而，就在这年5月纽约州大面积喷药后，这个人损失了800个蜂群。更广泛而严重的损失使另外14个养蜂者也加入了他对纽约州的起诉，他们的损失总额高达25万美元。还有一位养蜂者——他的400个蜂群意外地成为1957年喷药的目标，报告说，在林区，蜜蜂的野外工作力量（指外出采集花蜜和花粉带回蜂巢的那些工蜂们）被100%杀光了，而在喷药相对不甚密集的农田，也有高达50%的蜜蜂被杀死。"这是一件如此不幸的事"，他写道，"那就是当我5月时走进院子，却听不到一丝蜂鸣声。"

舞毒蛾灭除项目以大量毫无责任意识的行动为其特征。因为作业飞机被按用油量而非洒药面积给付报酬，故此驾驶员毫无谨慎从事的动力，许多土地被药喷过不是一次而是好几次。喷药作业合同至少曾有过一次与不标注本地地址的州外公司签订，他们并不遵守为让公司承担其法律责任而建立的要求公司必须在本州官员那里登记注册这一法规。在此极其模棱两可的情况下，因果园被污染或蜜蜂被毒死而造成直接经济损失的市民们发现他们不知该控告谁。

损失惨重的1957年过后，喷药项目忽然间被彻底地缩减了，随之而来的是措辞含糊的声明：先前工作的重新"评估"与替代性杀虫剂的试验。如此，1957年喷药面积调整为350万英亩，1958年再降为50万英亩，1959、1960、1961三年则每年约10万英亩。在此期间，害虫防控机构一定会得到来自长岛的令其不安的消息：舞毒蛾再次大量出现了。这次花销昂贵的喷药行动使农业部门在公众信心和其自身信誉两方面损失惨重——这次行动本打算让舞毒蛾永远消失，实际上却一事无成。

与此同时，农业部植物害虫防控部门的人暂时忘记了舞毒蛾，因为他们又在忙着在南部地区发动具有更大野心的项目。"根除"这个词仍从农业部的油印机中被轻而易举地印出，这一次，他们的新闻稿上印着根除火蚁的许诺。

火蚁，一种得名于其如火般红刺的昆虫，似乎是从南美洲经由莫比尔港进入到美国的，人们在第一次世界大战结束后很快就发现了它们的踪迹。至1928年，火蚁蔓延到莫比尔郊外，从那以后又继续大群地涌入以至如今遍布于南部各州。

在其进入美国四十多年中的大部分时间里，火蚁似乎从未引起过什么关注。火蚁数量甚多的那些州之所以认为它们令人生厌主要是因为它们筑起1英尺或更高的状如土丘的蚁窝，而这会妨碍农业机械的作业。但仅有两个州将其列入危害最重的20种害虫名录之中，且其总是被置于名录最末的位置。官方及个人对它们的关切中似乎没有任何对其对庄稼和牲畜构成威胁的担忧。

随着具有广泛杀伤力的化学药剂的发展，官方对于火蚁的态度突然发生了变化。1957年，美国农业部发起了在其历史上最为引人注目的宣传活动之一。火蚁忽然间成为连续攻击的目标，公告、电影以及政府煽动的新闻中都将其描绘成南部地区农业的掠夺者和让飞鸟、牲畜及人类毙命的杀手。一个强有力的运动被宣布：联邦政府将与受火蚁侵害的各州联手在南部地区9个州2 000万英亩的土地上对火蚁斩草除根。

"在美国农业部的引导之下，随着在更广阔土地上推行害虫灭除计划数量的与日俱增，美国的杀虫剂制造商们似乎已经挖到了财富的金矿。"1958年火蚁灭除运动开始后不久，一家商业杂志就如此乐观地做了这样的报道。

"从来没有任何一个农业计划会如此被几乎每个人如此彻底且理所当然地谴责，除了那些'商业金矿'的获益者以外。"在数量甚多的害虫防治计划中，这次实验以其拙劣的计划、糟糕的执行以及极其有害的结果成为一个典型。这是一个农业部发起的耗资巨大的、毁灭动物生命的、让公众丧失信心的试验，可让人匪夷所思的是大量专项基金仍被继续投入其中。

这项计划最初曾赢得国会议员的支持，但很快就失去了人们的信任。火蚁被描述成足以毁灭庄稼和野生动植物的南部地区农业的巨大威胁，仅仅因为它们会攻击正在筑巢的幼鸟。它的刺也被说成是对人类健康的严重威胁。

这些断言听起来究竟如何？那些寻求拨款的农业部指派的见证者的说辞与农业部出版的关键期刊上所载内容并不一致。1957年，农业部公告《杀虫剂指南——为防控害虫攻击庄稼及牲畜》中并未过多提及火蚁——如果农业部相信自己的宣传，这可真算是一个令人惊奇的疏漏。此外，其百科全书式的《1952年年鉴》中专事刊载有关昆虫的内容，也只能在全书洋洋50万言中找到关于火蚁的短短一小段。

与农业部对火蚁破坏庄稼和攻击牲畜这种毫无事实依据的声明完全相反，亚拉巴马州农业试验站的工作人员在与火蚁"亲密接触"后得出了仔细的研究成果。根据亚拉巴马州科学家的研究，"火蚁对植物的损害程度总的来说微乎其微。"亚拉巴马州理工学院昆虫学家、美国昆虫学会1961年度会长埃伦特博士表示，他所属的研究机构"在过去5年里从未收到哪怕一例有关蚁类危害植物的报告……蚁类危害牲畜的情况亦没有被观察到"。这些科研人员实际上一直在田间和实验室对火蚁进行观察，他们表示火蚁主要以各种各样的其他昆虫为食，而这些昆虫有不少被认为是对人类有害的。对火蚁的观察表明：它们能在棉花上寻食棉子象鼻虫的幼虫，它们的造丘活动对土壤通气和排水起到了积极作用。亚拉巴马州的这些研究成果也一再被密西西比州立大学的调查研究证实，它们远比农业部提供的"证据"更令人印象深刻。后者显然不是基于对农民的访谈，他们很容易就将一种类型的蚂蚁误认为是另一种类型的，这是基于旧有研究。一些昆虫学家相信随着种群数量的激增，蚂蚁的嗜食习惯亦会随之发生改变，这意味着几十年前的观察对今日来说早已毫无价值。

火蚁对人类健康和生命的威胁这一断言也被迫做出重大修正。农业部赞助并支持的一部宣传片中（目的是为了赢得大众对火蚁灭除计划的支持）专门围绕火蚁的刺制造出一些令人不寒而栗的镜头。诚然，被刺定会让人感到剧痛，人们应该被建议避免被火蚁刺到，可这就好像我们被告知要当心被黄蜂或蜜蜂蛰一样普通。一些过敏体质的人也可能偶尔发生严重的过敏反应，医学文献也曾记载过一例可能但不确定因为火蚁的毒液致死的病例。与之相比，人口统计办公室1959年的记录表明仅因被黄蜂和蜜蜂蛰而致死的就有33人，然而却没有人提议"灭除"这些昆虫。此外，出自当地的证据应当是最为可信的。虽然火蚁已在亚拉巴马州生存了40年且那里是火蚁最为集中的地区，然而亚拉巴马州的卫生官员宣称"这里没有一例人类因受外来的火蚁刺伤致死的记录"，他们认为由火蚁刺伤引发的病理乃是偶发性的。火蚁在草坪或运动场上造成的丘巢的确有可能让孩子们被刺，但这难以成为将毒药向数以百万英亩计的土地上喷洒的借口。这一可能的危险通过单独处理每一个丘巢就可以轻松解决。

火蚁对鸟类的不良影响也是在没有支撑性证据的情况下被断言的。对于这个问题最有发言权的当然是亚拉巴马州奥波恩野生动物研究中心的领导者莫里斯·F. 贝克博士，他有着在该领域多年的研究积累。然而，贝克博士的看法恰好与农业部断言的相反。他表示："在亚拉巴马州南部和佛罗里达州西北部，我们可以非常顺利地捕鸟。而且美洲鹑这个种群一直与外来的数量庞大的火蚁种群同时并存……火蚁在亚拉巴马州南部差不多已有40年时间，而猎鸟的总量呈现出平稳而可观的增长。毫无疑问，如果外来的火蚁真的对野生动植物构成严重威胁，这些情况是不可能存在的。"

问题的另一个方面则是，用杀虫剂清剿火蚁的后果，对野生动物来说意味着什么？用以对付火蚁的狄氏剂和七氯，都是相对较新的杀虫剂。这两种杀虫剂均未被人们在田间进行过试用，所以没人知道它们一旦被大规模施用将会对鸟类、鱼类以及哺乳动物带来什么样的影响。但确定可知的是，这两种杀虫剂的毒性都要高于到当时为止已经使用了近十年的DDT，后者只需要按照每英亩1磅的配比就足以毒死一部分鸟类和大部分鱼类。而狄氏剂和七氯在使用时需要更高的浓度——大部分情况下是每英亩2磅，若要防控白缘象甲，则需要3磅的狄氏剂。在对鸟类造成影响这方面，每英亩土地上规定使用的七氯剂量相对于同等情况下20磅的DDT，而每英亩土地上规定使用的狄氏剂用量则相当于同等情况下120磅的DDT！

人们发起了一场激进的抗议,参加者包括该州大部分自然保护部门、国家自然保护机构、生态学家甚至一些昆虫学家,人们要求时任农业部部长艾兹拉·本森能够推迟这些计划,至少等到评估狄氏剂和七氯对野生及家养动物影响的研究部分完成以及确定了防控火蚁所需的最小剂量是多少后再去开展这一行动。可无人理睬这些抗议,该计划还是于1958年实行了。第一年就喷洒了100万英亩,显然,任何研究此时都只能算做事后剖析了。

随着火蚁清剿计划的推进,越来越多的真相通过亚拉巴马州和联邦的野生动物机构以及许多大学的研究累积起来。这些研究揭示出在某些饱受杀虫剂之害的地区,其造成的损失甚至上升到整个野生动物种群全部被摧毁的程度,家禽、牲畜以及宠物全部都死光了。而农业部却以"过度夸大""令人误解"等说辞将这些证据展示出的杀虫剂危害全部抹杀了。

然而,证明其危害的事实仍持续不断地出现。比如说,在施用化学药剂后,得克萨斯州的哈丁郡,负鼠、犰狳以及为数众多的浣熊就消失无踪了。即便到了喷药后的第二个秋天,仍很少能见到这些动物,而不久后人们从在这里找到的数量不多的浣熊体内发现了化学物质残留。

在喷药地区发现的死鸟都被动接触或直接吞食过用以对付火蚁的农药,这一事实通过对这些死鸟进行的身体组织化学分析显示得再清楚不过了。(麻雀是唯一一种幸存数量较多的鸟,其他地区发生的相同情况也给我们一些证据用以证明这种鸟可能对消灭火蚁使用的这种杀虫剂免疫。)1959年,对亚拉巴马州的一大片土地喷药后,这里半数的鸟类都死亡了。而生活在这片土地上的动物和多年生低矮的植被100%都被毒死了。喷药后一年,这里的春天仍没有鸟鸣声声，死寂一片，那些最适合鸟儿筑巢的地方也了无声息，空空如也。在得克萨斯州，人们在鸟巢中发现了死去的画眉、斯皮札雀和草地鹨，还有许多鸟巢被弃置。大量死鸟样本被从得克萨斯州、路易斯安那州、亚拉巴马州、佐治亚州以及佛罗里达州送往美国鱼类及野生动植物管理局进行检验，其中90%的死鸟被检测出体内含有狄氏剂或一种七氯化合物，其浓度高达38ppm。

丘鹬，在路易斯安那州过冬，但在北部地区繁育，体内如今也携带着那些用来灭除火蚁的毒药，这种毒药的来源是显而易见的。丘鹬主要以蚯蚓为食，它们用长长的喙在土地上啄食。喷药6~10个月以后，人们在那些幸存的蚯蚓体内发现了浓度为20ppm的七氯，一年之后这一数字仍为10ppm。丘鹬间接中毒的后果如今清楚地表现为无论是幼鸟还是成鸟，其在数量上的显著下降，在旨在灭除火蚁而进行喷药的当季，人们就首次发现了这一情况。

对于南部地区的猎鸟人来说，最令他们伤心的就是关于美洲鹑的消息了。这种鸟，无论是在树上筑巢的，还是外出觅食的，在喷药地区全部灭绝了。举个例子，在亚拉巴马州，亚拉巴马野生动物合作研究小组对一块面积为3 600英亩的计划被喷药的土地上美洲鹑的数量进行了摸底统计，发现这一地区栖居着13个种群的鸟类，包括121只美洲鹑。而在喷药两周以后，这里只能找到全部死光了的美洲鹑了。所有送到美国鱼类及野生动植物管理局进行检测分析的死鸟样本都被发现含有大量足以致这种鸟死亡的杀虫剂。亚拉巴马州的这一事件在得克萨斯州重演，2 500英亩喷洒了七氯的土地上，所有的美洲鹑同样消声灭迹。随着美洲鹑一起消失的则是 90% 的鸣禽。有一次，实验分析显示，在这些死鸟体内检测出了七氯。

除了美洲鹑以外，野生火鸡也因为灭除火蚁项目而数量锐减。亚拉巴马州威尔科克斯郡，在应用七氯除草剂前有 80 只野生火鸡，然而在喷药后的那个夏天，却连 1 只也找不到了——没错，一只也没有，除了一窝还没来得及孵化的火鸡蛋和一只已死多时的小火鸡。野生火鸡也许与那些被人类驯养的同类们遭遇了相同的命运，因为在那些被化学药剂喷洒过的农场中的火鸡也几乎没有再生出幼崽。几乎没有可供孵化的火鸡蛋，就算孵化了，孵出的鸡苗也很少能存活下来。而这一现象却从未在附近没有喷过农药的地方发生。

火鸡的悲惨命运绝非个案。知名度极高且备受人尊敬的野生动物学家克拉伦斯·科塔姆博士走访了一些农田受到污染的农民。除了反映在土地被喷药后"树上所有的鸟儿"几乎都消失不见之外，被采访的人中大部分也报告了牲畜、家禽以及宠物的死亡情况。科塔姆博士在报告中写道："有位农民对喷药人员大为光火。他对我说，他已经用深埋或其他方法处理了自家 19 头中毒而死的母牛。据他了解，他家附近也有三四头母牛死于药物中毒。刚出生的小牛犊喝了母乳没几天之后也死掉了。"

接受科塔姆博士采访的人都表示，对喷药后几个月内发生的事情感到非常疑惑。一位妇女告诉科塔姆博士，她在喷过药的地方养了几只母鸡，"可她实在搞不清为什么它们很少孵出小鸡；并且，就算偶尔孵出一只，也会很快死掉"。另一位农民则"在喷药后整整 9 个月的时间里就没养活过一头猪。一窝窝猪崽要么生下来就是死的，要么就在出生后几天死掉"。另一位农民报告的情况与之非常相似,他告诉科塔姆博士,家里所有母猪产下37窝猪崽,他盘算着还能和往常一样得到250只小猪,可没承想这次只有31只活了下来。这位农民还表示,自从喷了药,家里甚至连小鸡都养不活了。

　　农业部自始至终都否认牲畜死亡与火蚁灭除计划有关。然而,佐治亚州班布里奇市的兽医奥蒂斯·L.波伊泰文在接诊了多起动物中毒病例后,将它们的死因归结为杀虫剂中毒,其理由如下:为消灭火蚁而喷洒农药后2周至数月内,牛、羊、马、鸡、鸟类及其他野生动物纷纷患上一种严重的神经系统疾病,而这种病非常容易引发动物死亡。更重要的是,只有接触过遭到污染的食物或水源的动物才会发病,那些被圈养起来的动物却安然无恙。并且,这种情况只发生在喷药区域,实验室分析表明,这些地区动物传染病抗体检测均为阴性。波伊泰文博士与其他兽医观察到的中毒动物的症状与毒理学权威教科书上描述的狄氏剂或七氯中毒症状完全一致。

　　波伊泰文博士还提到了一个非常值得重视的病例。一头仅有2个月大的小牛竟然表现出七氯中毒的症状。在其被送到实验室进行全面检测后,人们惊讶地发现其脂肪组织中七氯的含量达到了79ppm,可此时距喷药完成已过去了5个月。小牛究竟是因为吃了被喷过药的牧草而直接中毒,还是因为喝了母乳而间接中毒,抑或是它早在出生前就已经中毒了?波伊泰文博士问道:"如果小牛中毒是因为喝了母乳,那么政府为何不采取特别的预防措施以保护那些喝本地牛奶的孩子们?"

　　波伊泰文博士的报告提出了一个非常重要的问题,即牛奶的污染。要知道,火蚁防控计划包含的区域主要都是牧场和农田。

如果奶牛吃了喷过药的牧草，会发生什么呢？只要是喷过药的地方，那里的牧草势必会有七氯残留，奶牛吃了这样的牧草，其产下的奶中也一定含有毒素。其实，早在火蚁防治项目实施前，1955年的时候，科学家就已经通过实验证明了七氯会直接进入牛奶之中。之后不久，同样被用于火蚁防治的狄氏剂也被证实会直接导致牛奶受到污染。

如今，美国农业部年刊已将七氯和狄氏剂列入危险药品名录之中，警告遭到这两种农药污染的牧草和饲料食物不宜用于喂食乳畜及待屠宰动物。然而，同样隶属于农业部的害虫防治部门却仍在大力推广相关项目，七氯和狄氏剂就这样洒在了美国南部地区大片牧场上。谁来保护消费者的权益？他们怎么可能知道喝到肚里的牛奶究竟有没有狄氏剂或七氯残留？毫无疑问，面对质疑，美国农业部一定会这样回应：他们已经建议农民在喷药后30至90天内让自家的奶牛远离受到污染的牧场。可问题是，许多牧场占地面积很小，而喷药项目划定的范围却极大——大部分喷药作业都需要用飞机才能完成，如此一来，这样的指导性意见，无论是可操作性还是可行性都非常值得怀疑。另一方面，考虑到药物残留时间通常都比较长，指导性意见中规定的30至90天恐怕也是远远不够的。

美国食品药品监督管理局对牛奶中含有杀虫剂残留非常不满，但它们在这件事上却几乎没有发言权。推行火蚁灭除计划的大部分州，其乳制品行业规模都不大，产品也都在州内销售。如此一来，这场由联邦政府推行的项目导致的乳制品危机只能由各州自行解决。1959年，提交给亚拉巴马、路易斯安那和得克萨斯三个州的卫生官员和其他相关部门官员的调查报告显示，牛奶厂家根本就没有做过任何检测，没人知道这些奶制品是否遭到了杀虫剂的污染。

同样需要说明的是，对七氯这种性质独特的杀虫剂的研究竟然是在防控项目启动后，而不是之前才展开的。或许这样说会更准确一点：联邦政府的工作人员只不过是查阅了那些早已出版的研究文献而已。之所以这么说，乃是因为有关七氯毒性的基本情况早在联邦政府这些"马后炮"式的"调查研究"之前就已被摸清了。这些多年前就已得出的结论本应影响整个防治项目的决策，但事实上却并没有。关于七氯，当时的发现是：其在动植物组织或土壤中积存一段时间后就会转化成毒性更强的环氧七氯，后者通常被认为是由风化作用产生的氧化物。早在1952年，科学家就已经证实七氯在一定条件下会转化成环氧七氯。当时，美国食品药品监督管理局的科研人员在实验中发现母鼠在摄入浓度为30ppm的七氯仅2周，其体内积蓄的毒性更强的环氧化物浓度就达到了165ppm。

1959年，采取措施，严格禁止任何含有七氯或环氧七氯的食品上市销售，曾经只能在晦涩的生物学文献中才能了解到的事实终于大白于天下。禁售令的出台至少可以让火蚁防治项目暂时降降温。虽然农业部每年仍迫切要求国会为该项目拨款，但各地的农技师们却越来越不愿意向农民推荐七氯或环氧七氯等农药。因为一旦使用这些农药，农民们辛辛苦苦生产出的农作物就可能被禁售。

总之，对于喷施作业所用的药物，农业部连最基本的测试评估都没有去做，火蚁防治项目就匆匆上马了。——若他们辩称做过待用农药的毒性评估，那至少也可以说他们忽略了既有研究成果。同时，农业部也没有就达成防治效果所需最小药量进行过任何研究。在大剂量喷药 3 年后，农业部突然在 1959 年将七氯的用量由每英亩 2 英镑减少为 1.25 英镑；后来，又减少到每英亩 0.5 英镑，分两次进行喷施作业，每英亩土地上每次喷洒 0.25 英镑，中间间隔 3 到 6 个月。农业部一位官员解释说，这一对"激进喷药方法"的"改进计划"充分证明完全可以在减小药量的情况下取得良好的防治效果。若是在项目启动前就获知这一信息，我们将避免多少灾难的发生，少浪费多少纳税人的钱。

1959 年，也许是试图平息人们对火蚁防治项目不断增加的怒气，农业部决定：只要与联邦政府、州政府和本地政府签订免责协议，得克萨斯州的土地所有者就可以免费使用用于消灭火蚁的杀虫剂。就在同一年，杀虫剂造成的巨大危害让人们目瞪口呆，恐惧很快变成了愤怒，亚拉巴马州的政府官员因而拒绝为火蚁防治计划追加任何资金。该州一位官员概括了这个防治计划的特点："决策适当，设计匆忙，计划草率，是一次公然践踏公共机构及私人机构权利的典型事件。"虽然没有了州里的配套资金，但联邦政府的火蚁防治费还是源源不断地下发到亚拉巴马州。1961 年，该州议会再次被说服，又一次追加了一笔数量不大的拨款。与此同时，在路易斯安那州，越来越多的农民拒绝在项目协议书上签字。个中原因不言自明，人们发现，为了消灭火蚁而喷洒农药后，破坏甘蔗的害虫大量增加。事情到了这个份上，不得不说，所谓的火蚁灭除计划彻底失败了。1962 年，路易斯安那州立大学农业实验站昆虫研究负责人 L.D. 纽瑟姆博士对这一失败的项目做了简单总结："联邦政府与州政府共同发起的这项火蚁'灭除'计划远非失败那么简单。在路易斯安那州那些喷过药的地区，火蚁比没有喷药前反而更多了。"

痛定思痛，人们似乎已经开始转而采用更为理智而谨慎的做法了。佛罗里达州报告说"本州现有火蚁数量较防治项目开始前出现较大增长"，因而该州宣布放弃所有通过大规模喷药来进行害虫防治的计划，转而采用局部控制法。

其实，科学家们早在几年前就发明了既见效、花费又少的局部防控法。因为火蚁有造丘穴居的生活习性，治理起来其实不难，只要向那些巢丘进行有针对性的喷药就可以了。这样做花费的成本仅为每英亩土地约1美元。若是对火蚁密集区那些成堆的土丘，要想达到令人满意的防治效果则需要采用机械化的方法。密西西比州农业实验站的工作人员研究出一种有效的方法，即先用耕田机将火蚁巢丘耙平，再将农药直接喷洒在巢丘土中，使用这种方法可以消灭掉90%到95%的火蚁，其花费则仅为每英亩土地23美分。而再看看农业部推广的通过大规模喷药来进行火蚁防治的计划，其成本则为每英亩土地3.5美元——在所有方法中，这真是成本最贵、破坏最严重、效果最差的一种了。

第十一章
超越波吉亚家族的"梦想"

　　大规模喷药并非造成当今世界环境污染的唯一原因，事实上，对于我们大多数人来说，危害更大者乃是无数次地被迫与小剂量农药接触，日复一日，年复一年。正如滴水终能穿石，如果从摇篮到坟墓，人的一生注定都要与各种危险化学品接触，那结果必定是灾难性的。每一次与这些化学物质接触，不管剂量多么微小，都会让我们体内积存的毒素再加多一点，其结果则是导致累积性中毒。也许无人能免受扩散面积如此之大的污染的影响吧，除非他幻想自己生活在一个绝对与世隔绝的地方。在软性营销与精心设计过的话术的蛊惑下，普通民众绝少会意识到自己正生活在各种具有致命性的化学物质的包围之中。当然，他们更不会认为自己平时所用的杀虫剂会有如此之大的危害。

　　这是一个有毒物质俯拾皆是的时代，任何人都可以潇洒地走进一家商店，在无人过问的情况下，轻而易举地买到各种剧毒农药。相比之下，就算他在隔壁那家药店买了点毒性弱得多的药片，都可能被要求在"有毒药品售卖记录册"上签字。不论胆子多大的消费者，但凡他愿意在任何一家超市的杀虫剂销售专柜花上几分稍作研究，就一定会大吃一惊——当然，前提是他得对货架上售卖的那些化学药剂有最基本的知识。

如果商家能在杀虫剂专柜上方悬挂大幅骷髅标志，那么消费者在进入这一区域时至少也会像对待其他可能致命的物质那样谨慎起来。可事实上，杀虫剂售卖区恰恰被设计得温馨无比，甚至令人感到非常愉快。货架上摆满了一排排杀虫剂，而过道对面是各式腌菜和橄榄果，相邻货架上则是沐浴和清洁用品，似乎杀虫剂真的成了"家居必备"用品一样。这些玻璃瓶装的杀虫剂被摆放在孩子们抬手就能够到的地方，若是被哪个顽皮的孩子或是粗心大意的大人给碰倒了，玻璃瓶一旦碎裂，有毒物质就会溅到周围人身上。要知道，这里面装的可是让喷药工人浑身抽搐的有毒物质啊。当然，如果把这些东西买回家，也就等于买回了同样的风险。比如，一瓶含有DDD的防蛀剂，瓶身会用极小的字体印上如下警告：本品为高压容器，若置于高温环境下或遇明火可能引起爆炸。氯丹是一种常见的家用杀虫剂，尤其被广泛用于厨房卫生清洁。然而，美国食品药品监督管理局首席药理学家已经指出生活在喷过氯丹的房间内危险性"极大"。而另一些家用杀虫剂则含有毒性更强的狄氏剂。

如今，厨房用杀虫剂设计得可谓造型美观、使用方便。橱柜贴纸——白色的或是与橱柜颜色相配的彩色贴纸，也许都浸透了杀虫剂，更夸张的是，贴纸两面都是这样。商家还会为我们提供自助灭虫手册。现在，只要轻轻按下喷雾器按钮，狄氏剂喷雾就会被洒到家中任何隐蔽之处：橱柜的角落与缝隙、墙角、踢脚板，没有一处会被落下。

如果蚊虫、恙螨或其他害虫胆敢再来骚扰我们，那我们就可以在衣物或皮肤上涂抹或喷洒各种洗剂、乳膏或是喷剂，选择可谓是多种多样。虽然我们被警告这些产品中有些能溶解清漆、油漆与合成纤维，可我们似乎总觉得这些化学物质不会穿透人类的皮肤。为了能让我们随时可以消灭身边那些令人讨厌的害虫，纽约一家杀虫剂专卖店竟然推出了一款袖珍型自动杀虫剂喷雾器，它可以轻松被放进钱包之中，当然，若是放在沙滩拎袋、高尔夫球包或是渔具包里就更没问题了。

我们可以给家中的地板涂上一层药蜡，如此一来，但凡有小虫爬过，它们就必死无疑；我们也可以在衣柜或西装套上挂一块浸满了林丹的条形防蛀片或是干脆就把防蛀片塞进衣柜抽屉里，如此一来，半年之内都不用担心衣服被虫蛀了。各种防蛀片广告自然不会包含有关林丹乃是剧毒化学品的风险提示，当然，电子林丹喷雾器的广告中就更不会提及此事了——厂家只会告诉我们，他们的产品绝对安全无异味。然而，事情的真相则是：美国医学会认为林丹喷雾器对人类健康来说是十分危险的，他们已在《美国医学会杂志》上发起了一场广泛抵制林丹喷雾器的运动。

美国农业部在《家居与园艺通讯》中刊文，建议我们向衣物喷洒DDT、狄氏剂、氯丹及其他多种油溶性杀虫剂。农业部的文章中提到，若是喷在衣物上的杀虫剂太多了，以至于在面料上留下一块白渍，那也不要紧，用刷子就能将它们刷净。但农业部似乎忘记告诫民众，一定要非常谨慎地选择刷洗残留杀虫剂的地点和方式。上述事实表明：现代人不仅整个白天要与杀虫剂频繁接触，哪怕到了上床睡觉的时间，我们也可能将一条在狄氏剂中浸泡过的防蛀毛毯盖在身上。

如今，园艺工作早已与各种剧毒农药紧密相关。每一家五金店、园艺用品店和超市的货架上都能找到成排的杀虫剂，它们足以解决园艺工作中出现的各种害虫问题。大部分报纸的园艺版、最主要的那几种园艺杂志都在其刊登的文章中将杀虫剂的使用视为理所当然的事，那些拒绝滥用各种致命喷剂和粉剂的人反而被说成工作不够用心。

甚至连容易致人猝死的有机磷类杀虫剂也被广泛应用于绿地和观赏植物。1960 年，佛罗里达州健康委员会提出非常有必要颁布禁令，禁止任何人在未获批准或不符合要求的情况下为商业目的在居民区进行农药喷施作业。在该禁令颁布前，佛罗里达州就发生了多起硫磷中毒致死的恶性事件。

然而，主管部门还是很少发出警示，告诫园丁和私房屋主们他们手中拿着的乃是剧烈毒性的化学药品。相反，越来越多的新型喷雾器被研发出来，向草坪和花园喷药变得更容易了，于是，园丁们接触化学毒药的机会反而变得越来越多。比如，园丁们会将花园浇水用的软管接到装有杀虫剂的罐形容器上，这样一来，就可以在浇水的同时把诸如氯丹、狄氏剂这样的高危化学农药散在花园里。这样的喷药装置不仅对喷药者本人来说非常危险，更是对公众健康安全构成巨大威胁。《纽约时报》的编辑们认为非常有必要在该报的园艺版刊发具有警示性的消息，告诫人们，除非安装了专门的保护性设备，否则上述做法极有可能因反虹吸效应导致农药进入水体之中。眼看着上述做法大行其道，而像《纽约时报》这样的警示又少得可怜。那么，对于当前公共水体面临的严重污染，我们还会觉得奇怪吗？

说到杀虫剂对园艺爱好者本身的伤害，我们不妨举一位医生为例，他可算是一位正牌的园艺发烧友了。起初，他每周定期向自家的灌木丛和草坪上喷洒 DDT，后来又改喷马拉硫磷。有时，他使用手持喷雾器喷药，还有些时候则干脆把水管接在装药的罐子上然后喷药。因为总是这样干，所以他的皮肤和衣服免不了常常被喷雾弄湿。这样做了一年以后，他竟突然病倒并被送至医院接受治疗。对其脂肪活检标本进行检验后显示，其体内DDT浓度为23ppm。他的神经系统受到了大面积损伤，他的主治医生认为这种损伤乃是永久性的。后来，他的体重逐渐下降，总是感到极度乏力，还莫名其妙地患上了肌无力，而这其实都是马拉硫磷中毒的典型症状。因为马拉硫磷对其身体造成的严重伤害持续加重，恐怕这位医生再也无法从事救死扶伤的工作了。

除了花园中的浇水管被接在了喷药罐上，动力割草机上也被人安装了喷药设备，这样一来，那些拥有私家花园的人们就可以在除草的同时将一团团农药喷雾毫不费力地洒在院子里了。本来，动力割草机得靠烧油才能工作，汽油燃烧产生的尾气对空气造成的污染就够严重了。在此基础上，郊区居民不加分辨地滥用杀虫剂，导致雾气颗粒弥漫空中。结果是，这些私家花园的空气污染竟比大多数城市还要严重。

然而，很少有人会谈及使用剧毒农药来打理花园的风尚及居家使用杀虫剂存在的风险。生产商仅会在杀虫剂标签上不明显的位置用非常小的字体标注这些警示，同时，也没有什么人会真的费力阅读并按照上面的要求去做。日前，一家化学工业公司搞了个调查，想看看究竟多少人会注意到杀虫剂标签上的这些提示。调查结果显示，不要说什么遵照执行，哪怕仅仅问他们是否会注意到喷雾型杀虫剂瓶身标签上的风险提示，100人中也仅有不到15人表示自己注意到了。

近些年，郊区居民不知被什么人洗了脑，非不惜付出一切代价来根除马唐草。拥有几袋马唐草专用除草剂简直都快要成为一种身份的象征了。销售商给这些除草剂起了各种有吸引力的名字,从这些商品名称来看,你根本就不可能知道它们的真实化学成分及其特性。你必须非常仔细地辨别那些以极小的字体印在包装袋最不起眼位置的成分表,才发现这些杀虫剂的成分不是氯丹就是狄氏剂。从任何一家五金店或园艺用品商店买来的杀虫剂,打开其产品说明书,你在上面很少能看到使用该产品可能对人或环境造成的真实损害情况。相反,瓶体标签及说明书上往往都向我们展示了这样一幅画面:一个幸福满满的家庭,父亲和儿子面带微笑,正准备用他们的产品向草坪中喷药,小孩子们则与心爱的宠物狗一起在喷过药的草地上翻滚嬉戏。

我们的日常饮食中究竟是否存在 DDT 残留,这一问题引起了激烈的争论。农药生产商要么将这一问题轻描淡写,要么干脆矢口否认。与此同时,社会上似乎形成了这样一种倾向,即那些坚决维护自身健康安全,要求停用杀虫剂以保证我们的日常饮食不受污染的人竟被贴上了激进主义或狂热分子的标签。争论还在继续,疑云仍然密布,我们不禁要问:真相究竟是什么?

医学研究已经证实,当然,即使我们靠常识也不难发现——DDT 问世(大约在 1942 年)之前,人们的身体组织中根本就没有 DDT 或与其类似的化学物质的踪迹。正如我们在第三章中提到的那样,1954 到 1956 年间,对一般人群中的体脂样本进行抽样分析,其 DDT 平均浓度在 5.3ppm 到 7.4ppm 之间。已有不少证据显示,从那时起直到今天,普通民众身体脂肪内含有的 DDT 浓度一直在持续上升,而对于那些从事特殊职业或因其他特殊原因不得不经常接触杀虫剂的人来说,浓度则会更高。

对于平时根本就没有机会接触杀虫剂的普通民众来说，我们只能首先假设其脂肪中积存的 DDT 残留是通过食物进入其体内的。为了验证这个假设，美国公共卫生署的一个科研团队对从饭店和慈善机构取来的餐食样本进行了检测。结果发现，每份样本中均含有 DDT 残留。基于此，实验人员有非常充分的理由做出如下结论，那就是"我们的日常生活中几乎没有完全不含 DDT 的食物"。

餐食中不仅含有 DDT 残留，且浓度可能非常高。公共卫生署进行了一次独立调查，专门分析监狱餐食中的农药残留情况，通过对几个品种的抽样调查，结果显示：炖水果干中的 DDT 浓度为 69.6ppm，而面包中的 DDT 残留竟高达 100.9ppm！

在普通家庭的日常饮食中，肉类及其他用动物脂肪制成的食品氯化烃类农药残留最多，这是因为氯化烃属于脂溶性物质。而相对来说，水果和蔬菜中的农药残留较少。另外，农残无法用水冲洗掉的，去除农残的唯一方法是将像生菜或卷心菜这类蔬菜最外层所有的叶子全都摘得一干二净。至于水果，则要削皮，除果肉外都不能吃。正常的烹煮则对去除农残无效。

牛奶是美国食品药品监督管理局规定的少数几种禁止含有杀虫剂残留的食品。然而，实际情况则是每次例行检测，都会有送检样品被检出含有杀虫剂残留。黄油及其他类似乳制品杀虫剂含量最高。1960 年，美国食品药品监督管理局对 461 种奶制品进行抽检，结果发现其中 1/3 都含有杀虫剂残留。美国食品药品监督管理局称这一情况"非常不乐观"。

看来，如果想要吃上一餐完全不含 DDT 或类似化学物质的饭，人们恐怕只能到那尚未开放、荒蛮原始的地方去寻找了，只有那里还未经现代文明的侵染。这样的地方虽不多，但至今尚存,比如位于阿拉斯加州的北极海岸地区。——不过,话又说回来,纵然是一片净土,污染也正在逼近这些地区。科学家们对生活在这一地区的爱斯基摩人的日常膳食进行了检测,没有发现杀虫剂的痕迹。这里,鲜鱼、鱼干;海狸、白鲸、北美驯鹿、驼鹿、髯海豹、北极熊和海象等的脂肪、油脂与肉;蔓越莓、美洲大树莓、野生大黄均没有受到任何污染。只有一个例外,那就是波因特霍普市有两只白猫头鹰被检出体内携带少量DDT残留,这有可能是在其迁徙的过程中摄入的。

体脂分析结果显示,个别爱斯基摩人体内也检出了浓度较低的DDT残留(0≤1.9ppm),出现这一情况,原因不难理解。出问题的体脂样本来自那些离开家乡去安克拉治美国公共医疗服务医院接受手术治疗的病患。作为阿拉斯加利福尼亚州人口最多的城市,那里自然早就接受了现代文明的洗礼。经检测,那家医院向患者提供的食物中含有DDT,其含量与其他人口稠密的大都市并无差别。这些只是在现代文明社会中短暂停留片刻的爱斯基摩人,没承想得到了DDT这么个"大礼"。

可以说,如今几乎所有农作物在生长期间都被用农药喷剂或粉剂处理过,这样做必然导致我们每吃上一餐饭,都不可避免地摄入一定量的氯化烃类化学物质。如果农民们小心谨慎地按照说明书上的喷施指导使用杀虫剂,至少还可以保证农产品的杀虫剂残留不高于食品与药品管理局制定的标准。暂且不论这些法定的所谓"安全剂量"是否真如官方宣称的那样"安全",眼下更为清楚的事实是农民们向作物喷药,常常远超上述"安全剂量",甚至马上就要收获之前还在喷药。还有,有时明明一种药就能解决问题,他们却非要喷上好多种,这也从另一个角度说明普通民众根本不会去阅读那些印在杀虫剂说明书上的小号说明文字。

在这种情况下，甚至一些农药生产厂商都意识到如此滥用杀虫剂可能产生重大问题，他们都觉得有必要对农民进行科普。该行业一份最主要的商业杂志最近刊文称："很多农民似乎并不知道，如果他们超过推荐剂量滥用药物，那么农作物杀虫剂残留就会大大超过限值。"如此恣意妄为地向大量农作物喷药，正源于很多农民的无知与无畏。

打开食品与药品监督管理局的资料库，就会发现那里记录了大量令人担忧的滥用杀虫剂的案例。因无视说明书上的喷药指导而滥用杀虫剂的例子不胜枚举：一个菜农在其所种的生菜丰收前不久，向这些菜足足喷了8种杀虫剂；一位货主向芹菜上喷洒了大量有剧毒的对硫磷农药，且喷药量是推荐最大用量的5倍之多；虽然明令禁止有农药残留的生菜上市，但仍有不少种植户使用异狄氏剂向其种植的生菜上喷洒——要知道，异狄氏剂可是所有氯化烃类化合物中毒性最强的一种；菠菜也在丰收前一周被喷上了DDT。

也有些污染是偶然或意外因素造成的。大宗生咖啡豆货物经海路运输后会遭到污染，就是因为与这些被装在麻布袋中的生咖啡豆同船运输的还有杀虫剂。为防虫蛀，仓库中存储的包装食品也会用DDT、林丹及其他种类杀虫剂反复喷洒，万一杀虫剂意外渗入包装材料之中，那么这些包装食品将会被大量污染。应该说，包装食品仓储时间越长，遭到污染的概率就越大。

也许有人会问："难道政治就不该做些什么保护我们免受农药的伤害吗？"答案是："仅能在非常有限的程度上做。"美国食品药品监督管理局在消费者健康保护方面之所以能力有限，主要原因有二：其一，美国食品药品监督管理局的管理权限仅限于跨州食品贸易，如果某种食品既在州内种植，又在州内上市销售，美国食品药品监督管理局根本无权过问。其二，也是管理能力受限更为关键的原因，就是检查员数量缺口实在太大——美国食品药品监督管理局每天要处理各种繁杂工作，但仅有不到600人。据美国食品药品监督管理局一名官员透露，在跨州食品贸易中，仅有数量非常小的一部货物——占比不足总食品货运量的1%——会被抽检到，这连基本的统计学意义都不具备。对于那些在州内生产及销售的食品，情况就更为严重了。我们感到很不幸，因为大多数州在这一领域的法律都非常不健全。

食品与药品监督管理局为此建立了一个管理系统，要求食品中残留的污染物不能超过其规定的最大限制，这被称之为"残留限量"。然而，这一制度却有着明显的缺陷。就目前情况来看，"残留限量"制度不过是给了我们写在纸上的安全承诺罢了，它似乎想要给人们留下这样未经证实的印象，即农药残留的安全剂量已经被确定，通过监管这一规定也得到了有力执行。至于说到究竟从食物里摄取多少剂量的农药才是安全的这个问题，我想说，如果我们从这种食品中摄取少量符合安全标准的杀虫剂，又从另一种食品中摄取了少量符合安全标准的杀虫剂，那么这些加在一起残留在体内，真的还能保证安全吗？许多人也像我一样据理力争，在他们看来，没有任何农药是安全的，我们的食物中就不应该有这玩意存在。为了确定残留限量值，美国食品药品监督管理局在实验动物身上进行了毒性测试，最终找到了在不让动物出现中毒症状的前提下可用的最大药量。这套食品安全评价体系，政府自然希望凭借它能确保食品安全，恰恰是在忽视了很多重要因素的基础上建立起来的。实验室动物生活在完全可控的人工环境中，摄入的农药品种单一且剂量经过严格计算。但人类却没那么幸运，要知道我们每天接触到的杀虫剂不仅种类繁多，而且多数情况下都是一不可知、二不可测、三不可控。就算我们吃下去的午餐沙拉里，生菜中仅有浓度为 7ppm 的 DDT 残留，这很"安全"。可问题是这一顿饭我们还得吃其他食物，当然，每一种食物也都有美国食品药品监督管理局规定范围内的农残。而正如我们所知，这一餐饭中摄入的农药不过是我们摄入的农药总量的一部分，而且极有可能是非常小的一部分。这些从不同途径吃进身体里的农药加在一起数量将会非常巨大，而且还没办法测定。在这个意义上，如果我们只讨论某一种农药残留是"安全的"，这显然毫无意义。

"残留限量"制度还存在另一些缺陷。很多最高限值都在美国食品药品监督管理局的科学家们做出更准确的判断之前就被确定了（详见本书第十四章中列出的相关例证）。还有这样的可能，即科学家们在尚未充分了解某种农药的详细情况之前就要确定其最高限量值。当然，一旦掌握了更为准确的信息，"残留限量"值就会相应地下调或取消，可这往往发生在公众按照之前确定的最大限量值接触某种化学物质几个月甚至几年以后。以七氯为例，最初，科学家们是给出了这种农药的"残留限量"的，而后发现其毒性太强，又取消了限值，要求食品中七氯零残留。对于不少农药来说，在其注册并投产之前，根本就没有什么田野实验方法能准确分析出其可能造成的实际危害，实验人员根本无法发现其残留。正是因为遇到类似的困难，才导致实验人员无法检测出残留在蔓越莓上的氨基三唑残留。使用某些杀菌剂对种子进行常规处理后也会导致化学残留，可目前同样缺少有效的分析检测方法。这样一来，那些种植季结束前没来得及使用的含有化学残留的种子就非常有可能成为人们餐桌上的食物。

事实上，建立"残留限量"制度就等于默许了大众食品可以在一定程度上被农药污染。这样做自然会大大降低农民和食品加工商的生产成本，可对于消费者来说，他们上缴赋税，这笔钱却被政府用来维持这样一个监管机构的运行，这个监管机构只能保证他们不摄入致死剂量的农药。如今，面对数量庞大、毒性超强的化学农药，监管机构若真想要担起责任恐怕需要大笔资金投入才行，可问题是估计没有任何立法机构会批准这笔大额预算。所以，最后还是消费者成了冤大头，税无论如何得交，有毒农药也还得随着一日三餐下肚。

解决这一困境，路在何方？首先要做到的，就是取消剧毒农药的"残留限制"，包括氯化烃、有机磷和其他各种剧毒农药。估计话还没说完，就会有人站出来反对，这么做肯定会给农民带来难以承受的负担。可如果现在我们已经设定了预期目标，让各种水果和蔬菜上的农药残留仅为7ppm（DDT的"残留限量"）或1ppm（对硫磷的"残留限量"），甚或是只有0.1ppm（狄氏剂的"残留限量"），那么为什么我们就不能再次下定决心，禁止果蔬中出现任何农药残留？实际上，对于某些农作物，我们已经采取行动严格禁止其含有七氯、异狄氏剂或狄氏剂残留了。如果禁止使用这些农药已被证明是可行的，那么为什么不能将禁令用到其他农药上面？

当然，即使这样，问题仍不会得到圆满或最终解决，因为只是写在纸上的"农残零容忍"毫无价值。如前所述，目前，超过99%的跨州食品贸易并未得到有效监管。因此，我们也希望美国食品药品监督管理局的工作人员能够提高警惕、主动"出击"。当然，另一个非常迫切的问题是，必须扩充我们的检查员队伍。

可话说回来，现行的这套制度——允许农民或商人在我们的食品中故意"下毒"，然后才立法监管，总能让我想起刘易斯·卡罗尔《爱丽丝漫游奇境记》中的那位白衣骑士，他总想着"先把一个人的胡子染成绿色，再用一把大扇子把绿胡子挡起来，这样人们就不会察觉"。所以，真要想解决问题，关键还是要使用那些毒性较低的农药。如此，就算仍然被滥用，公众受到的伤害也会大大降低。其实，早就有这样的化学药品了：除虫菊酯、鱼藤酮、鱼尼丁和其他从植物中萃取出来的物质，毒性都比较低。人工合成的除虫菊酯如今已被研发出来，一些国家已经准备增加其产量，以满足市场对这种天然产品的需求。同时，我也痛感：我们真的需要对广大民众进行科普教育，让他们对市场上在售的那些化学农药的性质有最基本的了解。面对市场上五花八门的各种杀虫剂、除菌剂、除莠剂，一般购买者早就感到眼花缭乱、不知所措了，他们当然无从分辨这其中哪些有致命剧毒，哪些则相对安全。

除了改用毒性较小的杀虫剂以外，我们亦应勤勉地探索非化学害虫防治法的可能性。目前，加利福尼亚州正试点尝试使用这种新方法。引进一种专门针对某类害虫的高致病性细菌，使这种害虫大面积感染疾病进而达到防治目的，进一步的实验仍在进行中。其实，还有多种不污染食物却能有效达到害虫防治的手段（详见本书第十七章）。哪怕从通常意义上的标准来看，也只能说我们现今的生存环境是令人无法忍受的。但在这些新害虫防治方法大面积普及以前，我们仍需坚持下去，丝毫不能放松警惕。15、16世纪，影响整个欧洲的意大利贵族家庭波吉亚家族因惯用毒药杀人而臭名昭著，而我们今天的处境比波吉亚家族的客人们其实也好不到哪儿去。

第十二章
人类的代价

随着工业时代的到来,各种化学药品如潮水般涌入到我们的环境中。如今,最具威胁性的公共健康问题已然发生了巨大变化。似乎就在昨天,人们还在为天花、霍乱和鼠疫横扫全国而感到忧惧。如今,我们的主要关注点再也不是这些无处不在的病原体了,先进的医疗设施、更好的人居环境以及疗效更佳的新药都使我们能在最大程度上控制这些流行病。而今,我们应该关注隐藏在生活环境中的另一种风险——这一风险乃是随着现代生活方式的形成,由人类亲手造成的。

新的环境卫生问题各种各样——有的由各种形式的辐射引起,有的则因包括杀虫剂在内的各种化学药剂的滥用造成。应该说,当今世界,化学药品充斥于我们生活的世界之中,直接地或间接地、分散地或集中地对人们的健康造成危害。它们的存在向世界投下了一道不祥的阴影,因为它们造成的影响几乎无处不在又异常隐蔽;它们的存在让人们恐慌,因为我们根本无法预测接触了这些药剂之后,我们人类的体内会经历什么样从未有过的化学或物理变化。

美国公共卫生署的戴维·普莱斯说:"我们都生活在挥之不去的恐惧之中,因为我们忧惧也许有那么一天,人类的生存环境也会被什么东西彻底毁掉。真有那一天的话，人类也许会和恐龙一样成为灭绝了的物种。可是如果我们的命运早在病症出现之前二三十年就已经被决定了，那事情就会变得令人更感不安。

杀虫剂与环境性疾病之间有什么联系呢？现在，我们已经知道，杀虫剂会污染土壤、水源以及食物，它们杀伤力巨大，足以使溪流不再有游鱼、花园林地中鸟儿消失无踪、死寂一片。无论我们如何否认上述观点，都得承认，人类就是大自然中的一分子。如果杀虫剂造成的污染遍布世界各地，人类真的可以幸免于难吗？

我们很清楚，哪怕仅仅接触了这些化学药品中的任何一种，只要达到了一定的剂量，都会使人产生急性中毒症状。然而，这并不是重点。一些农民、喷药工人、喷药飞机驾驶员因长期大量妾触各类杀虫剂而突发疾病甚至最终死亡，这同样是不应发生的悲剧。人们既然共同生活在地球这个大家庭之中，那么我们就应该关注吸收小剂量的杀虫剂可能产生的"延迟效应"，要知道，其对地球生态环境造成的破坏非常不容易被人察觉，因而就更加可怕。

负责公共卫生的官员强调指出，化学药品对生物造成的危害要通过长时间的累积效应才能显现出来。对个体生命来说，其遭受的危害往往取决于其一生中接触到的化学药品的总量。正因如此，这种风险才非常容易被人们忽视。这些眼下看来似乎并严重的威胁也许会在未来某天变成巨大灾难，可人们总是对其不屑一顾，这也是人之常情吧。"人们自然会格外注意到那些症状明显的疾病"，著名医生勒内·杜博斯这样说，"可最凶残的敌人往往正是在不经意之间悄悄来到我们面前。"

与密歇根州的知更鸟或米拉米奇河流域的鲑鱼所面临的问题类似，人类也面临同样的生态学问题，即我们如何与自然界中其他物种相互关联、相互依靠。我们毒死了溪流中的石蛾，继而河中的鲑鱼也会大量死亡；我们想要用杀虫剂消灭湖里的那些会叮人的小虫，可谁成想毒药会随着食物链层层传递，结果使在湖边生活的鸟儿成为无辜的受害者；我们向榆树喷药，可怎会想到第二年春天却再也听不到知更鸟婉转的歌声。是的，我们并没有直接向知更鸟喷药，但毒素会却会沿着"榆树叶——蚯蚓——知更鸟"这一食物链层层传递。这些情况，有的被记录在案，有的被科学家观测到，还有的就发生在你我身边，只要我们留意，就不难亲眼见证。科学家将其命名为自然生态环境中的生命之网或死亡之网。

其实，人体内部也存在一个生态世界。在这个看不见的世界里，哪怕是细小的变化都会产生严重后果。此外，这些后果看上去往往与其起因之间并不存在关联，比如身体某处出现了原发性损伤，但其发病处可能远在另一部位。在一份能代表当下医学研究水平的报告中写道："人体某处，甚至一个分子的细微变化都会通过整个人体系统对那些看上去与之无关的器官和组织产生影响，引起其病变。"只要我们注意到造物主设计出的那近乎完美甚至有些神秘的人体功能，就会发现其内部很少存在那种简单易见的因果关系。人体内的因与果往往会发生空间与时间的错位。所以，若想要找出某位患者疾病或死亡的原因，往往需要将许多看似截然不同甚至毫不相关的事实联系起来进行综合研判，而这项工作的完成又有赖于人们在不同领域进行大量的研究工作。

我们已经习惯于寻找那些明显而直接的影响却忽略其余。如果不是身体突然出现不容忽视的明显症状，我们常常拒绝承认危害的存在。医学工作者也面临着难题，即没有找到让原发性损伤甫一开始就能被发现的有效方法。应该说，缺乏精准有效的检测手段，使患者在症状明显表现出来之前就获知体内出现损伤，这已然成为当年医学界尚未解决的重大问题之一。

可也许有人会反对，"我也多次用狄氏剂在自家草坪上喷洒，却并没有像世界卫生组织那些喷药工人一样出现浑身抽搐的症状——所以，杀虫剂对我没造成什么伤害"。其实，问题并不是这样简单的。就算没有突然出现严重中毒症状，接触这类化学药品的人，体内也会积存毒素的。正如我们知道的那样，正是从小剂量接触开始，氯化烃类化合物才会在体内越积累越多。毒素会积存在人体所有的脂肪组织中，当人体需要消耗这些多余脂肪的时候，毒素就会很快被释放出来，对人体造成巨大伤害。新西兰一家医学杂志最近刊出了这样一个病例：一位正接受肥胖治疗的患者突然出现了中毒症状。经过检查，医生发现这位患者体内的脂肪中含有狄氏剂残留，在减重的过程中，这些残留毒药随着加快的新陈代谢而释放出来。那些因病导致身体突然消瘦的人也会出现类似状况。

另一方面，积存在人体组织内的化学残留造成的后果往往一开始不容易被人察觉。几年前，《美国医学会杂志》曾刊文强烈警告：积存在脂肪组织中的杀虫剂残留会对人体造成危害。文章指出，对于那些容易在身体组织中积存的化学物质，人们应该更加小心地对待。我们被警告说，脂肪组织不仅是一个存储脂肪的地方（人体内脂肪重量占人体总重量的18%），其还有许多非常重要的作用，而积存其中的毒素则会干扰其正常功能。其实，脂肪广泛分布于人体各大器官和组织中，甚至连细胞膜的成分也有脂肪。因此，记住这点非常重要，即脂溶性杀虫剂会积存在单个细胞之中，进而阻止氧化作用的发生，从而使人体无法产生对维系生命至关重要且必不可少的能量。下一章，我们还会详细讨论这一重要问题。

氯化烃类杀虫剂最重要的特点之一就是其对肝脏具有破坏作用。在人体所有器官之中，肝脏是最为特殊的。肝脏对人体有多种重要的、不可替代的功能，从这个意义上来说，没有其他器官比它更重要。它参与了人体许多至关重要的活动，故而，哪怕受到一点点损伤都会导致非常严重的后果。它不仅会分泌胆汁以促进体内脂肪消化，且因其所处位置恰好是人体各特殊循环路径集中交汇之处，所以能够直接得到来自消化道的血液并深度参与到体内所有主要食物的代谢过程之中。肝脏还会以糖原的形式将糖储存在其中，并在需要时再以葡萄糖的形式将其释放到血液之中，释放的数量又相当精准，从而保证血糖始终处于正常水平。肝脏还能合成人体所需的蛋白质，包括能起到凝血作用的血浆蛋白。肝脏还可以使血浆中的胆固醇含量维持正常水平。另外，当体内雄激素或雌激素超过正常水平时，肝脏也能起到抑制作用。肝脏还是许多维生素的储藏库，有些储存在其内部的维生素反过来也会有利于维持肝脏自身的正常功能。

若是肝功能不正常，人体就丧失了防御功能——无法抵抗各种毒素持续不断地入侵。有些毒素本来是人体正常新陈代谢的产物，肝脏通过去氮作用会快速而有效地对其进行无害化处理，还有些并非人体正常代谢产物的毒素，也可以通过肝脏进行解毒。像马拉硫磷及甲氧氯这样所谓的"无毒"杀虫剂，它们之所以较之同类杀虫剂毒性更弱，其实是因为肝脏分泌的一种酶改变了它们的分子结构，从而使其毒性减弱了。肝脏正是以类似的方式处理着我们接触到的大多数有毒物质。

如今，人体抵御外部入侵或体内代谢毒素的防线已然被削弱，甚至被瓦解了。受到损伤的肝脏不仅无法保护我们免受毒药侵害，其自身各项功能也受到严重影响。肝功能受损的后果不仅影响深远，而且由于其最终表现出症状需要一段时间，病症又多种多样，故而人们到时将会很难意识到病因竟然在肝脏。

因杀虫剂普遍使用与肝脏中毒之间存在的关联，20世纪50年代出现的肝炎患者人数波动上升的情况就非常值得我们注意。据说，罹患肝硬化的人数也在持续上升。无可否认，要想在人类身上"证明"A因素导致了"B"，结果远比在实验室动物身上证明要困难得多。可简单的常识都会让我们意识到环境中越来越多伤肝化学毒药的使用与肝病患者数量的激增，这两件事同时发生绝非什么巧合。不管氯化烃类化合物是不是导致肝病患者人数激增的主要原因，在目前情况下，明知化学毒药已被证明具有伤害肝脏的能力且可能使其抗病能力变差，却仍一意孤行地接触它们，这种做法实在是不够明智。

氯化烃及有机磷酸酯这两种主要的杀虫剂类型都会直接影响我们的神经系统，尽管影响的方式各有不同。这一点，已被大量的动物实验和人体实验所证明。比如，第一种被广泛使用的有机杀虫剂DDT，就会直接损害人的中枢神经系统，小脑及大脑运动皮层被认为是主要受到损害的两个区域。根据标准的毒理学教科书，人一旦接触了足量的DDT，就会出现感觉异常，诸如针刺痛、灼痛或发痒，同时也伴有浑身颤抖甚至抽搐的情况。

几位英国的研究人员最早向我们描述了 DDT 急性中毒的症状，为此，他们自己故意去接触这种杀虫剂。英国皇家海军生理学实验室的两名科学家让自己的皮肤与涂满了含 2%DDT 的水溶性涂料的墙壁直接接触，墙壁上有一层油膜，DDT 就含在其中。如此一来，关于 DDT 会直接影响人的神经系统这一论断，他们通过对自身症状的描述进行了相当有说服力的证明："真切地体验到了什么叫疲劳乏力、头重脚轻、四肢酸疼，整个人精神状态非常差……（感觉）自己变得非常易怒……厌恶做任何工作……尤其感到自己已无力去做任何简单的脑力劳动。有时，关节会感到非常剧烈的疼痛。"

另一位英国实验人员则让自己皮肤接触了丙酮溶液，其中含有 DDT。他也报告说感到头重脚轻、四肢酸痛、浑身无力，并且明显感到"神经在剧烈地痉挛"。他进行了一次休假，病情似乎有些好转，可重新回来工作后，他的情况变得更严重了。这之后，他花了 3 个星期的时间卧床休息，被四肢持续不断的痛感、严重的失眠、沉重的精神压力与极度的焦虑折磨得痛苦不堪。他的身体也会时不时地痉挛——我们已经熟知，DDT 中毒的鸟类经常会出现这类痉挛。这位实验人员整整 10 周都无法工作，到了这年年底，他的案例已经刊登在英国一家医学杂志的时候，他还没有完全恢复。

（应该说，症状算是十分明显了吧。几名美国的实验人员也找到一些志愿者并通过让他们与 DDT 接触进行了类似实验，可他们却完全无视受试者头疼、"每一根骨头都在疼"的抱怨，竟然为这"显然是心理作用引起的"。）

现如今，越来越多的病例中记载的病症及整个发病过程，都已将致病源指向了杀虫剂。通常，罹患这种病的人都有过与某种杀虫剂的接触史，通过治疗包括将其生活环境中所有的杀虫剂都清除掉，病情就会有所好转。可最重要的却是，若是患者再次与杀虫剂接触，其病就会马上复发。这类病理不需要更多了，足以为大量其他类型的功能紊乱症提供诊治的依据。我们实在找不出任何理由来质疑下面的警告：人类不要再毫无理智地滥用杀虫剂，让它们污染我们的环境，给我们带来各种预期风险了。

为什么接触和使用过杀虫剂的人并不出现相同的症状呢？这个问题关乎个体敏感性问题。有证据表明，女性相比于男性，体质更为敏感；儿童相比于成人，体质更为敏感；久坐不动、主要在室内生活的人较之生活艰苦、常常需要在外谋生或常常进行户外锻炼的人体质更为敏感。除此之外，人与人在体质上还有一些微妙的、说不清道不明的差别。究竟是什么原因使某些人更容易对粉尘或花粉过敏、对有毒化学物质更敏感、更容易被感染某种传染病而另一些人却相反，这至今仍是一个医学上的谜题，无人能够解开。不管能否解释得清，重点是这种现象的确存在，也影响了许多人。一些医生预测到他们的病人中有三分之一或更多的人会表现出某种过敏症状，而且这类人群的数量会越来越多。非常不幸的是，原本不会过敏的人完全可能突然对某种物质产生过敏。事实上，有些医生认为间歇性地接触某种化学药品就可能导致上述情况的出现。如果情况属实，那么也许就可以解释为何有些因职业原因不得不持续接触某些化学药品的人却很少出现中毒症状的原因了。通过持续不断地与某些化学药品接触，这些人产生了抗过敏的能力——这就好像一些治疗过敏症的专科医师会用反复给病人注射小剂量过敏原的方法来使患者脱敏。

人类因杀虫剂中毒的情况之所以非常复杂乃是因为人毕竟不同于生存环境被严格控制的实验室动物,人不可能只接触到一种化学药品吧。几种主要类型的杀虫剂之间、杀虫剂和其他化学物质之间都会产生相互作用,这其中有着多大的潜在风险啊。这些原本没有任何关联的化学物质,一旦进入土壤、水体或是人的血液之中就不可能孤立存在,它们之间一定会发生一些我们看不见但却奇妙异常的变化,也许经过相互作用后,它们的威力会大大增强。

甚至是两种通常被认为有着完全不同功能的杀虫剂之间也可能产生相互作用。当人体初次接触氯化烃类化合物造成肝脏损伤后,专门破坏胆碱酯酶(一种能对神经系统其保护作用的酶)的有机磷酸酯毒性就会增强。这是因为,肝功能受损后,人体内的胆碱酯酶就会低于正常水平。这样一来,原本受到抑制的有机磷酸酯就会毒性大发,引起急性中毒症状。我们已经知道,两个有机磷酸酯分子结合成一对,其毒性会增强百倍。另外,有机磷酸酯也可能与各种不同的化学药品、合成物质以及食品添加剂等等相互作用——谁又能保证它不会与如今满世界随处可见的各种人造物质起反应呢?

某些原本被认为无害的化学物质完全可能在与另一种物质的相互作用下发生彻底的改变。这方面最好的例子就是与DDT非常相似的一种杀虫剂甲氧氯。(实际上,甲氧氯可能根本不像人们平常认为的那样完全无害,最近在实验动物身上进行的研究表明甲氧氯会对子宫造成直接损害,同时阻碍对人体来说非常重要的垂体激素的分泌——这再次提醒我们,像甲氧氯这样的化学物质是会产生巨大的生物效应的。除此之外,另一些研究则证明甲氧氯可能还会造成肾脏损伤。）因为单独使用甲氧氯时不会产生任何积存，故而我们被告知这是一种安全的化学物质。然而，这并不一定是事实。只要肝脏受到其他化学物质损伤，甲氧氯就会以原来100倍的速度积存在体内，然后和DDT一样，对神经系统造成长期影响。然而，导致这一切发生的肝脏损伤却可能是非常轻微，甚至不易被人察觉的。另一些常见情况也完全可能造成肝脏损伤，比如，使用另一种杀虫剂或某种含有四氯化碳的清洗液，或者服用了被称为"安神定心丸"的镇静药。其实，大量的氯化烃类化合物（但不是全部）都具有造成肝脏损伤的特性。

神经系统损伤既可能是由急性中毒导致的，也可能由接触有毒物质后造成的"延迟效应"引起。据报道，甲氧氯及其他一些化学物质可能会对大脑或神经造成长期损害。而狄氏剂，除了会造成急性中毒以外，其毒性也可能导致一系列"延迟效应"，造成患者"失忆、失眠、梦魇甚至患上狂躁症"。另据医学研究，林丹若是大量积存在大脑和肝脏组织中，则会"长期影响人的中枢神经系统"。然而，这种化学名称为六氯化苯的物质却仍被制成杀虫剂，大量装进汽化器之中，雾化后被喷洒在我们的家中、办公室甚至餐馆里。

通常被认为仅会引起强烈急性中毒症状的有机磷酸酯，其实也可以造成神经组织的长期物理性损伤。最新研究发现，其甚至可能诱发神经功能紊乱。大量案例表明，在使用某种或某几种含有机磷酸酯的杀虫剂后，人可能患上麻痹后遗症。美国1930年前后颁布了禁酒令，这一时期发生的一件怪事颇有些预兆的意味。这件事并非直接由杀虫剂引起，但问题仍出在一种与有机磷杀虫剂同源的化学物质上面。当时，为免受禁酒令影响，人们找到其他一些化学物质用以代替酒精，牙买加姜汁就是其中一种。不过，牙买加姜汁其时被列入《美国药典》，售价奇贵，于是私酒贩子们就再次萌生了找到牙买加姜汁替代品的想法。最终，它们不仅真的找到了替代品，而且这种伪造的牙买加姜汁酒竟然还顺利通过了化学测试，成功地骗过了政府部门的化学家。为了让这些假姜汁酒喝起来和真酒一样具有浓烈口感，私酒贩子又添加了一种名为三邻甲苯磷酸酯的化学物质。这种物质与对硫磷及其同类药品一样，会破坏人体具有保护性的胆碱酯酶。结果是，在饮用私酒贩子制造的假牙买加姜汁酒后，约有 15 000 人因腿部肌肉麻痹而导致永久性跛行，如今这种病被人们称之为"牙买加姜酒中毒性麻痹"。伴随这种麻痹症，还出现了神经鞘损伤和脊髓前角细胞退化两种症状。

此事过去二十年后，多种有机磷酸酯类化合物被用于制造杀虫剂，而正如我们所见，如今，大量类似"牙买加姜酒中毒性麻痹"的病例再次出现。在德国，一个在温室里工作的工人在使用了几次对硫磷杀虫剂后即出现了轻微麻痹症状。这之后，一家化工厂的 3 名工人在接触了另一种含有机磷酸酯的杀虫剂后均出现严重中毒症状。经过治疗，他们的病情有所好转。可 10 天以后，其中两人再次出现腿部肌无力症状。另一个工人，则用了整整 10 个月的时间才彻底恢复。另一位中毒的女药师可就没那么幸运了，她的病情非常严重，双腿全部瘫痪，双手、双臂也出现了不同程度的损伤。两年后，有关她的情况被刊载在一家医学杂志上，但直到那时，她仍然无法下地行走。

导致这些事件发生的杀虫剂在市场上早就不见了踪影，可如今我们使用的杀虫剂中仍有不少同样可能造成类似的危害。实验发现，马拉硫磷杀虫剂（据说很受园丁们欢迎）可以导致受试的小鸡出现严重的肌无力症状，这一症状同样会伴随着神经鞘的损伤和脊髓前角细胞的退化。（与"牙买加姜酒中毒性麻痹"症一般不二。）

所有这些有机磷酸酯中毒的患者，即便有幸活下来，仍将在未来受到更多折磨。由于有机磷酸酯杀虫剂会使他们的神经系统受到重创，因此他们日后将不可避免地患上精神疾病。日前，墨尔本大学与墨尔本亨利王子医院的研究人员报告了16起精神疾病案例，为有机磷酸酯中毒与精神疾病之间的关联提供了有力的证据。报告显示，这16名患者均曾长期接触过有机磷酸酯类杀虫剂。这16人中，有3人是科学家，他们的工作是负责检测喷药效果；另有8人是在温室中工作的工人；其余5人则是农场工人。他们罹患的疾病包括记忆障碍症、精神分裂症以及抑郁症。在他们亲自尝到自己平时所用的这些杀虫剂的厉害以前，他们的健康状况一直都很正常。

正如我们所知，这类事件一直层出不穷，各类医学文献中也记录下大量与此相关的病例，有些由氯化烃类化合物中毒引起，有些则由有机磷酸酯中毒引起。神经错乱、妄想症、失忆症、狂躁症，看看吧，就是为了暂时消灭那么几种昆虫，我们为此付出了多大的代价。如果我们一意孤行，仍继续使用那些会严重损害神经系统的化学物质，那么我们必将被迫付出更为沉重的代价。

第十三章
透过一扇小窗

生物学家乔治·沃尔德曾将自己在眼视色素方面一项极具专业性的研究比喻成"一扇非常狭小的窗""远观之仅能从窗口窥见一丝光亮"。若人们靠近,视野就变得越来越宽阔,最终还是透过这扇窗,人们能够看到整个世界。

同理,我们应将精力首先集中在人体的单个细胞上,然后是细胞内的微小结构,最后是在这些微小结构中分子间最终会产生怎样的相互作用——只有这样做,我们才能了解到随意将外部化学物质引入到人体内环境将会产生最为严重与深远的影响。医学研究也仅仅是最近才注意到个体细胞在产生维系生命必不可少的能量时所起到的作用。人体非凡的能量生产机制不仅对健康是至关重要的,对维系生命来讲也是必需的;在重要性上来说,这一能量生产机制甚至超过人体最重要的器官,因为若没有顺畅而有效的产能及氧化功能,人体各项机能都无法运行。然而,许多被用来对付昆虫、啮齿类动物和杂草的化学药品具有如下特性:它们会直接破坏上述系统,扰乱本来堪称完美的运行机制。

那些让我们目前对细胞氧化作用有所了解的研究,可被视为在化学及生物化学领域让人印象最为深刻的成就之一。在为这一领域做出贡献者的名单中包括不少诺贝尔奖得主。他们将更早些的研究成果作为其研究的部分基础，然后在四分之一个世纪中一步步前行。即便如此，对于很多细节的研究仍未完成。直到最近10年，这项研究的所有细分领域被加以整合，从而一个使得生物氧化作用成为生物学常识中的一部分。更为重要的事实是，那些在1950年以前接受基础培训的医务人员几乎没有机会认识到氧化过程的极端重要性及阻断这一过程的危害。

能量的最终产生并非在某一专门器官内完成，而是在人体每一个细胞中完成的。一个活细胞，如同一团火焰，燃烧燃料以产生生存所需的能量。这个比喻虽充满诗意，却不够准确，因为细胞完成其"燃烧"仅需如人体正常体温一样的适度的热度。然而，正是这数10亿温和燃烧的小火焰激发了生命的活力。如果这些"小火焰"停止燃烧，"心脏不会再跳动，植物不会再抗拒地心引力而向上生长，阿米巴虫不能游弋，感觉无法通过精神传递，人们的头脑再也无法闪现出任何思想的火花"。化学家尤金·拉宾诺维奇如是说。

细胞内物质向能量的转化是一个源源不断的过程，可被视为大自然更新循环的形式之一种，这就好像一个不停转动的轮子。一粒又一粒、一个分子又一个分子，以葡萄糖形式存在的碳水化合物"燃料"被投入这只轮子中。在这一循环过程中，这些"燃料"分子会发生分裂和一系列细微的化学变化。这些变化进行得井然有序，循序渐进，每一步都受具有特定功能的酶引导和控制，每种酶亦各司其职，只负责其中一个环节而不是全部。循环过程中的每一步都会产生能量，也会产生废弃物（二氧化碳和水），变化后的燃料分子被传送进入到下一环节。当这只轮子完整地转动了一圈，"燃料"分子经过多次分解变为一种新物质，随时准备与新进入系统的分子组合并开始新一轮的循环。

细胞发挥着化学工厂一样作用的上述循环,可被视为生物界的一大奇迹。而所有发挥作用的部分都极其微小,这一事实使这一奇迹变得更为神奇。除了极少数例外,细胞本身都十分微小,只有在显微镜的帮助下才能被看到。然而,氧化作用绝大部分过程是在更加微小的空间中进行的,这一空间就是被称为线粒体的细胞内极其微小的颗粒。虽然线粒体被发现已有六十多年,但其以往因被视为一种起着未知且未必重要作用的细胞分子而从未被人们理会过。直到20世纪50年代,关于线粒体的研究才成为一个令人兴奋和富有成果的研究领域;线粒体研究忽然备受瞩目,短短五年之内,仅在这一领域内发表的学术论文就有100篇之多。

科学家揭开线粒体之谜表现出的创新能力和韧性精神再一次令人肃然起敬。想象一下,有那样一颗微小的粒子,小到你用可以放大300倍的显微镜都几乎看不到。再想象这样一种技术,科学家们将这一微粒分离出来,再将其分解并分析其成分,最终确定其极为复杂的功能。借助电子显微镜和生物、化学家们的高超技术,这一切全都实现了。

现在已经知道,线粒体是保存着酶的一个个微小的"包裹",一个个含有包括氧化过程所需要的各种酶的细胞器,这些酶精准有序地排列在细胞壁和壁间隙中。线粒体堪称"能量制造工厂",大部分产生出能量的反应过程都在其中进行。最初几步,氧化作用首先要在细胞质中进行,这之后"燃烧"分子被送入线粒体中。正是在线粒体中,氧化作用得以最终完成;正是在线粒体中,巨大的能量被源源不断地释放出来。

若不是达成产生能量这一至关重要的结果,线粒体中有如轮子无休止飞转的氧化作用就会变得毫无意义。氧化各个阶段产生出的能量在生物科学家那里常被称为ATP(三磷酸腺苷)——一种由三个磷酸基团组成的分子。ATP之所以能担当提供能量的任务乃是由于它可以将其中一个磷酸基团转换成其他物质,在这一过程中,电子高速穿梭来往以产生键能。而在肌肉细胞中,当末梢磷酸基团被传送到收缩肌的时候也会产生收缩能量。如此一来,另一个循环过程就形成了——这是一个循环中的循环:一个ATP分子脱去一个磷酸基团而只保留剩下的两个,变成一个二磷酸分子ADP。但随着循环之轮的持续运转,另一个磷酸基团会加入并与之结合从而使一个强有力的ATP得以恢复。这可以用蓄电池作比:ATP就好像是充满电的蓄电池,ADP则好比是用完的蓄电池。

ATP就像一种通用的能量货币——可以在从微生物到人类的一切生物体中找到。它为肌肉细胞提供机械能;为神经细胞提供电能。精子细胞,即将发生巨变发展成青蛙、飞鸟或者婴儿的受精卵,分泌荷尔蒙的细胞,这些全部需要ATP提供的能量。ATP中的部分能量被用于线粒体,但绝大部分则被立刻输送至细胞中为各项活动提供能量。线粒体在一些细胞中所处的位置非常有力地证明了它们的功能,它们恰当地被安置在细胞中某个位置以使能量可以被精准地运送到需要的地方。在肌肉细胞中,线粒体聚集在收缩细胞周围;在精神细胞中,线粒体被发现处于与另一神经细胞的连接处,为传递神经脉冲的传递提供能量;在精子细胞中,线粒体集中在精子头尾接点处。

为"蓄电池"充电,ADP与自由磷酸基团结合生成ATP,就是ADP将自身偶联到氧化过程之中，这一紧密的联系被称为偶联磷酸化作用。如果ADP在与自由磷酸基团结合的过程中偶联没有发生，那就意味着丧失了提供可用能量的能力。细胞仍会呼吸，但不再产生能量。细胞就会变得像一台空转的机器，运转产生热量却不能释放能量。如此一来，肌肉无法再收缩，在精神系统中运行的脉冲也不再被传递。精子无法游到目的地，受精卵亦无法完成其复杂的分裂及分化过程。解偶联（uncoupling）的后果对于任何生物体（从其胚胎到成体）来说都将是灾难性的：因其最终可能导致组织甚或整个生物体的死亡。

　　解偶联现象是怎样产生的？辐射是一种解偶联剂，接触过辐射的细胞被认为正是通过这种方式而死亡。不幸的是，许多化学药品也具有将氧化环节从能量生成过程中分离出来的能力，杀虫剂和除草剂就是这一名单中最具代表性的化学药品。苯酚，正如我们所知的那样，能够强烈影响新陈代谢，引起体温继续升高并可能致命，而这正是由"空转发动机"效应导致的解偶联引起的。二硝基苯和五氯苯酚属于这种苯酚类化合物，它们被广泛地用作除草剂。另一种解偶联剂是除草剂2, 4-D。在氯化烃类农药中，DDT已被证实也是一种解偶联剂，未来进一步地研究可能会在氯化烃化合物中发现更多具有解偶联作用的物质。

　　但是解偶联并非导致人体数十亿"小火焰"部分甚或全部熄灭的唯一原因，我们已经知道氧化作用的每一步都是在一种特定的酶的引导和催化作用下进行的。当任何一种酶——哪怕仅仅只有其中一种——遭到破坏或减少了，细胞内的氧化循环都会戛然而止。不论哪一种酶受到影响，结果都没有区别。氧化循环的过程就像一只循环的车轮，不管我们在那两根轮辐中间插入一根撬棍，结果都是一样的，那就是车轮停止转动。同样，不管我们破坏了在氧化循环过程的哪一个环节起作用的酶，氧化作用都会停止。因此，也就不会有任何新能量产生，这与解偶联最终产生的结果非常相似。

通常被用作杀虫剂的数量甚多的化学药品都可被视作破坏氧化循环这一"车轮"的"撬棍"。DDT、甲氧氯、马拉硫磷、硫代二苯胺以及各种各样的二硝基化合物都是数量庞大的杀虫剂中的一员，研究发现，它们都可抑制一种或更多与氧化循环有关的酶。因之，这些药剂扮演着很可能阻碍整个能量生产过程并使细胞缺氧的角色。这一对能量生产过程的损害将导致最为灾难性的后果，此处只能提及其中的一些。

正如我们在下一章中将要谈及的那样，仅需系统地抑制氧气供给，实验人员就可使正常的细胞变为癌细胞。在动物胚胎发育实验中可以见到细胞缺氧会造成的其他严重后果。因为缺氧，组织生长与器官发育的有序进程被破坏了，器官畸形及其他异常情况随之出现。由此推测，人类胚胎缺氧可能导致先天性畸形。

尽管很少有人去深入探究先天性畸形的成因，但不少迹象显示人们已经注意到这类灾难日趋增多。在当代诸多令人不快的迹象中，有一项是1961年国家人口统计局发起的全国新生儿畸形情况调查，其注解中说明这项研究的统计结果为先天性畸形的发生率与发生这一情况所在地区的自然环境之间的关联提供了需要的证据。这项研究毫无疑问主要针对测评辐射造成的危害，但有一点不容忽视，那就是许多化学药品与辐射一样带来了同样多的危害。人口统计局做出了严谨的预测：将来，儿童身上发生的某些身体缺陷和畸形等情况几乎可以肯定是由无处不在地渗入到我们生存的外部环境与人体内环境中的化学药品所致。

一些研究发现生殖能力减弱很可能与生物的氧化作用受阻及至关重要的"蓄电池"ATP过度损耗有关。卵子,即便在受精前,也需要大量的ATP,等待为下一阶段的巨大努力做好准备。一旦精子进入后,受精开始,卵子就需要消耗更多的能量。精子细胞是否能够达到并穿透卵子取决于其自身ATP能量供给,这些ATP产生于细胞颈状部位密密麻麻群聚在一起的线粒体。一旦受精完成,细胞就开始分裂,以ATP形式供应的能量是否充足将会最大程度地决定胚胎是否能发育成形。胚胎学家研究了一些对于他们来说最易获得的测试对象——青蛙卵及海胆卵,发现一旦细胞内ATP含量低于某个关键的临界值,卵子就会直接停止分裂并很快死亡。

胚胎实验室与苹果树上守着自己产下的几枚青绿色蛋的知更鸟并非没有关联,只是鸟蛋冰冷地躺在鸟巢之中,生命之火闪耀了仅仅几日,如今尽皆熄灭了。或者,也可以去看看一棵高大的弗罗里达松的树顶,在将或粗或细的树枝有序地编织在一起搭成的巨大鸟窝里,3枚白色的大鸟蛋无序地躺在里面,冰冷而毫无生气。为何这些小知更鸟和雏雕无法孵出?这些鸟蛋是否也像那些实验室中的青蛙卵一样,仅仅因为匮乏能使其完成发育的通用能量"货币"——ATP分子,而停止了生长? ATP的匮乏是否因为无论在成鸟体内还是鸟蛋中都积存了足够多的杀虫剂,其足以使小小细胞内产生能量的氧化循环之轮停转?

无须猜测鸟蛋中是否存在农药残留,它们显而易见地比哺乳动物的卵细胞更易于在实验室里进行观察。无论是在实验室里还是在野外,只要鸟蛋无论在任何时候接触过DDT及其他的烃类化合物，就一定可以发现这些大量存在的化学残留，且残留物浓度极高。加利福尼亚州实验室检测的野鸡蛋中DDT残留高达349ppm。在密歇根州，从死于DDT中毒的知更鸟输卵管中取出的鸟蛋，其浓度达到了200ppm。另一些蛋也从鸟巢中被取出，因为亲鸟深受毒药之害，这些蛋还未来得及孵窝，可这些蛋中竟也检出了DDT残留。因邻近的农场使用阿耳德林而中毒的母鸡将这种除草剂中所含的化学物质传入它们的蛋里；而喂食DDT的实验母鸡所产的蛋中DDT残留也差不多有65ppm。

既然知道了DDT和其他（也许是全部）氯化烃类化合物会通过使某种特定的酶失活或将能量生产机制解偶联从而终止能量生产循环，那么自然很难看到充满了化学残留物的受精卵会完成复杂的发育过程：无数次的细胞分裂，组织和器官的渐次形成，维持生命所必需的物质的合成，最终一个生命才会诞生。所有这些都需要巨大的能量——只有转动新陈代谢之轮使其循环才能产生的ATP小能量包。

没有理由相信鸟类是这场灾难性事件的唯一受害者。ATP是通用的能量"货币"，所有生物体新陈代谢循环的最终目的都是为了产生它，不论是飞鸟还是细菌，人类还是老鼠。故此，杀虫剂在任何物种的胚胎细胞中存在这一事实都会令我们感到不安，因为这意味着同样的事情也会在人类身上发生。

有迹象表明，这些化学物质积存在产生胚胎细胞的组织以及胚胎细胞内。各种各样的鸟类和哺乳动物的生殖器官中都发现了大量的杀虫剂积存——人为控制实验环境中的野鸡、老鼠及豚鼠，为防治榆树病而喷药地区的知更鸟，为防治云杉色卷蛾而喷药的西部丛林中漫步的鹿。其中的一只知更鸟，其睾丸中检测出的DDT含量明显高于身体其他任何部分。野鸡睾丸中也积存了大量的农药，浓度高达1 500ppm。

也许因为这些积存在生殖器官中的农药残留所致，观测发现用于实验的哺乳动物出现了睾丸萎缩的现象。接触过甲氧氯的大鼠，睾丸会变得非常小。当小公鸡被喂食DDT后，其睾丸仅有正常大小的18%；鸡冠和肉髯——其生长依靠睾丸激素——也仅有正常大小的1/3。

精子本身也会因ATP匮乏而受到影响。实验显示，水牛精子的活性会因二硝基酚的影响而降低，这一化学物质干扰能量偶联机制并造成不可避免的能量损失。其他化学药品也可能对水牛精子造成同样的影响，如今这也被证实了。一些有关少精子症或者说是精子数量减少症的医学报告显示出化学药品可能对人类造成影响的迹象，这一医学调查以喷洒DDT的空中作业人员为对象。

对人整体而言，远比个体生命更值得珍视的无价之宝乃是我们的遗传基因，它将我们与过去和未来联系在一起。经过漫长的进化，我们的基因不仅造就了我们的现在，众生的未来亦受制于这细微之物——无论未来究竟是充满希望还是凶险无比。然而，人工合成药剂引起的基因衰退乃是我们这个时代最严重的威胁，"对于我们的文明最后的也是严重的威胁"。

再一次将化学药品与辐射相提并论既是科学严谨的，也是不可避免的。

活体细胞受到辐射后会出现一系列损伤：其正常的细胞分裂能力可能遭到破坏，其染色体结构也可能发生改变，或者那些携带遗传物质的基因，可能发生一些突然的改变，这被称为"基因突变"，从而使其后代产生出一些新的特征。如果细胞本身特别敏感，其可能被立刻杀死，或者最终，在数年之后，其可能变成恶性细胞。

辐射造成的所有这些后果都已在实验室中通过类辐射或拟辐射的化学物质重复验证过。许多被用作农药的化学药剂，包括除草剂和杀虫剂，都属于这种有能力破坏染色体的物质，它们干扰正常的细胞分裂，或是造成基因突变。这种对遗传物质造成的损害可能会使接触过农药的个体罹患疾病，或者对其后代造成危害。

几十年前，没有人了解辐射或化学物质会带来这些危害。那时，原子还未被分离出来，足以拥有与辐射危害一样大的化学物质还几乎没有从化学家的试管中被研制出来。直到1927年，得克萨斯大学动物学教授穆勒博士发现让生物体接受X光照射后可以使其后代发生基因突变。穆勒博士的这一发现为科学界和医学界开启了一个全新的领域。其后，穆勒因其在这一领域取得的成就获得了诺贝尔生理学或医学奖，可之后不久，世界再次陷入了我们如此熟悉的悲伤之中，广岛、长崎核爆炸产生的放射性坠尘如一场灰色的雨从天而降。今天，即便不是科学家，人们也深谙辐射的潜在后果。

虽然很少被注意到，但其实与穆勒非常类似的研究20世纪40年代早期就曾在爱丁堡大学的夏洛特·奥尔巴赫及威廉·罗伯森那里进行过。他们研究了芥子毒气，并发现这种化学物质造成的染色体永久性变异与辐射造成的相同危害之间没有区别。果蝇实验表明——穆勒在其早期研究中也曾用X射线对果蝇进行研究——芥子毒气也会基因突变。于是，第一种化学诱变剂被人们发现了。

除芥子毒气外，如今人们将更多其他的化学物质写进了化学诱变剂这一长长的名单之中，这些化学物质都可以改变植物和动物的遗传物质。如果想要理解这些化学物质如何改变遗传过程，我们必须首先看一出有关生命奥秘的"戏剧"，这幕"生命"之剧正是在活体细胞的这一"舞台"上演的。

若要保证生命的成长，若要让生命之河一代又一代地流淌下去，那么构成人体组织和器官的细胞必须具有在数量上不断增殖的能力。这一增殖经由有丝分裂或核分裂而完成。一个即将分裂的细胞，会发生一系列重要的变化，变化首先在细胞核内发生，但最终会涉及整个细胞。在细胞核内，染色体发生着令人感到奇妙的移动和分裂，然后依照由来已久的模式自动排列好，并将遗传的决定性因素——基因传递给子细胞。最开始，染色体呈现出细长的线状，基因呈直线状挂于其上，就像珠子挂在上面一样。接着，染色体发生纵向分裂（基因也同时分裂）。细胞一分为二之后，各有一半的染色体会进入到子细胞中。如此一来，每个新细胞都将含有一套完整的染色体，这也意味着每个新细胞都保有一套完整的基因信息编码。正是通过这种方式，人种及物种的完整性才能得以延续和保存的，也正是通过这种方式，才有了我们所说的"龙生龙，凤生凤"，或"有其父必有其子"。

生殖细胞在形成过程中会有一种十分特别的细胞分裂方式。因为任何一种特定的物种，其染色体数量都是恒定的，当卵子和精子结合在一起形成一个新的个体时，它们各自只能携带自身数量一半的染色体进入到新的个体之中。在生殖细胞形成的分裂过程中，染色体会极其精确地完成这一行为。此时，染色体并不发生裂变，但每对染色体各自分离出的一半会成为一个整体，进入到每一个子细胞中。

在生命诞生的最初戏剧中，所有的生物体皆要演出相同的剧目。地球上所有的生命都经历细胞分裂这一过程，无论是人类还是阿米巴虫，无论是高大的红杉树还是微小的酵母菌，不经过细胞分裂，生命就无法存续。所以，任何对有丝分裂的干扰都是对生物体自身及其后代福祉的严重威胁。

"细胞组织的主要特征，包括诸如有丝分裂这样的特点，其存在时间远超5亿年——非常接近10亿年。"乔治·盖洛德·辛普森与同事皮特迪里和蒂凡尼在他们那本内容广博的著作《生命》中写道，"在这个意义上，地球上的生命，虽然无疑是脆弱而复杂的，却不可思议地经受住了时间的考验而成为地球上最持久的存在——比山脉存在的时间更为长远。这种持久性完全依赖遗传信息以几乎令人难以置信的准确性从一代复制传递到下一代"。

不过，在几位作者设想的这10亿年间，没有什么比20世纪中叶人们对这种"令人难以置信的准确性"的破坏更为直接、更为强烈的了，这些破坏来自人类制造出的辐射、人类制造并且由人亲手喷洒的化学药品。麦克法兰·班奈特爵士，澳大利亚杰出的内科医生、诺贝尔生理学或医学奖得主，认为我们这个时代"医学上最显著的特点"就是，"越来越强大的治疗技术及既有生物学知识无法处理的各种化学药品的发明附带产生了恶果，那些防止人体器官遭受诱变剂侵扰的常规保护屏障越来越频繁地遭到'入侵'"。

关于人类染色体的研究尚处于初期，直到最近，关于环境因素对人类染色体影响的研究才成为可能。直到1956年，新的技术才使精确测定人体细胞中染色体数量——46条——成为可能，人们细致地观察它们：观察完整的染色体究竟存在还是不存在，染色体基因片段也可以被检测到。关于外部环境中的某些物质会造成遗传损伤还是一个相对较新的概念，除了遗传学家们之外几乎无人了解，当然也很少有人去征询遗传学家们的意见。如今，各种形式的辐射造成的危害已在相当大的程度上被人们所知——虽然在某些领域，它仍出人意料地遭到否认。穆勒博士经常在不同场合深感遗憾地表示："大多数人都不愿意接受遗传原理，不仅是那些占据政策制定位置的政府官员，也包括许多以医学界中的人士。"化学药品会产生与辐射相似的危害这一事实不仅在大众头脑中几乎不存在，也不为大多数医学及科学界人士所了解。由于上述原因，化学药品用于日常生活中带来的危害（而不仅是其在实验室中的功能）目前为止尚未被进行过评估，完成这项工作实在是极其重要的。

麦克法兰·班奈特爵士并非唯一一位对化学药品潜在危害进行评估的人。英国权威专家彼得·亚历山大博士说拟放射性的化学物质较之辐射"具有更大的危险"。在遗传学领域深耕十几年并取得了卓著成就的穆勒博士警告说，各种各样的化学药品（包括以杀虫剂为代表的数量庞大的农药）"可以像辐射一样提高基因突变的发生概率……现代社会中，我们接触到会导致基因突变的那些特别的化学药品，而对其给我们的基因带来的影响究竟到了何种程度，目前为止我们却所知甚少"。

对这些化学诱变剂所致问题的普遍忽视也许是因为关于这些问题的早期发现仅仅引起了科研兴趣。毕竟，氮芥这样的化学物质并没有从空中洒向所有人；它的使用权不过掌握在实验室中的生物学家或用其治疗癌症的内科医生手中。（据最近的报道，出现了一例以氮芥作为抗肿瘤药的患者身上发生染色体损伤的案例。）但杀虫剂和除草剂这样足以致人于死地的化学药剂的的确确与绝大多数人密切相关。

尽管对此类问题缺乏足够的关注，但仍可在一系列有关杀虫剂的案例中搜集到确切的信息，这些信息表明它们会以如下方式破坏细胞的重要机能：首先造成染色体轻微损伤，然后引起基因突变，最终将其恶果扩大至细胞的癌变。

如果蚊子连续几代接触DDT，其后代会出现一种被称之为"雌雄嵌体"的非常奇怪的变种——既有雄性特征，亦有雌性特征。

植物在其病害经过各种酚类化合物治理后，染色体会遭到严重破坏，基因会发生变化，还会产生一系列数量惊人的突变以及"不可逆的遗传性变化"。

基因研究最为常用的实验对象果蝇在接触了酚类化合物后也出现了基因突变，这些果蝇基因突变的后果是如此严重，以至于其只要一接触普通的除草剂或尿烷就会立刻毙命。尿烷属于氨基甲酸酯类化合物，它是越来越多的杀虫剂和其他一些农药的原料。有两种氨基甲酸酯类化合物被用来防止马铃薯长芽——确切地说正是因为它们被证明可以起到阻止细胞分裂的效果。另一种可以防止土豆长芽的化学药剂——马来酰肼，已被认定为一种强效学诱变剂。

植物在其病害经过六六六（BHC）或林丹等农药防治后会出现非常可怕的畸变，树根部会长出如肿瘤一样的凸起。它们的细胞会变大，染色体数目变为原来的2倍，植物看上去好像肿了起来。染色体细胞的倍增会一直持续到细胞不再分裂为止。

经除草剂 2，4-D 治理过的植物也会长出像肿瘤一样的肿块。它们的染色体会变短、变粗并一团团聚集在一起，细胞的分裂受到了严重的阻滞，除草剂带来的危害据说与 X 射线产生的危害相比毫不逊色。

这仅是许多例子中的一部分，还有更多例子可以被引用。因为目前并没有旨在测定杀虫剂诱变效应的全面研究，以上所引述的事实全部来自细胞生理学或遗传学研究的附带成果。目前最为迫切的需要就是直面这一问题并展开研究。

尽管一些科学家愿意承认生活环境中的辐射会产生非常严重的危害，但是他们却质疑化学诱变剂可以产生如同辐射一样的危害——因为这是一个尚需验证的现实性议题。他们承认辐射具有强大的穿透力，但却怀疑化学物质是否可以抵达生殖细胞。再一次，我们受阻于如下事实，即到目前为止人类尚未有针对这一问题展开的直接的调查研究。然而，在鸟类和哺乳动物的生殖腺及生殖细胞中发现的大量 DDT 残留乃是一个强有力的证据，这至少可以证明氯化烃类化合物残留不仅广泛地分布于生物体内，也的确与其遗传物质有着接触。

宾夕法尼亚州立大学教授戴维·E.戴维斯最近发现一种可以阻断细胞分裂并在治疗癌症时有限度使用的强效化学药剂可以导致鸟类不育。这种化学药剂的亚致死剂量即可导致鸟类生殖腺内的细胞停止分裂。戴维·E.戴维斯教授的数次野外实验目前已取得成功。这样一来，很明显我们不再有理由支持这样的希望或信念，即所有生物体的生殖腺都能免受我们生活环境中化学物质的危害。

最近的一些关于染色体异常的医学发现极其有趣，也极其有意义。1959年，英国和法国许多科研团队都将各自独立研究的成果指向了一个共同的结论——某些人类疾病因正常染色体数量失常而引起。这些团队的科研人员研究发现人们罹患某些疾病或表现出异常时，其染色体数量均异于正常情况。举个例子：如今人们已经知道所有典型的先天愚型患者都比正常人多出一条染色体来。有时，这条多出来的染色体会附着在另一条染色体上，这样染色体总数仍是正常的46条。在更多的情况下，那条多出来的染色体则独立存在，这使得染色体总数变成47条。对于罹患这类疾病的人来说，其出现智力缺陷的原因一定要追溯到其上一代那里。

对不少美国和英国的病人来说，导致其发病的是一种完全不同的机制，这些患者遭受的是慢性白血病之苦。这些患者的部分血细胞都存在着染色体异常情况，这些异常包括部分染色体缺失。这些患者的皮肤细胞里有正常数量的染色体，这说明患者染色体缺陷并不是发生在使它们得以诞生的生殖细胞中，而是个体生命在成长阶段中某些特定的细胞（在这个例子中，主要指前体血细胞）受到了损害。部分染色体缺失可能使这些细胞丧失了发出正常的"行为指令"的能力。

自从这一研究领域被开拓之后，大量有关由染色体损害导致人体缺陷的研究以惊人的速度增长，到目前为止，这一研究已然超越了单纯的医学研究范畴。举一例，人们已知的克莱恩费尔特综合征（表现为细精管发育不全）即与一条性染色体的重复有关。患者为男性，因为携带了2条X染色体（其染色体为XXY而不是正常男性的XY）所以导致异常。在这种情况下，患者除不育之外，还伴有身高过高及心理缺陷。与之相反，仅有一条性染色体（其染色体为 XO 而不是 XX 或 XY）的患者虽然实际上是女性，但却缺少女性的很多第二性征。这种情况下患者也会伴有生理（有时是心理）缺陷，这自然是因为 X 染色体携带了多种决定人类特征的基因，这种疾病则被人们称之为特纳氏综合征。早在具体病因尚未被人们了解以前，上述两种情况就已被医学病例记录在案了。

在许多国家，研究者们针对染色体异常这一课题开展了大量的工作。威斯康星大学一个由克劳斯·帕图博士领衔的科研团队一直致力于各种先天性畸形的研究，它们的研究范畴通常包括智力发育迟缓，而这一病症似乎就是由细胞内部分染色体的复制增多有关。可能是在生殖细胞形成过程中，其内部某处一条染色体断裂了，而这些裂片未能恰当地重新排列起来。这一不幸的"事故"有可能会使胚胎的正常发育过程受阻。

据现有的科学知识，发生整整多出一条染色体这样的情况，通常会带来致命的危害，因为这会导致胚胎无法成活。目前所知，这种情况下只有三种病症的患者可以生存下来，其中之一，当然，就是前面提到的先天愚型患者。另一方面，若多出的染色体碎片只是依附其他染色体而存在，这虽然也会产生严重的危害，但却不一定是致命的。另据威斯康星大学科研人员的研究，上述情况也可以解释原因不明的儿童先天多发性畸形的成因，一般来说也包括智力发育迟缓症。

这是一个全新的研究领域，目前科学家们更多地将注意力集中到确定染色体异常与人类疾病及发育缺陷是否真的存在关联，还无暇推测引起两者关联的原因。如果认为某一种化学药剂应为染色体损害或细胞分裂中的不正常情况负责,那实在是太过荒谬了。我们如今向环境中投放了足以直接破坏染色体的化学物质,影响了它们本来精确的数量和精妙的排列才造成上述后果,我们能够无视这一事实吗?仅仅是为了一个长芽的马铃薯或是露台上的一只蚊子,我们需要付出的代价是不是太大了?

我们可以,如果我们愿意的话,将这一对我们的遗传基因的威胁减小,要知道遗传基因是人类在20亿年的时间中选择活跃的原生质、不断进化之后传给我们的财富,这笔财富不仅属于我们这代人,我们也必须将其传给我们的后代,而我们现今对保护其完整性却几乎无所作为。虽然法律规定化学药品制造商们必须对其产品进行毒性检测,但法律却并不要求他们对其可能给基因带来的影响通过检测加以明确,当然,他们自己也绝不会自找麻烦这样去做。

第十四章
四分之一的概率

生物体与癌症之间的斗争由来已久,以至于其起源早已经被淹没在时间的长河之中。可以确定的是,癌症的出现一定与自然环境密切相关,所有生活在地球上的生物都会受到太阳、风暴以及古老地球的影响,不管这种影响是好是坏。自然环境中的一些因素对生物的生存构成巨大威胁,对此,生物要么适应,要么灭亡。阳光中的紫外线辐射能够导致生物体出现恶性肿瘤,来自一些岩石的辐射,或者是被从土壤或岩石中冲刷出的砷污染的食物和水源也同样具有致癌性。

其实,早在地球上出现生命之前,这些有害物质就已经存在于自然环境之中了,但生命并未因为它们的存在就不出现;相反,几百万年过去了,如今,地球上生活着无数生物,存在着无数物种。在自然界亿万年的缓慢进程中,一次次毁灭性力量的出现使生物学会了如何自我调整、适应自然,每一次灾难袭来,就是一次新的筛选,适应能力差的物种被淘汰,生命力强的物种生存。自然界中存在的那些致癌物如今仍是导致恶性肿瘤形成的因素之一,然而,一来,它们在数量上所存甚少;二来,因为它们自古以来就展现出其毁灭性力量,生物们也因此早已经适应了它们的存在。

随着人类的出现，情况开始发生变化，这是因为在各式各样的生命体中，只有人类可以"创造"出引发癌症的物质，即医学上称作为"致癌物"的东西。几个世纪以来，这些完全由人工合成的致癌物早已成为自然环境中的一部分，比如煤烟中就含有芳香烃类物质。随着工业化时代的来临，世界正不断变化，发展正持续加速。由新的化学物质和物理材料合成的人造物正在迅速取代原来的自然环境，这些人工合成的新物质中不少都具有诱发生物体变化的强大威力。面对自己亲手创造出的致癌物，人类却毫无抵抗能力，这是因为虽然人体抗癌机能会随着生物遗传的过程缓慢进化，但这一对新情况的适应过程是需要非常漫长的时间才能完成的。如此一来，这些具有强大威力的致癌物就能轻而易举地攻破人体脆弱的防线。

癌症的历史很长，但我们对那些引发癌症的物质的认识起步却很晚。差不多两个世纪以前，伦敦的一名医生首先意识到存在于外部环境中的物质可能使人患上恶性肿瘤。1775年，波西瓦·帕特爵士公开宣布，阴囊恶性肿瘤之所以多发于烟囱清扫工这一群体，一定是他们体内吸入的大量煤烟所致。彼时，波西瓦·帕特爵士还不可能像我们今天进行科学研究那样提供所谓的"证据"；不过，如今借助现代科技手段，人们已经从煤烟中分离出致命的化学物质，而这在表明波西瓦·帕特爵士的远见具有多么深刻的洞察力。

波西瓦·帕特爵士提出他的发现一个多世纪后，人们似乎并未真正意识到自身生活环境中存在的某些物质真的可以导致其罹患癌症——不论是通过皮肤反复接触、吸入还是吞食。事实上，人们已经注意到康沃尔与威尔士的铜冶炼厂和锡铸造厂中接触过砷烟的工人大量罹患皮肤癌；而在德国萨克森州的钴矿以及波西米亚约阿希姆斯塔尔的铀矿中工作的工人们纷纷患上一种肺部疾病，这种疾病最终被确诊为癌症。然而，上述案例都还只是前工业化时代发生的现象，现如今，现代工业遍地开花，工业产品早已无孔不入地进入了几乎每种生物的生存环境之中。

直到19世纪的最后25年，人们才开始关注恶性肿瘤与工业化时代的关联。彼时，巴斯德正试图证明微生物乃是众多传染性疾病的诱因，另一些科学家则致力于证明许多癌症正是由化学合成物质引起——萨克森州新兴的褐煤产业或苏格兰的页岩工业导致在那里工作的工人们罹患皮肤癌；另有一些癌症则是工人长期与焦油及沥青等有毒化学物质接触所致。19世纪末，6种源于现代工业的致癌物已被人们熟知；而到了20世纪，人们又创造出无数新的化学致癌物，如此一来，就连普通人也更容易接触到这些危险物质了。波西瓦·帕特爵士发现化学物质可能致癌后两个世纪，我们面对的情况已然发生了巨大变化。接触有毒化学物质原先仅仅是从事某些特定职业的人的"专利"，可如今这些物质却早已进入到我们每个人的生活环境中，更有甚者，那些未出生的孩子都有可能间接接触。因此，面对当前各种恶性疾病数量的惊人增长，我们实在不必大惊小怪。

恶性疾病持续增长绝不仅是人们主观的印象，美国人口统计局在1959年7月份的《月报》中指出：包括淋巴和造血组织肿瘤在内的恶性肿瘤夺去了越来越多人的生命，1958年因恶性肿瘤致死的人数占当年死亡人口的15%，而在1900年这一占比只有4%。美国癌症学会根据目前癌症发病率推算，现在人口中将会有4 500万人最终罹患癌症，而这将意味着癌症将会毁掉2/3

的美国家庭。

对于儿童来说，情况更不乐观。1/4个世纪以前，儿童如果罹患癌症，在医学上可算是罕见病了。可如今，在美国的学校里，因罹患癌症而死亡的儿童远比因其他疾病死亡的数量多。面对这一严峻的形势，波士顿已经建立了全美第一家专门诊疗儿童癌症的医院。在1~14岁这一年龄段死亡的儿童中，有12%的儿童的致死原因是癌症。临床实践已发现大量不满5岁的儿童身体内长出恶性肿瘤的案例，而更为严酷的事实则是为数不少的新生儿甚或未出生的婴儿体内也长出了恶性肿瘤。环境致癌领域最权威的专家、美国国家癌症研究所（NCI）的W.C.休珀博士指出，先天性癌症及婴儿癌症可能与孕妇在妊娠期接触过某些致癌物有关，这些致癌物会侵入胎盘并对快速发育的胚胎组织造成危害。实验表明，受试动物接触致癌物的年龄越小，其罹患癌症的概率就越大。佛罗里达大学的弗朗西斯·雷博士警告说："（食品中的）化学添加剂可能给今天的孩子们埋下癌症的祸根……我们根本不知道，也许要在一代人或者两代人之后才能知道，这些化学添加剂究竟会给我们的后代带来什么样的影响。"

眼下，我们关注的问题乃是为了试图控制自然而使用的那些化学药剂是否直接或间接地引起了癌症。根据动物实验获得的证据，我们目前已经将五六种杀虫剂确定为致癌物。不少医生都认为有些化学药剂乃是引起人类白血病的元凶，如果将它们也一并算入，这份致癌物清单肯定会变得更长。上述证据只能看成是间接证据，因为目前尚未进行过人体实验，可尽管如此，这份清单还是让人印象深刻。另外，如果我们承认有些化学药剂可通过对生物体组织或细胞的损害间接引发恶性肿瘤，那么还可以将更多种类的杀虫剂纳入这一清单之中。

含砷除草剂乃是人们最早发现的致癌物之一，亚砷酸钠除草剂、砷酸钙除草剂以及其他各种各样砷化物制成的除草剂都有致癌性。其实，砷与人类和动物癌症之间的密切关联由来已久。W.C.休珀博士在其经典专著《职业性肿瘤》中曾介绍过这样一个引人注意的案例。位于中欧西里西亚地区的雷切斯坦市有着近千年的金银矿开采历史，最近几百年，那里大量开掘砷矿。几个世纪以来，矿井周围堆满了砷废渣，山中流出的溪水裹挟着这些废渣继续流淌。更糟糕的是，地下水也因此被严重污染了，最终，砷混入到人们的饮用水之中。许多个世纪以来，居住在矿区的居民纷纷患上了一种被称之为"雷切斯特综合征"的疾病——其实就是慢性砷中毒导致的肝脏、皮肤、胃肠及神经功能紊乱。更严重的是，这一慢性砷中毒最终通常会让人长出恶性肿瘤。好在"雷切斯特综合征"如今已基本成为历史，因为二十五年前，那里更换了饮用水源，水中含有的砷被大量清除掉了。然而，在阿根廷的科尔多瓦省，因慢性砷中毒导致的皮肤癌仍是当地的流行病，原因正是饮用水遭到污染，那里的饮用水取自含砷的岩层中。

想要造成像雷切斯特市或科尔瓦多省那样癌症高发的情况似乎并不难，只要长期持续不断地使用含砷杀虫剂就足矣。美国的烟草种植园、西北地区的许多果园、东部地区的蓝莓种植园，那里的土地上同样洒满了含砷杀虫剂，因此也同样非常容易将地下水源污染。

砷对环境的污染不仅会影响到人类，也会对动物造成影响。1936年，德国发布的一份报告引起人们的强烈关注。在萨克森州弗莱堡附近,银冶炼厂的熔炉中排放出滚滚浓烟,这些含砷的烟尘随风飘落到附近村庄的土地上,村庄中大量植物被污染了。据 W.C. 休珀博士的报告,村子里的马、牛、羊、猪都出现了脱毛及皮质增厚的症状。而栖居在附近森林中的鹿则常常会在身上长出异常的色素斑及癌前疣,有一只鹿已被确定患上了癌症。家养和野生的动物也都"因为砷污染而纷纷患上肠炎、胃溃疡甚至肝硬化"。银冶炼厂附近放养的羊则纷纷患上鼻窦癌,在一些死羊的脑部、肝脏和肿瘤中都发现了砷残留。同时,"生活在这一地区的昆虫们也有着'超高的死亡率',对于蜜蜂来说尤其如此。降雨过后,原本落在树叶上的砷粉尘被雨水带走流入小溪和池塘中,进而引发大量鱼类死亡"。

下面介绍一种新型致癌物——有机杀虫剂,这是一种被广泛用于消灭螨虫和扁虱的化学药品。人类使用有机杀虫剂的历史为我们提供了大量证据,这些证据表明:虽然人们相信法律最终会保护他们的健康安全,但法律程序的运行必定需要一段时间,而在其将局面控制住之前,公众很可能已经与某种众所周知的致癌物接触多年了。下面的案例之所以值得关注,正是因为它从另一个角度说明,公众今天被告知非常"安全"的东西很可能明天就被突然被告知极其危险。

当这种有机杀虫剂于 1955 年投入批量生产后,制造商很快提交了农药残留限量申请,希望有关部门能够允许被该杀虫剂喷施的农作物上留有微量药物残留。根据法律要求,制造商为测试该杀虫剂毒性在实验室进行了动物实验并将实验结果连同其农药残留限量申请一并提交了上去。然而,美国食品药品监督管理局的科研人员认为提交上来的动物实验结果表明该杀虫剂有致癌的可能,专门委员会的行政长官据此建议该杀虫剂在使用后应做到"0残留",这就相当于是说在跨州贸易航线上货轮里的食品只有不含这种杀虫剂的残留物才能被认定是合法的。但制造商拥有提出申诉的合法权利,如此一来,专门委员会就要对这一案件进行复审。最终,专门委员会给出了如下折中的决议:批准该杀虫剂的残留限量为1ppm,暂定时效为两年,在此期间将继续通过实验确定该化学药品是否确实属于致癌物。

虽然专门委员会并没有这样说,但上述决议显然意味着他们将公众视作实验室中的小白鼠,公众竟与那些实验室中的狗和老鼠一样,成了用来测试可疑致癌物的牺牲品。不过,毕竟还是实验室动物给出的结果快,两年后,有可靠证据证实这种杀螨药的确是致癌物。可即使到了这一步,1957年这一年,食物和药物管理局也没有立即撤销其残留限量,要知道,这样做就是在默许已经被确定为致癌物的农药残留继续污染公众每天要吃掉的食物。在各种司法程序的运行又耗费了近一年后,1958年12月,专门委员会行政官员早在1955年就提出的"零残留"建议才被彻底推行。

目前已知的能够致癌的杀虫剂绝不仅只有上述这几种。实验室中进行的动物实验表明,DDT可能导致肝部肿瘤。美国食品药品监督管理局的科研人员在报告中指出目前尚能不确定这些肝部肿瘤的恶性程度,但"考虑其为低度恶性的肝细胞癌"。而W.C.休珀博士则在最近的研究中将DDT确定为"化学致癌物"。

有2种氨基甲酸酯类除莠剂IPC和CIPC,目前已被证实在鼠类患上皮肤肿瘤的过程中起到了关键作用,这些皮肤肿瘤中有不少是属于恶性的。上述化学物质首先会引起鼠类恶性病变，随后，环境中普遍存在的其他各类化学物质会使情况进一步恶化，最终让鼠类患上癌症。

氨基三唑除草剂会使实验动物患上甲状腺癌。1959年，有些蔓越莓种植者误用了这种化学农药，市面上不少在售的蔓越莓因之含有氨基三唑残留。美国食品药品监督管理局将这批遭受污染的蔓越莓查扣以后引发了广泛的争议。人们普遍质疑这种化学农药是否真的会致癌，许多医学工作者甚至也提出了同样的质疑。美国食品药品监督管理局最终将科学真相公之于众，科研人员对大鼠进行的实验研究清楚地表明氨基三唑确实具有致癌性。实验动物在连续饮用含有浓度为100ppm（即氨基三唑与水的比例为1∶10 000）氨基三唑的水68周之后长出了甲状腺肿瘤。两年后，超过半数的受试大鼠身上，肿瘤仍未消退。诊断后发现，受试大鼠体内均长出良性或恶性肿瘤。降低投喂大鼠的食物中氨基三唑含量后，肿瘤问题仍不可避免。事实上，只要大鼠的食物中含有任意剂量的氨基三唑，其造成的影响就是不可避免的。诚然，人们目前尚未搞清究竟多大剂量的氨基三唑才会致癌，但正如哈佛大学医学教授大卫·鲁茨坦博士指出的那样，不管多大剂量的氨基三唑都可能对人体造成伤害。

若想全面揭示出新型氯化烃类杀虫剂与现代除莠剂造成的恶果尚需进行更长时间的观察。要知道，对于大部分罹患恶性疾病的人来说，病情的发展都比较缓慢的。因之，往往需要很长一段时间，患者才可能表现出临床症状。20世纪20年代早期，一些专门在手表盘面上描绘发光数字刻度的女工，她们因为无意中让拿在手里的刷子接触到自己的嘴唇而将微量镭元素摄入体内，直到15年甚至更长时间以后，这些女工中的一部分人才患上了骨癌。目前，人们已经证实一些因职业暴露而被迫接触到能够致癌的化学物质后，往往需要15~30年，甚至更长的时间，才会罹患癌症。

与人们接触到各种工业时代致癌物的时间相比，最早因为职业而接触DDT的乃是军事人员，时间要追溯到1942年。到了1945年间左右，DDT才开始进行民用。而直到20世纪50年代早期，大规模使用化学杀虫剂的时代才真正到来。这些化学农药就像一粒粒恶性肿瘤的种子被人们到处播撒，目前，这些可怕的种子还没有长出全部的恶果，但那一天早晚会到来。

大多数恶性病变通常都会有一段较长的潜伏期，目前所知，只有一种病例外，那就是白血病。广岛原子弹爆炸的幸存者在爆炸发生后仅仅三年就患上了白血病，这使我们有理由相信此病的潜伏期要比一般恶性疾病短得多。将来也有可能发现其他种类的癌症也有着同样较短的潜伏期，但就目前情况看，确实只有白血病这么一个特例，大部分恶性病变的发生确实需要一个非常缓慢的发展过程。

随着现代社会杀虫剂产量的激增，白血病的发病率也在持续增长。美国人口统计局发布的公开数据清楚地表明，造血组织恶性病变的发生率正以令人震惊的速度攀升。1960年，仅白血病这一种恶性疾病就造成12 290人死亡。同年，因各种血液及淋巴系统恶性肿瘤导致死亡的人数则由1950年的16 690人激增至25 400人。按每10万人的死亡率计算，这一数字从1950年的11.1人上升至1960年的14.1人。当然，这一增长并非仅发生在美国，世界各国的相关记录显示，死于白血病的各年龄段患者人数正以每年 4% 到 5% 的速度增长。这一增长究竟意味着什么？人们正在与哪一种或哪几种威胁着自身生存环境的致命化学药剂频繁接触着？

像梅奥医疗中心这样世界知名的医疗机构目前收治了数百名罹患造血器官疾病的患者。梅奥医疗中心血液病科的马尔科姆·哈格雷夫斯博士和他的助手们报告说，几乎毫无例外，他们收治的造血器官疾病患者都有过毒性化学药品接触史，这些患者要么接触过含 DDT、氯丹、苯或林丹的化学喷雾剂，要么接触过石油馏出物。

因接触各类有毒物质导致的环境性疾病正在不断增加，"尤其是在最近十年里"。马尔科姆·哈格雷夫斯博士如是说。基于丰富的临床经验，他断言："大部分血质不调及淋巴疾病患者都有过烃类化合物接触史，而这些烃类化合物正是如今生产的杀虫剂的主要成分，只要是一份记录详细的病理都会将两者之间的关联清楚地展现出来。"如今，这位专家手中握有数量甚多的经过详细记录的病案，这些病案都基于他诊疗过的患有白血病、再生障碍性贫血、霍奇金淋巴瘤及其他血液或造血组织功能紊乱症的病人。他报告说："这些病人都接触过周围环境中的化学药剂，且通常剂量都相当大。"

这些病例向我们展示了些什么呢？先来看这样一位对蜘蛛深恶痛绝的家庭主妇。8月中旬，她拿着含有 DDT 和石油馏出物的喷雾剂走进了自家地下室，把那里彻彻底底地用杀虫剂喷了一遍，连楼梯底面、水果橱柜以及天花板和房椽附近的隐蔽区域都没有放过。喷药完成后，她开始感觉到非常不舒服，头晕目眩、极度焦虑、神经过敏。在接下来的几天中，她感觉自己的病情好转了，如此一来，她显然就没有怀疑这导致其身体不适的真正原因。整个9月，这一过程重复了两次：喷药——生病——短暂的恢复——再次喷药。待到她第三次喷药之时，新的症状开始出现：发烧、关节疼痛、全身不适、一条腿得了急性静脉炎。马尔科姆·哈格雷夫斯博士为她进行了身体检查后发现，她患上了畸形白血病。第二个月，她就死了。

马尔科姆·哈格雷夫斯博士的另一位患者是一名职场人士，他的办公室位于一所不时有蟑螂出没的老楼里。因为不堪其扰，他决定亲手消灭这些蟑螂。在一个星期天，他用去大部分时间将地下室和房子里所有的隐蔽角落都喷了个遍，用的药则是DDT浓度为25%的甲基萘悬浊液。没过多久，他的身上就出现了青瘀伤和出血点。他被送进医院的时候，全身的多处出血点已经血流不止了。血液分析后显示，这位患者出现了严重的骨髓造血功能衰竭症状，也就是患上了再生障碍性贫血。在接下来的五个半月里，他接受了59次输血及其他治疗，最终得以部分地恢复了健康，可大约9年以后，他还是患上了致命的白血病。

与杀虫剂有关的病例中，最常出现的化学物质是DDT、林丹、六氯联苯、硝基酚、常用的防蛀剂对二氯苯、氯丹，当然，也包括溶解这些化学物质的有机溶剂。正如马尔科姆·哈格雷夫斯博士所说，很少有人会只与一种化学药剂接触，那并非常态。市面上售卖的杀虫剂多由不同化学药品混合制成，它们通常溶解在石油馏出物和一些分散剂中。含芳香烃及不饱和烃的溶剂本身就是破坏造血器官的主要因素。其实，若不是从医学分析角度而只从实际影响来看，区分药物与溶剂并无太大意义，因为这些石油溶剂乃是构成大部分常见杀虫喷剂不可缺少的成分。

美国及其他国家的医学文献中都记载了大量具有重要意义的病理，这些病理足以证明马尔科姆·哈格雷夫斯博士提出的有毒化学物质与白血病及其他血液病之间存在因果关联这一论断。患者包括各类人群，比如被自家喷雾器或喷药专用飞机洒下的农药"击中"的农民，为消灭书房中的蚂蚁而喷药、喷药后竟不立即离开却继续在书房苦读的大学生，家里安装了便携式林丹汽化器的家庭主妇，在喷洒过氯丹和八氯莰烯的棉田中工作的工人。病例中的科学术语部分地掩盖了化学农药造成的人间悲剧，比如捷克斯洛伐克那对年轻的表兄弟。两个男孩从小就生活在同一个镇子上，一起玩耍、一同工作。他们的最后一份也是最终让他们丧了命的工作是在一家农业合作社中负责搬卸袋装的杀虫药（六氯联苯）。从事这份工作8个月后，其中一个男孩被急性白血病击倒了，9天后死去。几乎是同时，他的表兄弟开始出现易于疲倦、高烧不止等症状。大约3个月后，他的病情变得严重起来，最终也被送进了医院。毫无悬念，他也被诊断为患有急性白血病，同样，这种病再次夺去了一个年轻的生命。

接下来，再来看看一位瑞典农民的病例，他的遭遇不知为何让我想起日本的金枪鱼捕捞船"福龙丸"上的船员久保爱吉。就像久保爱吉靠捕鱼为生一样，这位瑞典农民也曾是一个健康的人，靠种地为生。他们两个都是因为天上飘来的毒物而被判了死刑。对于久保爱吉来说，有毒的放射性尘埃要了他的命，而对于这位瑞典农民来说，要命的则是化学粉尘。他用含有DDT和六氯联苯的粉剂在约60英亩的土地上进行了喷施作业。在他进行喷施作业的过程中，大风正吹得尘土飞扬，药粉随风在他四围不停盘旋。瑞典隆德医疗中心的报告中说："喷药当夜，他感到异常疲倦。随后几日,他发现自己浑身乏力、背部和腿部剧痛、畏寒,只能被迫卧床休息。然而,他的情况还是每况愈下。5月19日(喷药后一周),他申请进入当地医院。"高烧不退,血细胞计数异常,随后又被转诊到隆德医疗中心,在那里,病魔又折磨了他两个半月的时间,最终他还是离开了人世。尸检报告显示,他的骨髓已全部坏死。

诸如细胞分裂这类人体正常且必需的生理过程是如何被改变继而造成了变异并产生破坏性的?这一问题吸引了无数科学家,为了研究它也动用了数不清的科研基金。细胞内部究竟发生了什么变化,致使本来有序的细胞的增殖变成了凶猛且完全不受控制的癌细胞扩散?

如果真要回答上述问题,答案肯定是多种多样的。这是因为癌症本身就有不同种类,其表现形式亦各不相同。不同的癌症有着不同的病源、不同的发展过程,影响肿瘤细胞生长或退化的因素也迥然有别,所以不同类型的癌症都有其相应的致病原因。不过,在千差万别的表象之下,也许造成各种不同类型的癌症的根本原因不过就是通过那几种基本"手段"让正常细胞受到损伤而已。对于这一问题,世界各地的科学家进行了广泛的研究,有时,人们甚至将这个问题不仅视作一项癌症研究,而是在更开阔的视野中加以讨论。可以说,我们已然看见了未来攻克这一科学难题的第一缕曙光。

我们再次认识到,只有着眼于那些最小的生命单位,诸如细胞及染色体,我们才能解开癌症发病机制这一谜题。在生命的微观世界中,我们必须尝试寻找究竟是哪些因素让细胞变得异常并进而让它们本来具有的神奇功能发生了变化。

德国马克思·普朗克细胞生理研究所生物化学家奥托·沃伯格教授提出的癌细胞起源理论是当下最受人关注的癌细胞起源论之一。奥托·沃伯格教授毕生致力于从事细胞内复杂氧化过程的研究工作。他凭借着广博的知识，生动而清楚地解释了为什么一个正常的细胞会变成癌细胞。

奥托·沃伯格认为，不论是辐射还是化学致癌物都会使细胞无法正常呼吸，如此一来，这些细胞就失去了能量。少量但多次接受辐射或接触化学致癌物都会产生上述后果，而后果一旦造成则是不可逆的。细胞中毒后会因无法正常呼吸而死亡，但还有一些没有被完全杀死的细胞会竭力找到方法来补偿失去的能量。它们无法再继续通过神奇而高效的循环来生产大量 ATP，只能转而使用一种原始且低效的方法产生能量，那就是发酵。凭借发酵作用产生的能量会让细胞继续存活很长一段时间，并且，细胞分裂活动仍会继续，但问题是所有后代细胞也都只能通过这种非正常的方法呼吸。一旦细胞失去了正常呼吸能力就永远都无法恢复——一年、十年甚至数十年都无济于事。所以，为了逐渐恢复失去的能量，这些幸存下来的细胞就会开始通过不断加强发酵来进行补偿。这是一种达尔文式的竞争格局，其中充满了强者或适者生存的逻辑。最终，存活下来的细胞完全可以通过发酵活动生产出与正常的呼吸活动一样的能量，但可以说这时存活下来的细胞早已经变成了癌细胞。

奥托·沃伯格的理论也可以解释其他许多令人费解的现象。比如，为何大部分癌症都有很长的潜伏期？这是因为细胞正常的呼吸功能首次受损后，需要进行无数次分裂，在这一过程中，发酵作用才会逐渐增强。对于不同物种来说，其细胞完全以发酵作用替代正常呼吸作用所需时间长短不一，而这则是由不同物种的细胞发酵速度决定的：大鼠体内的细胞完全变成依赖发酵作用产生能量所需的时间最短，故而罹患癌症的速度更快，而对于人类来说这一过程则需要很长时间（有时甚至需要几十年），因而其发展成恶性肿瘤是需要一个较长的过程的。

奥托·沃伯格的理论也解释了为何在某些特定情况下，少量多次接触致癌物反而比一次性大量接触致癌物更具危险性。这是因为，后者可能会马上将中毒细胞杀死，相比之下，小剂量的致癌物虽然也会造成细胞破坏，但总有一些细胞会侥幸存活下来。这些幸存下来的细胞则会变成癌细胞，这就是接触致癌物从来不存在所谓的"安全剂量"的原因。

在奥托·沃伯格的理论中，我们还可以找到另一个曾让人感到不可思议的问题的答案——那就是为何有些化学物质既能治疗癌症又能引发癌症？众所周知，放射物就会产生上述效果，有些放射物可以杀死癌细胞，但另一些则可能引发癌症。目前用于抗癌的很多药物也是如此。这是为什么呢？我们知道，无论放射物还是化学物质都能够破坏细胞的呼吸作用。癌细胞正常的呼吸作用本已受损，放射物或化学物质再对其加以破坏，这些癌细胞就会全部死亡。对于正常细胞来说，其呼吸作用首次遭到破坏以后并不会被杀死，最终反而会走上癌变之路。

1953年，奥托·沃伯格的理论得以被实验证实。科研人员发现仅仅通过长期间歇性地停止供氧，他们就能让正常的细胞发生癌变。1961年，奥托·沃伯格的理论再次得到证实，这一次，实验对象不再是人工培养的组织，而是活体动物。科研人员向已经患癌症的大鼠注射了放射性示踪剂之后对其呼吸进行了跟踪测量。结果发现，正如奥托·沃伯格早已预测到的那样，大鼠体内细胞的发酵速度明显高于正常值。

如果根据奥托·沃伯格设定的标准进行评估，那么大多数杀虫剂都达到了致癌物的标准。正如我们在上一章中所说，大多数氯化烃类化合物、苯酚以及一些除莠剂都会干扰细胞内的氧化作用并最终使其无法产生能量。通过这种手段，它们会"制造出"许多休眠癌细胞，它们终将成为肿瘤细胞，不过这需要一段不易被人察觉的潜伏期。在这一过程中，其存在会被人们长时间遗忘，患者甚至都不再怀疑自己已经痊愈，但有一天，癌症仍会突然爆发。

另一种导致癌症的原因可能是染色体出现了问题。许多癌症发生学领域的杰出学者都将怀疑的目光投在了任何可能导致染色体受损、干扰细胞分裂或引起染色体突变的物质上。在他们看来，染色体出现的任何突变都是癌症的潜在发病原因。虽然在谈论突变问题时一般指的都是生殖细胞中的染色体突变，我们认为这些突变造成的影响也许会在后代身上体现出来，但需要知道其他体细胞中也同样可能发生突变。根据癌症起源的突变理论，细胞一旦受到了放射物或某种化学物质的影响就会发生突变，变异后它就可以不再受到人体细胞正常分裂规律的控制，以极其疯狂和毫无规律的方式不断增殖。以这种非正常增殖方式产生的新细胞也具有不受控制的能力。假以时日，人体内就会累积大量变异细胞，癌症自然就出现了。

一些科研人员指出，癌组织中发生变异的染色体非常不稳定，容易破裂或受到损伤，出现数量异常，甚至有可能出现两套染色体。

最早系统研究了染色体异常是如何一步步演变为恶性肿瘤的科学家是纽约市斯隆凯特琳研究所的艾伯特·莱文和约翰·J.波塞尔。对于恶性肿瘤和染色体变异孰先孰后这一问题,两位科学家毫不犹疑地表示:"染色体异常先于恶性肿瘤发生。"他们推测,也许在染色体初次受到损害进而变得不稳定后,细胞需要经过一代又一代恶性循环才会全部变异(这就是恶性肿瘤的潜伏期),直到变异细胞数量多到足以让它们不受正常细胞分裂规律控制而开始大量增殖后,癌症才会出现。

欧基维德·温格,染色体变异理论的早期支持者之一,认为染色体倍增现象尤为值得关注。彼时,人们经过反复实验观测已经证实六氯联苯及其同类化合物林丹能够让用于实验的植物染色体倍增,而同样是这些化学物质也屡屡出现在许多致命的贫血症的病例之中,难道这真的是一种巧合吗?同样需要追问的是,大量其他的杀虫剂是否也会干扰细胞正常分裂、破坏染色体从而引起其变异?

我们不难理解,为什么白血病是人在接触放射物及与其造成的后果相似的化学物质之后最容易患上的恶疾之一。要知道,各种物理或化学的致癌物攻击的首要目标就是分裂活跃期的那些细胞,这些细胞广泛分布在人体的各种组织中,尤其是在造血细胞中。在人的整个生命周期中,骨髓是红细胞的主要制造者,每秒钟就会向我们的血液中输送 1 000 万个红细胞。白细胞则形成于淋巴结和部分骨髓细胞中,其速度不够稳定,但数量仍很惊人。

有些化学物质——这让我们再次想到了像锶 90 这样的放射性物质,与骨髓病变有着非常密切的关联。再如,苯,很多杀虫剂的配方中都会出现的化学物质，就目前所知，会进入骨髓并在那里积存长达 20 个月之久，而早在多年前，医学文献中就已将其确定为白血病致病物质之一。

儿童身体组织的快速发育也为恶性病变细胞提供了最适合生长的环境。麦克法兰·伯内特爵士已经指出，白血病的患病率不仅在全球范围内快速增长，更出现了 3~4 岁的儿童患上白血病的例子，且为数不少，其发病率远高于这一年龄段的儿童所患其他疾病的发病率。据这位权威人士所说："3~4 岁成了白血病的发病高峰年龄，这不会有其他可能，只可能是因为孩子在出生前后接触过具有引发细胞突变的的刺激物。"

另一种为人所知的能致癌的诱变剂是聚氨酯。让妊娠后的大鼠接触聚氨酯不仅会让大鼠患上肺癌，它们产下的幼崽也难以幸免于难。实验幼鼠仅在出生前接触过聚氨酯，这足以证明聚氨酯能够侵入胎盘之中。为此，W.C. 休珀博士警告说，如果人类接触了聚氨酯或同类化学物质，那么其后代很有可能在出生前就接触过这种侵入胎盘的化学毒物并进而长出肿瘤。

聚氨酯属于氨基甲酸乙酯类化合物，与诸如 IPC 和 CIPC 这样的除莠剂非常类似。可尽管癌症研究的专家们再三提出警告，氨基甲酸乙酯类化合物目前仍被广泛使用。不仅被用作杀虫剂、除草剂、杀菌剂，还被用于诸如塑化剂、医药、服装、隔热材料等各类产品的生产中。

一些间接因素也可能致癌。有些物质，人们在通常意义上不认为它们是致癌物，但它们也可以通过破坏身体某些器官的正常功能而间接导致恶性肿瘤疾病的发生。在这方面最重要的例子就是生殖系统的癌变，其发生显然与性激素失衡关系密切。在某些情况下，性激素分泌失调又是因为某些物质损害了肝脏功能，让其无法正常工作以使这些激素保持正常水平。氯化烃类化合物恰恰是能够引起上述后果的那种间接致癌物，这是因为所有的氯化烃类化合物都会在一定程度上对肝脏造成损害。

人体内正常存在的性激素当然非常重要，它在促进生殖器官生长发育方面起到了不可替代的作用。不过，人体具有一套自动形成的防护机制，以防止性激素分泌超量。肝脏的功能之一就是平衡人体内雄性激素和雌性激素的比例（这两种性激素在男性与女性体内都有，只不过它们在男性和女性体内存在的数量不尽相同）以防止其中任何一种激素分泌过量。然而，当肝脏受到疾病或某些化学物质的损伤或体内B族维生素摄入不足时，肝脏控制激素超量分泌的功能就无法正常发挥了。在这种情况之下，人体内雌激素的分泌就会大量增加，达到异常高的水平。

雌激素水平异常升高会造成什么后果？目前，人们至少通过动物实验积累了不少证据。举其中一例，洛克菲勒医学研究院的一位实验人员通过研究发现因病导致肝脏受损的兔子极有可能会并发子宫瘤，考虑这种情况的发生正是因为受损的肝脏无法再去控制血液中含量超高的雌激素，它们"最终达到了致癌所需的水平"。人们在小鼠、大鼠、豚鼠和猴子身上进行了更多的实验，结果表明如果其体内雌激素长期发挥主导作用（不一定非要达到多高的水平），就会引起生殖器官组织的病变，"既可能是良性增生，也可能是恶性肿瘤"。也有实验表明，体内雌激素发挥主导作用的仓鼠最终患上了肾癌。

虽然目前医学界对此问题尚有争论，但更多证据支持如下观点：雌激素水平异常增高同样会让人体组织发生病变。加拿大麦吉尔大学附属皇家维多利亚医院的实验人员发现，他们研究的150名子宫癌患者中，有2/3的人明显出现了雌激素异常升高的情况。后续研究的20名患者中，90%也出现了类似情况。

很可能正是因为肝脏功能受损到一定程度后，才致使其无法发挥有效降低雌激素水平的作用。然而，目前尚无任何医疗手段能够检测出肝脏功能受损的情况。不过，了解肝脏受损的原因并不难。比如，正如我们已经知道的那样，氯化烃类化合物就很容易造成这样的后果，只要接触微量的氯化烃类化合物，肝脏细胞很快就会发生病变。当然，B族维生素的流失也可能造成同样的后果。B族维生素的极端重要性目前已经被证实，许多证据表明它们在防癌抗癌方面发挥了重要的作用。原斯隆凯特琳癌症研究所所长、已故的C.P.罗益发现如果用富含大量天然B族维生素的酵母片喂食受试动物，就算它们接触了强力化学致癌物也不会得癌症。B族维生素缺乏症往往会并发口腔癌症或消化道其他部分的癌症。这一现象不仅美国有，而且在瑞典和芬兰这些遥远的北部地区同样也会发生，那些地方的日常饮食通常缺乏维生素。原发性肝癌高发人群，比如非洲的班图部落，都是典型的营养摄入不均衡人群。非洲一些地区男性乳腺癌高发，这多与肝脏疾病和营养不良有关。战后希腊出现了男性乳房增大的情况，则是饥荒时期的普遍现象。

简言之，得出杀虫剂乃是造成癌症的间接原因这一论断正是基于下面的理由，即人们已经证实了它们具有损伤肝脏和减少体内B族维生素供应的能力，进而导致"内生性"雌激素增加。所谓"内生性"，即这些增加的雌激素乃是人体自身分泌出的，因为除此以外我们还越来越多地与种类繁多的人工合成雌激素接触——它们存在于化妆品、药品、食品和我们工作的环境之中。内生性与人工合成的雌激素合起来产生的影响应值得我们高度警惕。

人类接触到的能够致癌的化学药品（包括杀虫剂在内）防不胜防、数不胜数。每个个体都可能通过许多种途径接触到同一种化学药品。砷就是一个典型的例子，它以不同的形式存在于我们每个人的生活环境之中：它可以是空气污染物、水污染物、食物上残留的农药；也可以是药品、化妆品、木材防腐剂或者颜料和墨水中的着色剂。诚然，单独通过以上任何一种方式解除砷可能不会让人长出恶性肿瘤——任何一次我们自以为安全的剂量都可能与之前一次次的"安全剂量"叠加在一起，成为压死骆驼的最后一根稻草。

再者，两种或多种不同的致癌物可能合在一起，形成叠加效应，对人造成伤害。举个例子，那些与DDT接触过的人，极有可能也会与其他损伤肝脏的烃类化合物接触，因为后者被广泛用于溶剂、脱漆剂、脱脂剂、干洗机和麻醉剂。于是我们就要问，多大剂量的DDT算是一个"安全的剂量"呢？

如果考虑到一种化学物质可能与另一种化学物质发生反应从而改变其作用方式，那么问题就变得更加复杂了。有时，癌症需要两种化学物质的互补作用才会发生：一种化学物质先让细胞或组织致敏，这样才能使细胞或组织在另一种化学物质或说促进剂的作用下彻底癌变。从这个意义上说，IPC和CIPC除莠剂极有可能在皮肤癌的发展过程中扮演了上述第一种角色，它播下了恶性病变的种子，待到另一种化学物质——可能不过是一种普通的洗涤剂，紧随其后发生作用就会诱发皮肤癌。

物理致病因子与化学性治病因子之间也常常会发生相互作用。比如，白血病的发病过程就分为两个阶段：恶性病变首先由X射线引起，但最终形成白血病则需要另一种化学物质介入，比如，聚氨酯。现代社会最为严峻的问题正是：越来越多的人通过越来越多的途径接触到放射性物质，同时，越来越多的人也接触越来越多的化学物质。

另一个同样重要的问题是由水中的污染物与放射性物质发生反应而造成的。水中的污染物本身就含有化学物质，而水中的放射性物质则会通过电离辐射对这些化学物质产生影响，使其原子的排列方式发生不可预知的改变，从而生成新的化学物质。

整个美国的水污染防治专家们都在为当下令人棘手万分却有无处不在的洗涤剂污染公共水源问题发愁。目前为止，还没有什么切实可行的方法可以将其彻底治理。目前几乎没有几种洗涤剂被证明是致癌物，可洗涤剂却可以间接致癌。因为它可以作用于整个消化道，改变那里的机体组织使其更易于吸收危险化学药品，进而使病症持续恶化。可是谁又能提前预见以及控制上述这一过程？面对千变万化的情况，还有什么比 0 剂量更"安全"的致癌剂量？

我们总是愿意对我们周遭环境中那些危险的致癌物保持宽容之心，最近发生的一件事很能说明这点。1961 年春，在联邦、各州及私人虹鳟鱼养殖场里，虹鳟鱼肝癌正在肆虐。无论是美国东部地区还是西部地区的虹鳟鱼都患上了这种病。在一些地区，3 岁龄以上的虹鳟鱼几乎 100% 都得了癌症。这一发现之所以能及时被报告上来,端赖美国国家癌症研究中心环境致癌研究所与美国鱼类及野生动植物管理局事前早已做好的安排,他们要求各地区及时上报鱼类肿瘤发病情况,如此一来就能对水质污染可能给人带来的癌症风险做出提前预警。

尽管有关这次波及面如此之广的癌症大爆发的确切原因仍在调查之中,但据说最主要的证据已经指向了养殖场中的饵料。这些饵料中除鱼类所需基本食物以外,还含有大量令人难以置信的化学添加剂和药物成分。

虹鳟鱼事件之所以如此重要,原因是多方面的。但最主要的原因还是它向人们展示了一种强效致癌物如果被引入到任何一个物种的生活环境中会产生什么样的后果。W.C.休珀博士将虹鳟鱼癌症大爆发视为一次严重的警告,他认为人们必须对此引起高度重视并进而严格控制引入人类生存环境中的致癌物的数量及种类。他说:"如果不采取防范措施,像虹鳟鱼癌症大爆发这样的灾难很快就会降临在人群之中。"

正如一位科研人员描述的那样,我们发现自己生活在一片"致癌物的海洋"之中,这听起来固然有点让人沮丧,甚至可能引起人们失望与幻灭的情绪。对此,人们最常见的反应往往是,"这难道不是毫无希望吗?""难道我们就不能试着清除环境中的致癌物吗?""如果不去浪费时间寻找癌症发病原因,而是转而全力以赴地找到彻底治疗癌症的方法,那不是更好吗?"

W.C.休珀博士对此也给出了自己的答案。在癌症研究领域多年卓有成效的工作经验使其观点更令人信服,他对这一问题的回答乃是经过深思熟虑之后做出的,用尽一生心力所做的研究和积累的经验使其做出了自己的判断。W.C.休珀博士认为我们现在面对癌症多发的处境与生活在19世纪末期的人们面对传染病大爆发时的情况颇为相似。巴斯德与科赫的杰出工作使人们发现了微生物与许多传染病之间的因果关联。医务工作者，甚至普通民众都开始意识到人类生活环境中存在着大量能够导致疾病的微生物，就像今天人类的生存环境中存在着同样多的致癌物一样。今天，绝大多数的传染性疾病已经得到了有效控制，有不少实际上已经被彻底根除了。这一伟大的医学成就得益于两个方面的努力——严格的防控与有效的治疗。虽然在一些庸众心中仍然渴望着治疗疾病的"灵丹妙药"或"特效药"，而事实上，为消灭传染病而发动的战争大多还是采取了根除治病微生物的战术。一百多年前伦敦爆发的大霍乱就是历史的明证。伦敦医生约翰·斯诺绘制了霍乱发生地的地图并由此发现了这次霍乱起源于这样一个地区，那里的居民每天都要去位于布劳德街的一处水井取水使用。为了防止疫情继续扩散，斯诺医生当机立断，要求直接将抽水泵的阀门拆除以防人们再到此处取水，结果疫情很快得到了控制——不是通过一粒可以杀死霍乱病菌（彼时，人们还不知道它叫什么）的神奇药丸，而是彻底阻断了环境中的治病微生物进入人们日常生活的渠道。甚至可以这样说，我们对传染病采取的治疗方法不仅应取得治愈病患的结果，更应降低传染源。就好像如今，肺结核这种传染病已经非常少见了，那正是因为我们采取了大量有效措施使普通人很少有机会接触到结核杆菌。

今天，我们发现这个世界充满了各种可能致癌的物质。在W.C.休珀博士看来，在与癌症的斗争中，如果我们将全部或大部分注意力都集中在治疗措施上（甚至妄想可能找到一种"根治"癌症的方法），那么我们注定会失败。这是因为，存在着数量庞大且人们并不了解的致癌物,它们会继续让更多的人受到伤害,而目前尚不明朗的"治愈"手段怎么可能"治愈"越来越多的病患。

为何我们迟迟不愿意采用常识性方法来对付癌症问题呢?W.C.休珀博士说,也许"彻底治愈癌症的目标听起来更吸引人、更切实可行、更令人向往,也比单纯的预防显得回报丰厚许多"。可是,采取措施防治癌症发生才是"绝对更人道",并且显然要比"治愈癌症更为有效"。常常听到这样美好的幻想,有人承诺"只要每天早饭前吃上一颗神奇的药丸"就能防止癌症发生,对此,W.C.休珀博士不以为然。部分公众轻信这种幻想,那是因为他们错误地以为尽管癌症很神秘,但不过是一种疾病,引发癌症的原因也只有一种,所以完全有希望找到一种确定的方法来把它治愈。毫无疑问,这种理解显然与事实不符。正如由环境因素所致的癌症,其致病原因可能与一系列物理性和化学性因子有关一样,恶性病变本身也有着决然不同的生物学表征。

就算人们期盼已久的"突破性进展"有一天真的实现了,也不要妄想到那时会产生一种可以治疗各种类型恶性肿瘤的万能药。虽然我们必须继续探索新的治疗手段以减轻癌症患者的痛苦,甚至将他们的疾病治愈,但如果还有人固执地相信通过某种强大有效的方法彻底消灭癌症,这一天很快就会到来,那么这样的想法对人类只有百害而无一利。这一天会到来的,但却需要极为缓慢的过程,只能一步一步进行探索。当我们投入数百万资金用于癌症治疗研究,寄希望于通过大量的资金投入建立起一个个大型研究项目从而寻找根除癌症的方法时,我们却一再错过了预防癌症发生的绝好机会。

对抗癌症绝不是毫无希望的。从某种角度看来，我们今天面对的情况要比 19 世纪末、20 世纪初人类面对传染病疫情高发时的情况乐观得多。彼时，传染病菌蔓延到世界各地，就像今天我们生活的世界中到处都充斥着致癌物一样。可是，生活在那个时期的人们并不会自己动手向环境中投入致病菌，当然也不会主动去传播它们。相比之下，今天的人们则已然向环境中投放了大量的致癌物。如果愿意的话，人们完全可能清除它们中的大部分。这些化学物质之所以能如此顽固地存在于我们生活的世界，主要原因有二：其一，也是最具讽刺性的，乃是因为人类总是想要追求一种看似更"美好"、更便捷的生活方式；其二，这些化学药品的生产与流通已然构成了当前人们经济生活的一部分。

将所有的化学致癌物全部从现代世界中清除出去，这不可能，也不现实。但这些化学药品中绝大多数显然不是什么生活必需品。如果将这些生活不必需的化学药品根除，环境中致癌物的总量就会大大减少，每四人中就有一人罹患癌症的现状也将大大改观。眼下，当务之急就是采取有力措施防止致癌物污染我们的食品、水源和空气，因为与受到污染的食品、水源和空气接触乃是最危险的——因为其剂量虽小，但我们却会年复一年地持续摄入。

众多癌症研究领域的杰出学者都非常认同 W.C. 休珀博士的观点，即如果我们下定决心彻底查清存在于环境中的致癌物究竟有哪些，进而消除或减少其影响，那么恶性疾病的发病率一定会有显著下降。当然，对于那些处于癌症潜伏期或已经确诊为癌症的患者，寻找治愈疾病方法的脚步绝不能停下。而对于那些尚未被病魔侵扰的人，当然也包括我们的子孙后代来说，采取提前预防的措施则已刻不容缓。

第十五章
大自然的反击

人类甘冒巨大风险去按照自己的意愿塑造自然,但最终却一败涂地,这样的结果实在颇具讽刺意味。没错,这似乎就是我们的现状。很少被提及但却尽人皆知的真相则是,大自然并不那么容易就被我们重新塑造了,对于人类用化学武器进行的攻击,昆虫们正想尽一切办法躲避。

"昆虫的世界乃是大自然最令人惊叹的奇观",荷兰生物学家C. J. 布雷约如是说,"在它们的世界中,一切皆有可能。那里经常发生着最不可能发生的事。任何深入探索过这一世界的人,都会对其中的奥秘叹为观止。他一定懂得,在这里,任何事都可能发生,那些完全不可能发生的事在这里也经常会发生。"

目前,有两大领域就正在发生着这样"不可能的事"。其一,通过遗传选择,昆虫们正在形成对化学药品的抗药性,这将在下一章中进行讨论。这里先来看看另一件"不可能的事",那就是我们用化学药品对昆虫发起的攻击反倒使大自然本有的防御能力变得越来越差。要知道,正是因为大自然拥有这种能力,各个物种才能在其控制下达成某种平衡。我们每一次对大自然这种防御能力的破坏都会虫灾肆虐。

所有来自世界各地的报告都清楚表明,我们如今正处于危险境地之中。在对害虫长达十几年的大规模化学防治过后，昆虫学家们发现不少他们认为在多年前即以解决的棘手问题再次卷土重来。新的问题同样层出不穷，不少种类的昆虫原来数量并不多，可种群数量竟会突然激增，最终造成严重的虫灾。单纯使用所谓化学防控手段只能让人类自掘坟墓，因为人类设计和实施这些方案的时候根本就没有考虑到大自然乃是一个复杂的生物系统，这样做无疑就是蛮干。这些化学药品也许会在少数物种身上进行先期测试，但又如何可能在整个生物圈中进行测试呢？

如今，在有些人群中流行着这样的看法，即自然界的平衡状态不过是上古时期原始世界才有的事。他们认为，在当今复杂的生态场域中，人类最好忘记什么自然平衡规律。有人觉得这种说法非常现实，但如果以这样的观念作为我们的行动纲领，那人类的麻烦就大了。今天所谈的自然平衡固然与更新世时期的自然平衡不是一回事，但所谓自然平衡仍然指的是各生物体之中复杂、精密、高度统一的关联，人们不能无视这一平衡关系，否则就会有危险。这就好像一个站在悬崖边的人如果无视万有引力定律执意要往下跳，那他也一定受到这一自然规律的惩罚。自然平衡并非指维持现状而一成不变，其始终处于流变之中，自身不断进行着调整。人类同样属于这一平衡中的一部分。有时，自然平衡状态对人类有利；也有时因为频繁的人类活动违背了自然规律，自然平衡状态对人类不利。

人类在制订所谓现代害虫防治计划时往往忽略了两个非常重要的事实：首先，真正有效的害虫防治往往都是大自然通过其内部防御机制实现的，人类在其中起到的作用非常有限。自这个世界上出现生命以来，物种的数量就受到自然力量的控制，生态学家将这种现象称之为"环境阻力"。对于某个物种来说，可获取的食物总量、天气和气候条件、其竞争者与天敌，这些都非常重要。昆虫学家罗伯特·梅特卡夫说："真正使某种昆虫的种群数量不会占据压倒性优势的原因是不同种类的昆虫之间也会常常爆发'战争'。"然而，大部分化学毒药则不分青红皂白，将所有昆虫一律杀死，不论它们是我们的朋友还是敌人。

被我们忽视的第二个事实则是一定的"环境阻力"减弱，某些物种的繁殖能力就会真的出现大爆发。其实，地球上很多生物的繁殖力之强远超我们人类这点想象力，当然，我们也只能偶尔领略一下它们的威力。我至今仍记得自己学生时代是如何创造这一"奇迹"的，准备一个罐子，在里面简单地放一些干草和水，再加上几滴原生动物培养液。过不了几天，罐子里就会出现灵动雀跃的小生命，它们的数量简直就是天文数字——没错，这上万亿个微小的生命就是草履虫。是的，虽然它们小若微尘，但我的罐子就是它们的伊甸园，这里有适宜的温度、充足的食物，却没有它们的天敌，在没有任何"环境阻力"干扰的情况下，罐子里的草履虫大量地繁殖。看着它们，我忽然想起附着在海滨岩石上的那一簇簇的藤壶，目力所及，满眼都是白茫茫一片；我又觉得仿佛自己在大海中从一大群水母旁边游过，这是多大一群水母啊，一英里又一英里，似乎永远找不到它们的尽头，这些在水中不停收缩的鬼魅精灵简直让我怀疑这就是水母的世界，而不是水的世界。

我们从鳕鱼身上也能发现大自然神奇的控制力量是如何起作用的。每年冬季，鳕鱼就会从海上洄游到岸边产卵，每只雌鳕鱼都会产下数百万枚鱼卵。我们想想，如果这些鱼卵都能成活，估计整个海洋就要成为鳕鱼的集装箱了。大自然的控制法则是这样确保上述情况不会发生的：每一对鳕鱼产下的数百万个鱼卵成活率都非常有限，总的来说，最终能活到成年的鳕鱼数量基本上与其上一代相当。

生物学家常常会自娱自乐式地猜想，如果某天发生了什么意想不到的大灾难导致"环境阻力"消失了，某一个物种产下的所有后代全部存活了下来，那这个世界将会发生什么呢？托马斯·H·赫胥黎在一个世纪以前曾推算过，如果所产的卵都能存活下来，仅仅一只雌蚜虫（这种动物有一种奇特的能力，即无须交配，雌虫即可产卵）在一年时间内繁殖的后代在数量上就可以和托马斯·H·赫胥黎那个时代中华帝国的总人口数量相当。

很幸运，对我们来说，这种极端情况只不过是一种理论推测而已，但是，研究动物种群的人则非常清楚，人类破坏自然规律会导致怎样可怕的后果。牧民们疯狂消灭土狼导致北美大草原上田鼠成灾，因为土狼原来本是田鼠的天敌，它们的存在可以控制田鼠种群的数量。另一个被人们再三提及的例子是亚利桑那州凯巴布高原上的黑尾鹿。最开始，那里黑尾鹿的数量正好与周围环境的承载力达成平衡，以捕食黑尾鹿为生的动物——狼、美洲狮、土狼，也保证了黑尾鹿的数量不会超过周围环境的承载力。但接下来，人们开展了一次旨在"保护"黑尾鹿的运动，为此它们的天敌被大量杀掉。一旦没有了捕食者，黑尾鹿种群数量就开始激增，很快食物就不够了。为了寻找食物充饥，黑尾鹿将树叶全部啃光，但最终因饥饿而死的黑尾鹿还是远比之前被天敌捕获的数量多得多。更严重的后果则是，因为黑尾鹿不顾一切地寻找所有能吃的东西，这一地区的环境也被彻底破坏了。

捕食性昆虫在农田和森林中起到的作用与凯巴布高原上的狼

非常相似。如果它们被大量消灭，那么一定会导致其所捕食的昆虫数量激增。

没有人知道地球上究竟生存着多少种昆虫，因为还有太多昆虫的种类尚未被确定。即使如此，目前人们已经确定的也有70多万种。如果按照这一数字，那么可以说地球生物中70%~80%都是昆虫。地球上昆虫数量巨大，全靠大自然的力量才能实现种群数量的控制，人力根本无法介入其中。如果不是大自然的力量，恐怕无论多大剂量的化学农药，或者其他任何人类想出的方法，都无法有效控制昆虫的数量吧。

问题在于，我们总是在失去他们之后，才意识到这些大自然有意安排的被捕食者的天敌为人类提供了大多的保护。大多数人对这个世界视而不见，他们无视世界的美好、无视世界的奇妙，也无视就生活在自己身边的那些有些奇怪，有时甚至有些骇人的生物。正因如此，也很少有人会注意到身边捕食性昆虫和寄生性昆虫的活动。或许，我们可能留意过在花园的灌木丛中有一种形体奇特、面目狰狞的昆虫；也可能，我们隐约知道螳螂这种动物是靠捕食其他动物为生的。然而，只有当我们在夜半悄悄走进花园之中，在手电筒发出的光亮照耀下亲眼见到一只螳螂正悄悄向它要捕食的昆虫移动过去，我们才能真正领悟到捕食者和被捕食者之间的关系是什么，进而真正感受到何为"天地不仁"。

捕食性昆虫，即能够杀死其他昆虫并以其为食的昆虫有很多种。其中有些动作敏捷，像燕子一样快速从空中飞过，只一下，猎物就收入囊中；还有一些则慢条斯理地沿着树干爬行，专门吞食那些树干上一动不动的小昆虫，比如蚜虫；黄蜂捕捉软体昆虫，用它们身上的汁液给小黄蜂喂食；泥蜂用泥在房檐下筑起圆柱形的蜂巢，巢里堆满了小昆虫，小泥蜂就以它们为食；沙黄峰盘旋在牧场中的畜群周围，把那些折磨得牛羊死去活来的吸血苍蝇通通吃光；食蚜蝇——因其也能发出嗡嗡声，常被人误认为是蜜蜂，将其卵产在常有蚜虫出没的叶片上，这些卵一旦孵化出来后，就会吃掉叶片上大量的蚜虫；瓢虫则是消灭蚜虫、介壳虫及其他植食性昆虫的高手，不夸张地说，一只瓢虫一次产卵就需要吃掉上百只蚜虫，如此才能积蓄足够多的能量。

寄生性昆虫的生活习性就更为特别，它们通常不会立即杀死其寄生的宿主，而是以各种不同的方法利用宿主，使其幼虫能从宿主身上吸收营养。有些寄生性昆虫会将自己的卵产在宿主的幼虫或虫卵中，这样它们自己的后代就能以宿主为食完成发育过程；有些则会通过分泌黏液将虫卵紧紧粘在毛虫身上，幼虫一旦孵化出来后就会透过皮肤钻进宿主体内；还有一些寄生性昆虫似乎颇有些深谋远虑，它们会将卵产在树叶上，静待来此觅食的毛虫不经意吞下整片叶子。

农田间、绿篱旁、花园中、森林里，到处都可以看到捕食性昆虫与寄食性昆虫忙碌的身影。看，一只蜻蜓正迅捷地飞过河塘，太阳高照，它们的两翼泛着金色的光芒。在大型爬行动物生活的远古时代，它们的祖先也曾这样从湿地上方飞掠而过。如今，和远古时代一样，目光敏锐的蜻蜓在空中捕捉蚊虫，它们的腿会形成一个篮子结构，让猎物落入其中。在水中，它们的幼虫，也称蜻蜓若虫或稚虫，则以捕食水里的孑孓及其他昆虫为生。

看，那边的树叶上正暗藏着一只草蜻蛉，它们有着薄纱般的绿翼、金黄色的眼睛。它们有些胆小，所以总要将自己藏起来，而它们的祖先则可追溯到二叠纪时代的古老物种。成年草蜻蛉主要以花蜜和蚜虫的汁液为食物，它们产下的每枚卵都长有长长的丝柄，这些丝柄使它们的卵能牢牢附着在叶片之上。这些虫卵会变成一些长相奇特，浑身布满刺毛的幼虫，人们称之为蚜虱，它们会捕食蚜虫、介壳虫、螨虫并将其身上的汁液吸干。每只幼虫都会吃掉数以百计的蚜虫，这样之后才能进入到其生命的下一个阶段，那时它们会吐出白色丝线，结茧化蛹。

还有许多寄生性的黄蜂和蝇子，它们需要寄生在其他昆虫的卵或幼虫体内才能生存。有些卵寄生黄蜂个头小得出奇，但它们数量庞大、活动频繁，不少能破坏庄稼的害虫的种群数量就靠它们来控制。

这些小生命一刻不停地工作——不论晴天雨天、不分黑夜白昼，哪怕冬日的寒冷几乎要将它们的生命之火浇灭，这火仍会静静阴燃，静待春日到来，整个昆虫世界都被唤醒，它们的生命之火又会熊熊燃烧。整个冬日，捕食性昆虫和寄生性昆虫会想尽办法度过这寒冷的季节，它们藏身于皑皑白雪下、冻硬了的土壤中、树皮的缝隙里、隐蔽的洞穴中。

炎炎夏日，当雌螳螂的生命将要结束之时，它会将卵产在由多层膜状薄片叠成的螵蛸之中，螵蛸粘附在树枝上，受精卵很安全。

雌黄脚蜂一旦受孕，就会将自己隐藏在一些废弃阁楼的角落之中，它的体内已经怀有受精卵，整个种群就靠这些未来的希望不断传承。这唯一能正常产卵的雌蜂，被誉为"蜂王"，春天一到，就会营筑起一个小纸巢，然后在每个巢室中产下几枚卵，精心培育出一小批工蜂。在这些工蜂的帮助下，蜂巢会被不断扩大，种群也壮大了。炎炎夏日，工蜂们会竟日外出觅食，数不清的会啃食树叶的毛虫就被它们吃掉了。

这些昆虫的生活习性与人类为了自身生存必须消灭害虫的需要决定了它们必定是我们的"盟军"，正因它们的存在，对人类有利的自然平衡才得以形成。然而，我们却将大炮对准了自己的朋友。最可怕的是，我们大大低估了它们的价值，没有这些"盟友"对多如潮水般的可怕的"敌人"的牵制，地球上的害虫早就泛滥成灾了。

随着杀虫剂数量、种类、破坏力一年又一年地增加，"环境阻力"产生的效果也在普遍而持续地下降。随着时间的推移，我们预期将来一定会有越来越多且越来越严重的虫灾爆发，泛滥的害虫不仅传播疾病，还会毁坏庄稼，其破坏力将远超我们的想象。

"是的，但这些不都是理论假设吗？"你也许会这样问。"没错，这些根本不会发生——至少在我的有生之年。"

遗憾的是，上述情况正在发生，就在此时，就在此地。1958年，科学期刊就记载了大约50余种因其种群数量激增而使自然平衡遭到严重破坏的昆虫。其实，每一年都会出现更多的例子。关于这一问题，最近有人撰写了一篇研究综述，其参考文献中有215篇文章报道或讨论了因滥用杀虫剂引起的昆虫种群数量失衡问题。

有时，人们喷药的目的本是为了防止某种害虫，可喷药的结果却是其数量的大幅增长。就像人们为防治加拿大安大略省的黑蝇而进行了喷药，而结果却是黑蝇数量比喷药前增加了17倍。在英国，为防治甘蓝蚜，人们喷洒了有机磷杀虫剂，其结果同样是导致了甘蓝蚜数量的激增——而数量如此之巨的甘蓝蚜虫灾在历史记录中从未见到过。

另一些时候，喷药，看上去相当有效地消灭了人们要除掉的害虫，可人们却不知道这小小的成功背后，潘多拉的魔盒已然被打开，原本不足为患的其他害虫可能因此泛滥成灾。举个例子，实际上，叶螨之所以能成为影响波及整个世界的害虫，正是因为DDT及其他一些杀虫剂将它们的天敌全都消灭了。其实，叶螨并非昆虫，这种小小的、长着八条腿的生物与蜘蛛、蝎子、扁虱属于同一种类。它们有着可以用来穿刺和吸吮的口器，且对叶绿素有着超乎寻常的食欲——要知道，正是因为植物中存在叶绿素，这个世界才被装点得绿意盎然。它们将细小却锋利的口器部分刺入树叶叶肉和常青针叶，吸吮着其含有大量叶绿素的汁液。若树木或灌木遭到叶螨轻度的侵袭，叶片要么斑驳一片，要么呈现出黑白杂居的颜色；若树上爬满大量叶螨，则树木的叶子很快就会变黄，继而纷纷落下。

上面说到的这种现象其实几年前就发生在西部一些国家森林中。1956年，美国林务局使用DDT对西部地区近88.5万英亩林地进行喷洒，其目的本为防控云杉食心虫的数量，但第二年夏天，人们发现喷药造成的后果远比云杉食心虫造成的危害严重得多。空中巡查时发现，无数高耸挺拔的花旗松正在变成黄褐色，片片针叶正纷纷掉落。最初是海伦娜国家森林和大贝尔特山脉西坡，继而是蒙大拿州其他林区，最后一直蔓延到爱德荷州，这些地方森林中的树木都好像被烤焦了一样。毫无疑问，1957年夏天发生的叶螨灾害是有史以来范围最广、受灾面积最大的一次，几乎所有喷药地区都爆发了螨灾，而没有喷药的地区，树木则安然无恙。寻找类似先例时，林务官也记起了其他几次叶螨数量爆发时的情形，虽然和这一次相比，之前发生的螨灾不过是小巫见大巫罢了。1929年，黄石公园的麦迪逊河沿岸也曾发生过类似的螨灾。二十年前的科罗拉多州、1956年在新墨西哥州，也有类似事件发生。而每一次叶螨数量大爆发之前林区都被杀虫剂喷过。

（1929年那一次喷药，用的是砷酸铅，因为彼时DDT尚未被发明。）

为何在喷了杀虫剂之后叶螨的数量不减反增呢？除了叶螨本身对杀虫剂具有相对较强的耐药性这一显而易见的原因以外，似乎还有另外两个原因。一个是，虽然叶螨的耐药性强，可自然界中不少种以叶螨为食、能够控制其种群数量的昆虫，像瓢虫、瘿蚊、捕食螨以及其他多种掠食性昆虫，对杀虫剂则非常敏感。更重要的原因是，滥用杀虫剂也会使叶螨本身的种群数量激增。如果没有受到外界因素干扰，叶螨一般都过着稳定的群居生活。为了躲避天敌，叶螨会在具有保护性的网带下挤成一团。而喷药后，原来凑在一起的叶螨就会分散开来。杀虫剂根本不会毒死它们，但受到惊扰进而四散奔逃的叶螨仍会重新寻找另一处不再受到干扰的地方群居。如此一来，它们反倒会找到一处比原来空间更大、食物更充足的地方重新凑在一起，种群数量也因此变得更多了。现在好了，叶螨的天敌悉数死亡，它们也不必在消耗身体里的能量去织结什么保护网带了，它们会将体内所有的能量都用来繁殖后代。本来，要想让叶螨产卵数量增长3倍之多几乎是不可能的，不过在杀虫剂的帮助下，这一不可能的事竟然实现了。

弗吉尼亚州的谢南多厄河谷一带是著名的苹果产区，自果农用DDT代替了原来使用的砷酸铅农药后，果园中一种叫作红带卷叶蛾的小昆虫数量就开始激增，给果农带来非常大的困扰。在这以前，这种小昆虫从未给果园造成过什么危害，可突然之间，这一产区一半的苹果都被虫蛀了，红带卷叶蛾一下子成了影响苹果产量的罪魁祸首。更严重的是，虫灾已经从谢南多厄河谷蔓延到东部和中西部大部分地区，而造成这一切后果的，则是DDT使用量的大幅攀升。

这些情况的出现真是充满了讽刺性。20世纪40年代,加拿大新斯科舍省大凡喷了药的苹果园中都出现了严重的苹果卷叶蛾灾害(这种害虫也会使好端端的果子变成"虫蛀苹果"),而没有喷药的果园中,苹果卷叶蛾的数量却不足以引起多大麻烦。

在苏丹东部地区也出现过类似的情况,喷药次数越勤,害虫防治效果反而越差,那里的农民也有着使用DDT后反而遭遇减产的痛苦记忆。苏加什河流域因其良好的灌溉条件,种植着大约6万英亩棉花。人们起初用小剂量DDT在棉田中进行试喷,结果取得了不错的害虫防治效果,于是喷药力度开始加大。可紧跟着,麻烦就来了。对棉花生长破坏力最强的害虫之一是棉铃虫,可人们发现,越是喷药,棉铃虫就越多。那些没有被喷药的棉田受灾程度较轻,棉花正常开花吐絮,而喷药的棉田却害虫泛滥。那些喷过两次药的棉田,棉籽产量显著下降。尽管DDT确实消灭了一些啃食棉花叶片的昆虫,但其带来的好处早已被棉铃虫对棉花的大肆破坏抵消了。最终,棉农们不得不面对一个令人不快的事实:如果他们不是自找麻烦,花大价钱喷什么药,棉花的收成反而会更好得多。

在比属刚果(刚果民主共和国旧称——译者)和乌干达,人们为了对付咖啡树上的一种害虫而大量使用DDT,而这么做造成的后果堪称"灾难性的"。人们发现,害虫几乎完全不受DDT影响,可它们的天敌却惨遭灭杀。

在美国,农民们不得不在消灭了一种害虫之后面对另一种害虫发起的更大攻势,这是因为杀虫剂已将昆虫世界的种群动态完全扰乱了。这两次惨痛教训应被人们记住:一次是南部地区搞的什么火蚁灭除计划,另一次是中西部地区针对日本金龟子的喷药计划。(详见本书第七章和第十章)。

1957年,路易斯安那州开展了一次大规模的喷药行动,大量七氯被洒向广袤的农田中。这一行动的直接结果是导致了对甘蔗危害最大的害虫之一——甘蔗螟虫数量的激增,用七氯刚刚喷过的农田中很快就爆发了严重的虫灾。原本,喷药是为了消灭火蚁,可没想到却将捕食甘蔗螟虫的那些昆虫也消灭了,农民受灾严重,只能通过起诉州政府寻求赔偿,起诉理由则是州政府没有提前警告他们喷施农药可能造成的严重后果。

伊利诺伊州的农民也得到了同样惨痛的教训。那里的农民为了防止伊利诺伊州东部地区农田中的日本金龟子,用具有致命毒性的狄氏剂对农田进行了全面喷洒。但他们发现,喷药农田中日本金龟子的数量反倒增长迅速。事实上,喷药农田中对玉米生长具有巨大破坏性的螟虫幼卵数量竟然是未喷药农田中的2倍。也许,那里的农民并不了解造成这一切的生物学原理,可他们无须任何科学家告诉就明白他们其实做了一笔赔本的买卖:为了消灭一种害虫,他们却引来了更多更有破坏力的害虫。根据美国农业部的估算,每年,日本金龟子在全美造成的经济损失约有1 000万美元,而因玉米螟虫造成的损失却达到了8 500万美元。

值得注意的是,玉米螟虫的数量原本都是靠自然的力量进行防控的。1917年,这种害虫从欧洲意外传入美国境内,两年后,美国政府终于密集出台了一系列政策,目的是为了寻找并引进玉米螟的寄生虫。自那时起,陆续有24种玉米螟的寄生虫从欧洲及东方国家以高价被引进。这其中,有5种寄生虫被证明对防治玉米螟虫有特效。毋庸讳言,这些努力现在看来全都白费了,这是因为,喷药后这些玉米螟虫的天敌被悉数杀死。

如果你觉得上面谈到的情况荒诞不经，那就了解一下加利福尼亚州柑橘园里的情况。1881年，那里就进行过一次举世闻名的实验，人们用生物防控法成功控制了害虫数量。1872年，一群专门靠吸吮树液为生的介壳虫出现在加利福尼亚州，这之后十五年间，它们逐渐发展成极具破坏性的害虫，加利福尼亚州果园中的柑橘产量急剧下降，新兴的柑橘行业面临破产。很多果农索性放弃种植柑橘，将自家柑橘树纷纷推倒。之后，政府从澳大利亚引进了介壳虫的寄生性天敌，体型微小的澳洲瓢虫。它们被引进后仅仅两年，加利福尼亚州地区种植柑橘的果园里，介壳虫的数量就完全被控制住了。也正是从那时起，人们哪怕在柑橘园中一连找上几日，也不会发现一只介壳虫。

到了20世纪40年代，随着DDT和其他毒性更强的杀虫剂的问世，果农们开始尝试使用这些看上去效果更好的新型化学农药防治其他害虫，然而这样做却导致加利福尼亚州许多地区的澳洲瓢虫被彻底消灭。要知道，引进它们只不过花了政府5 000美金，但它们每年却为果农挽回数百万美元的损失。但因为农民在使用杀虫剂的问题上掉以轻心，澳洲瓢虫带给它们的利益瞬间消失。介壳虫的种群数量再次迅速激增，而其造成的危害则是五十年来所未见的。

加利福尼亚州大学河滨分校柑橘实验站的保罗·德巴赫博士说："这可能标志着一个时代的结束。"如今，若要再想控制住这一地区介壳虫的种群数量是非常困难的。如果想要保持澳洲瓢虫的数量，就必须持续不断地投放更多的澳洲瓢虫，而且人们还要非常认真地关注这里的喷药计划，如此才能最大程度地避免新投放的澳洲瓢虫与杀虫剂接触。可是，不管果农们如何小心谨慎，他们面对周边地区农场主的喷药行为却是无能为力，要知道，随着空气飘散过来的杀虫剂照样也会产生严重危害。

上面这些案例都聚焦于会破坏农作物的害虫，那么那些能够携带病菌的害虫又会造成什么样的危害呢？前车之鉴早就有了，举个例子吧。南太平洋的尼桑岛，第二次世界大战期间，全岛曾被多次喷药。战后，喷药停止。随后，成群结队携带疟疾的蚊子重新在岛上肆虐。此时，这些疟蚊的捕食者早已被杀虫剂消灭殆尽，而这些作为疟蚊天敌的物种在种群数量上尚未恢复到原有水平。于是，疟蚊的数量毫无悬念地出现了爆发式增长。马歇尔·马里兰向我们讲述了整个事件的经过，他将用化学农药控制害虫的方法与人在使用跑步机时的心态相提并论。一旦我们在跑步机上迈出了第一步，我们就不可能停下来了，这就好像我们因为担心出现更为严重的后果，不断加大剂量和频度地喷药一样。

在世界其他一些地区，疾病可能以完全不同的方式与喷药产生关联。因为某些尚不清楚的原因，像蜗牛一样的软体动物似乎完全不会受到杀虫剂的影响，这已被人们多次地观察证实。本书第九章中曾提及在佛罗里达州东部地区，人们对盐沼喷药后所导致的巨大生态灾难，在那次事件中，只有水生螺是幸存者。有人描绘了那骇人的一幕——这一幕仿佛是一个超现实主义画家创作出来的，如雨而下的化学毒药毒死了鱼类和蟹类，而水生螺则在大量死亡的鱼类和招潮蟹尸体上缓缓爬行，大口吞食这些受害者的肉身。

那么，此事重要性何在？说它重要乃是因为水生螺是许多危害的寄生虫的宿主。这些可怕的寄生虫通常在软体动物身上生活一段时间，而另一段时间则会寄生在人体内。比如血吸虫，或说得专业点，裂体吸虫。它们一旦通过饮用水或洗澡水进入人体后就会让人患上非常严重的疾病。血吸虫正是通过其宿主蜗螺类软体动物进入水体之中的。由血吸虫引发的人类疾病在亚洲和非洲地区非常普遍，一旦类似疫情出现，人们采取的化学防控措施则会导致水生螺数量剧增，进而引发更为严重的后果。

当然，人类并非水生螺传播疾病的唯一受害者。牛、绵羊、山羊、鹿、麋鹿、兔子以及其他各种恒温动物也会因为肝吸虫而出现肝脏疾病。这些肝脏寄生虫生命周期中的一部分也是在淡水螺中度过的。存在寄生虫的动物肝脏当然不适合人类食用，按照惯例，只能被禁售。这些禁售令导致全美牧场主每年损失350万美金。任何导致淡水螺数量增加的举措都会让问题变得更为严重。

过去十年间出现的这些问题已经产生了对环境的长远影响，可惜我们至今都未能真正意识到问题的严重性。一大批最适合从事害虫生物防治法研究并将其大力推广应用的人如今却致力于化学防控研究。1960年的一份报告显示，全美仅有2%的经济昆虫学家在生物防控领域耕耘，其余98%的科学家们则忙于开发出更多的化学杀虫剂。

为什么会出现这样的情况？因为大型化工企业在各大高校投入了大把大把的资金，专门用于杀虫剂的开发研究。这既为研究生们提供了颇有吸引力的高额奖学金，同时也为他们提供了颇有吸引力的工作机会。而另一方面，则没有企业会为害虫生物防控研究提供资助——原因很简单，这类研究对促进化学工业的发展没什么好处可言。于是，生物防控技术研究就只能在联邦或州立研究机构开展，较之大型化工企业，那里的研究人员只能拿着微薄的薪酬。

这也解释了一个让我们困惑的现象，那就是为什么有些杰出的昆虫学家竟会是化学防控法的主要倡导者。如果我们调查一下这些学者的研究背景，就不难发现，他们的整个研究项目都是由化工企业资助的。他们在专业领域中的威望，甚至他们的饭碗都与化学防控法能否一直存在下去密切相关。我们能期望他们恩将仇报，反咬自己的恩主一口吗？而一旦了解这些人的偏见，那么我们又会在多大程度上相信杀虫剂无害这种信誓旦旦的保证？

在大多数科学家为化学防控法成为害虫防治主要方法而喝彩的时候，仍有少数昆虫学家不时提出反对意见，他们没有放弃自己的道义担当，而是清楚地认识到自己既不是化学家，也不是工程师，而是生物学家。

英国的 F.H. 雅各布曾说过："从许多所谓经济昆虫学家大力推广害虫化学防治的积极性来看，他们一定是持有这样的观念，即只有在农药喷雾嘴里才能找到解决问题的方法。……倘若虫灾卷土重来，或是害虫们产生了抗药性，抑或是农药毒性危及了哺乳动物的生存，化学家们则会摩拳擦掌，准备研发出更新一代的产品。这样的看法根本站不住脚……说到底，只有生物学家才能给我们提供解决害虫防控这一根本问题的答案。

加拿大新斯科舍省的 A.D. 皮克特博士写道："经济昆虫学家必须意识到他们面对的都是活生生的生命……所以他们的工作也不能仅是做做简单的杀虫剂药效测试或研发破坏性更强的化学农药。" A.D. 皮克特博士本人就是害虫生物防治法这一研究领域的拓荒者，他致力于利用捕食性昆虫和寄生性昆虫实现生物防治。他和同事们探索出的生物防治法今天看来实在是一个光辉的典范，鲜有人能与之媲美。在美国，只有加利福尼亚州的几位昆虫学家开展的害虫综合防治项目能与之相提并论。

A.D. 皮克特博士大约三十五年前就在新斯科舍省安那波利斯河谷的苹果园中开始了他的工作，那里曾是加拿大最重要的果品产区。彼时，人们相信杀虫剂——当时主要还是一些无机化学药品，完全能解决害虫防治问题，唯一需要做的就是引导果农按照推荐的使用方法进行喷施。然而，这一美好想象并未真正实现，不知何故，虫灾肆虐依旧。新的化学杀虫剂不断问世，更好的喷雾设备不断被设计出来，人们以喷药的方式解决问题的热情不断高涨，而虫害还是肆虐依旧。随后，面对苹果卷叶蛾数量的与日俱增，刚刚问世的 DDT 信誓旦旦地保证噩梦必将结束。可施用 DDT 的真正结果却是一场史无前例的螨虫数量大爆发。正如 A.D. 皮克特博士所说："化学防控法不过使我们从一场危机进入另一场危机，用一个问题代替了另一个问题。"

正是在这个意义上，A.D. 皮克特博士和他的同事决意走一条与那些仍然幻想用研发毒性更强的杀虫剂来解决问题的昆虫学家们不同的路。因为意识到他们在自然界拥有强大的盟友，他们设计出一套方案，最大限度地发挥自然的力量控制害虫，同时也最大限度地减少杀虫剂使用。某些情况下，如果不得不使用杀虫剂，也一定要保证使用最低剂量，即将杀虫剂用量控制在刚好可以防控害虫却不会伤及益虫的范围内。准确把握喷药的时间节点也很重要。所以，如果能赶在苹果花露红期之前而不是之后使用硫酸烟碱，那么一种重要的捕食性昆虫就能幸免于难，这大概是因为此时它们还处于卵期之中。

A.D. 皮克特博士挑选化学农药时谨慎非常，他通常只选用那些对寄生性昆虫和捕食性昆虫上危害程度最低的杀虫剂。他说:"如果今天我们已经到了需要使用DDT、对硫磷、氯丹及其他新兴杀虫剂作为常规化学防控手段的地步,那这与过去我们用无机化学药品进行害虫防控有何区别?如果有志于进行生物防控的昆虫学家们都这么做,那无异于是自认失败。A.D. 皮克特博士不使用这些具有高毒性的广谱杀虫剂,他更信赖鱼尼丁(从热带植物的茎中提取出来的毒剂)、硫酸烟碱和砷酸铅。只有在非常特殊的情况下,才会使用浓度非常低的DDT或马拉硫磷(每100加仑浓度仅为1到2盎司——与之相比,正常情况下其浓度则为每加仑1到2磅)。尽管这两种杀虫剂在现代杀虫剂中算是毒性最弱的,但A.D. 皮克特博士仍希望有朝一日能研制出更多安全性更高的替代品。

A.D. 皮克特博士的方案效果如何?从收成中一级果所占比例来看,按照A.D. 皮克特博士改良过的喷药方案进行害虫防治的新斯科舍省果农与仍喷施剧毒农药的果农,两者的果园中一级果比例是一样高的。就总体情况而言,两者都收获满满。然而,遵循A.D. 皮克特博士改良方案的果农实际上花费的总成本要低得多。与其他种植苹果的地区相比,新斯科舍省苹果园的果农用于购买杀虫剂的花费仅为前者的10%~20%。

比上述所有骄人成绩都更重要的是这样一个事实,即这些新斯科舍省的昆虫学家设计出的改良方案绝不会破坏自然平衡。加拿大昆虫学家G.C. 乌里耶特十年前说过的那句充满哲理的话如今正渐渐变成现实:"我们必须改变我们自身的价值观,放弃人类固有的优越感。我们得承认,在许多情况下,我们完全可以从自然环境中找到控制某种生物种群数量的方法与手段,借助自然的力量远比我们自己去蛮干要经济得多。"

第十六章
雪崩声隆隆

若是达尔文活到现在,见到了如今昆虫世界的种种情形,他一定会感到既欣喜又震惊。是的,他提出的"适者生存"理论在当今昆虫世界中得到了最有力的证实。在杀虫剂的强大攻势之下,昆虫种群中的大量"弱者"正在被迅速淘汰。昆虫的种群本来非常多样化,可如今,在很多地方,只有那些具有极强适应能力的物种才能抵抗人类为防治害虫而发起的"攻击"。

近半个世纪以前,华盛顿州立学院昆虫学教授 A. L. 梅兰德提出了一个如今看来根本无须回答的问题:"持续喷药难道不会让昆虫产生抗药性吗?"如果说 A. L. 梅兰德之问在当时确实无法回答,对这个问题的探究在之后一段时间里也进展缓慢,那不过是因为这一问题实在提得太早——在 1914 年而不是 1940 年。在前 DDT 时代,人们使用无机化学物进行害虫防治。今天看来,那时的喷药面积并不算大,可即便如此,生存在化学喷剂和粉剂威胁下的具有抗药性的昆虫也已随处可见。A. L. 梅兰德本人就在防治梨园介壳虫的过程中遇到了麻烦。多年来,通过喷洒石硫合剂,这种害虫的防治工作取得了令人满意的成效。可几乎在一夜之间,华盛顿州克拉克斯顿地区的梨园介壳虫突然数量激增,难以控制——与韦纳奇市的果园、雅基马山谷葡萄种植区及其他地区相比，要想消灭这里的害虫，难度变得非常之大。

事发突然，似乎全美其他地区的介壳虫们都"沆瀣一气"，彼此"串通"好了一样：不管果园主们如何勤勉地大量喷洒石硫合剂，对它们来说好像全无一点作用。目前，全美中西部地区数千英亩原本效益不错的果园都已被这些对杀虫剂"毫无畏惧"的害虫毁掉了。

之后，加利福尼亚州久负盛名的一种害虫防治法——先将帆布篷罩在树上，再用氢氰酸进行熏蒸，在不少地区也被证明完全失效了。针对这一问题，加利福尼亚州柑橘实验站进行了长时间跟踪研究，自 1915 年开始，持续了 25 年时间。还有一种害虫也产生了抗药性，那就是苹果卷叶蛾，或称苹果蠕虫。尽管在过去 40 年中，人们采用喷洒砷酸盐杀虫剂的方法成功控制住了它们的种群数量，可到了 20 世纪 20 年代，苹果卷叶蛾虫灾再次爆发。

不过，直到 DDT 及同类剧毒农药被研制成功，害虫"抗药性时代"才算真正来临。稍微了解一点昆虫或动物种群动态变化知识的人都不会对短短几年之内出现的这些令人忧心的危险情况感到惊讶。然而，人们似乎很晚才意识到，昆虫们手中早就握有了足以对抗剧毒化学物质的有效防御武器。目前，似乎只有致力于对携带病原物的昆虫进行研究的那些科学家才完全意识到人类目前的处境有多么危险，而大部分农业学家则仍乐观地寄希望于开发毒性更强的新型农药来解决问题，他们根本不知道，我们现在面对的困难正源于这些似是而非的道理。

一方面，人们对昆虫产生抗药性这一现象的认识过程还相当缓慢；另一方面，昆虫抗药能力却仍在不断增强。1945 年以前，也就是所谓前 DDT 时代，人们只发现了十几种具有抗药性的昆虫。随着新型有机化学药品的发明与大规模喷药方法的应用，具有抗药性的昆虫种类也变得越来越多，截至1960年，已发现137种昆虫具有抗药性，而这已达警戒程度。不过，没人觉得一切将会到此为止。目前，已有超过1000篇研究昆虫抗药性问题的科技论文发表。世界卫生组织发出声明："抗药性目前已成为疾病传播媒介控制项目中最关键的问题。"这一声明得到了世界各地近300位科学家的声援。专攻动物种群学的英国著名科学家查尔斯·埃尔顿博士说："我们已隐隐听到了轰隆轰隆的声音，也许一场大雪崩就要到来。"

很多时候，抗药性发展得太快。这边刚写好有关某种新研制的杀虫剂控制了某类害虫的喜报，那边就传来了害虫已对此杀虫剂产生抗药性的消息。不妨举个例子，在南非，畜牧者长久以来因蓝壁虱肆虐而感到困扰。只要出现虫灾，仅仅一个牧场每年就会有600头牲畜死亡。多年来，蓝壁虱已经对砷溶剂产生了抗药性。于是，牧民们又试用了六氯化苯杀虫剂。最初一段时间，情况似乎好转起来。1949年年初发布的报告表明已对砷溶剂产生抗药性的蓝壁虱却被六氯化苯这种新型杀虫剂完全控制住了。没想到，到了这年年末又传来一个令人沮丧的消息，蓝壁虱再次对六氯化苯产生了抗药性。面对上述情况，有人在1950年《皮革贸易综述》上发表的文章里写道："类似消息仅仅在科学圈内悄悄传播着，就算在国外出版物中见到，也不过是用豆腐块大小的版面简单介绍一下。其实，如果公众能了解这些事件背后的重要意义，那它们一定会像原子弹爆炸的消息一样引起广泛而巨大的关注。

虽然昆虫的抗药性问题更应引起农业及林业工作者的关注，

但我们最担忧的则是其在公共卫生领域产生的不良影响。昆虫与人类疾病之间的关联由来已久。疟蚊，通过叮咬皮肤，可以使单细胞的疟疾病原体注入我们的血液之中；另一种蚊子专门传播黄热病病毒；还有一种蚊子则携带着脑炎病毒；等等。常见的家蝇，虽然不会直接叮咬人类，但却能通过接触我们的日常饮食传播痢疾杆菌。在世界许多地区，家蝇也是引起人类传染性眼病的主要传播媒介。不妨列出一张由昆虫携带的病菌所引起疾病的清单：斑疹伤寒症由虱子传播、鼠疫由鼠类身上的跳蚤传播、非洲昏睡病由采采蝇传播、各种发热病症都与扁虱有关，类似的例子简直不胜枚举。

问题非常重要，必须尽快解决。任何稍有责任心的人都不会对各种由昆虫传播的疾病视而不见。可当务之急是要想清楚如果我们用来解决问题的方法只会让事情变得更糟，那这样的做法真的明智吗？真的是为大众健康负责吗？我们已经听过太多通过防治能传播疾病的昆虫而成功战胜疾病的好消息，可却很少知道事情的另一面——事实是，在这场"战斗"中，我们的所谓"胜利"持续时间并不长，而最终却往往面对失败的结局。各种强有力的证据都能支持如下令人震惊的结论：通过我们的不懈"努力"，害虫们的耐药性变得更强了。更坏的消息则是，我们为了消灭害虫所使用的杀虫剂反倒使我们自身对病毒的抵抗能力大大降低。

为此，世界卫生组织聘请加拿大杰出的昆虫学家 A.W.A. 布朗对昆虫耐药性问题开展全面调查研究。1958 年，布朗博士针对昆虫耐药性问题的研究专著出版，他这样写道："政府将强效合成杀虫剂引入公共卫生项目后仅仅十年，曾经在数量上被控制住的害虫就因产生了耐药性而重新肆虐,这乃是当今最主要的技术难题。"在这本专著出版的同时,世界卫生组织还发出了这样的警告:"如果不尽快解决昆虫耐药性这一新问题,人类之前为对抗各种虫媒传播疾病,如疟疾、斑疹伤寒、瘟疫等,而做出的努力都将付之东流。"

究竟会退步到什么水平呢?这么说吧,目前几乎所有具有医学重要性的昆虫都有了抗药性。大概只有黑蝇、白蛉和采采蝇尚属例外。另一方面,全球范围内的家蝇和虱子也都有了抗药性。疟疾防控项目的实施因蚊子产生抗药性而受到阻碍。鼠疫的主要传播者——东方鼠蚤最近也已被证明对DDT具有耐药性,而且是超强的耐药性。几乎每个国家都在报告害虫的抗药性问题,目前的情况是,分布于全球各大洲及大部分群岛上的其他物种也都形成了抗药性。

医学上首次使用现代杀虫剂的时间大概是1943年。那是在意大利,盟军政府在人口密集区大量抛洒DDT粉剂,最终成功控制了斑疹伤寒症的蔓延。两年后,更大规模的滞留性喷洒同样成功地将疟蚊的数量控制住了。可没想到,这次胜利后才一年,一些不祥的征兆就开始出现:无论是家蝇还是库蚊都表现出抗药性来。1948年,人们开始尝试使用一种新型杀虫剂——氯丹,以之作为DDT的替代品。这一次,药效持续了两年之久。不过,到了1950年8月,人们再次发现了抗氯丹的苍蝇,到当年年末,所有的家蝇和库蚊全都有了对氯丹的抗药性。看来,昆虫形成抗药性所需的时间几乎与新型农药从研发成功到投入使用所需的时间一样快。截至1951年年底,DDT、甲氧氯、氯丹、七氯及六氯化苯等一系列"各领风骚"一两年的化学农药全都没什么效果了。与此同时，苍蝇的数量"多到令人难以置信"。

20世纪40年代，意大利撒丁岛也发生了同样的事件。在丹麦，含DDT的产品自1944年起开始被使用，然而，到了1947年，这些杀虫剂不再有效，苍蝇防治计划宣告失败。1948年，埃及一些地区的苍蝇开始对DDT产生抗药性，改用六氯化苯后不到一年，苍蝇又开始对这种新的杀虫剂产生了抗药性。埃及一个村庄的问题特别具有代表性：1950年，该村使用杀虫剂，苍蝇肆虐的情况有了明显好转。同年，该村新生儿死亡率降低了近50%。然而，好景不长，才过了一年，这里的苍蝇就产生了对DDT和氯丹的抗药性。苍蝇数量与新生儿死亡率又恢复到原有水平。

在美国，1948年的时候，田纳西山谷中的苍蝇们就普遍产生了对DDT的抗药性。其他地区也相继出现类似情况。为了重新达到害虫防治目的，人们开始使用狄氏剂，不过收效甚微，因为在很多地方，苍蝇们不到2个月就会产生对狄氏剂的强烈抗药性。在试遍了当时所有的氯化烃类杀虫剂以后，害虫防治机构决定转而改用有机磷酸盐类杀虫剂。不过，同样的事还会再次发生，抗药性仍然很快就产生了。对此，专家们目前给出的结论是："杀虫剂的功能暂不包括家蝇数量防控，若要避免出现家蝇肆虐的情况，必须改善总体的环境卫生情况。"

DDT曾在那不勒斯市成功防治体虱的实践中起到过重要作用，这可以说是DDT取得的最早且最广为人知的一项成就。在意大利进行的防虫工作大获成功以后，1945~1946年的冬天，DDT的使用再次成功将体虱的数量控制住，日本和韩国大约200万人得以免受体虱肆虐之苦。到了1948年，西班牙流行性斑疹伤寒症大爆发，人们再次尝使用DDT消灭传播这种流行病的恶螨，但最终却失败了。这似乎在一定程度上预示了未来的困难。尽管在实际应用中已经出现了失败的案例，但一些令人欢欣鼓舞的实验结果却使昆虫学家们坚信虱子不可能产生抗药性。1950至1951年的那个冬天，发生在韩国的一件事令人震惊：一群韩国士兵在用过DDT粉剂后，身体上的虱子出人意料地不减反增。很快，他们身上的虱子被取样拿去化验，结果发现，浓度为5%的DDT粉剂根本不会让虱子死亡。科学家对从东京流浪汉，板桥区贫民窟，叙利亚、约旦、埃及东部的难民营采集而来的虱子样本进行检测，结果均证实DDT对防治虱子和斑疹伤寒已经毫无效果。截至1957年，更多国家的科学家们发现，虱子已对DDT产生抗药性。这些地方还有：伊朗、土耳其、埃塞俄比亚、西非、南非、秘鲁、智利、法国、南斯拉夫、阿富汗、乌干达、墨西哥、坦噶尼喀，等等。事实证明，DDT最初在意大利害虫防治战中取得的辉煌胜利真的已成为明日黄花了。

希腊的萨氏按蚊是最早对DDT产生抗药性的疟蚊。始于1946年的大规模喷药行动取得了初步成效，然而，到了1949年，有观察员发现，虽然喷过药的房屋及马厩牛棚里不见了疟蚊的踪影，但路桥下却聚集着大量的疟蚊。很快，疟蚊的聚集地进一步扩展到地窖、屋外的仓库、涵洞、阴沟以及橙子树的树叶及树干等处。显然，正因为产生了对DDT的抗药性，这些疟蚊才得以从喷了药的屋子里逃了出来，它们暂时聚集在野外，静待一切恢复如常。果然，几个月以后，它们又可以再次飞回房屋之中。这一次，人们在喷过药的墙壁上发现了它们。

其实，这只是一些前兆罢了，日后的形势要严峻得多。按蚊属的蚊子对杀虫剂的抗药性之所以会以令人吃惊的速度向上飙升，正是因为政府旨在消除疟疾而开展了一系列家庭喷药项目。1956年的时候，还仅有5种按蚊属的蚊子具有抗药性，可到了1960年初，5种变成了28种！这些对杀虫剂产生了抗药性的蚊子中，包括不少能传播疟疾病毒的危险异常的种类，它们在西非、中东、中美洲、印度尼西亚及东欧等地肆虐。

对于其他那些能携带和传播病菌的蚊子来说，情况并无二致。在世界许多地方，一种携带象皮病病源寄生虫的热带蚊子也产生了强烈的抗药性。在美国一些地方，携带西方马脑炎病毒的蚊子同样产生了抗药性。更严重的问题是，连能传播黄热病病毒的蚊子也产生了抗药性。要知道，几个世纪以来，黄热病一直都是世界上最严重的瘟疫之一。目前，在东南亚地区，不少种能传播黄热病病毒的蚊子已经开始产生抗药性，而在加勒比地区，这一情况早已非常普遍。

世界多地的报告都显示，昆虫一旦产生抗药性，则会导致疟疾和其他传染性疾病的爆发。1954年，因特立尼达岛携带病菌的蚊子产生了抗药性，其数量一度失控，而紧随其后那里的黄热病就出现了大爆发。因为同样的原因，印度尼西亚和伊朗两地，感染疟疾的人数出现了快速增长。在希腊、尼日利亚和利比里亚，蚊子仍携带和传播着疟原虫。大量苍蝇被消灭后，格鲁吉亚的传染性腹泻病患者人数曾一度明显减少，不过效果仅持续了大约一年左右。在埃及，急性结膜炎发病率的降低同样得益于对苍蝇数量的防控，可持续时间仍然短暂，没到1950年，发病率就再次上升。

有证据表明，佛罗里达州的盐沼蚊也表现出抗药性。当然，它们对人类健康的影响并不严重，可同样令人感到烦恼，因为它们会造成巨大的经济损失。虽然不携带病菌,可因为嗜血成性的盐沼蚊成群结队地出现在佛罗里达州的沿海地区,那里已变得不适合人类居住。除非盐沼蚊的数量得到有效控制。可真要有效控制其数量谈何容易,而且,就算控制住了,也不过是暂时的而已,害虫很快还会卷土重来。

鉴于各地的普通家蚊现在也已经出现了抗药性,不妨给成千上万个社区的负责人提个醒:常规的大规模喷药计划现在可以休矣。普通的家蚊如今对多种杀虫剂都产生了抗药性,其中,对应用最广泛的DDT抗药性最强。只要看看发生在意大利、以色列、日本和包括加利福尼亚州、俄亥俄州、新泽西州、马萨诸塞州的美国部分地区的情况便可一目了然了。

蜱虫也是个问题。传播斑疹热病毒的木蟑最近被证明已经产生了抗药性;褐色犬蜱早已形成了对致命化学药物全面而彻底的防御能力。而这,无论对人类还是犬类都不是什么好消息。褐色犬蜱本是亚热带物种,不过若是它要一路向北来到新泽西州过冬,那就只能生活在温暖的室内而不能在外面的冰天雪地中生存。1959年夏,供职于美国自然历史博物馆的约翰·C. 帕里斯特报告说,他所在的部门接到了大量住在附近中央公园西大道的居民打来的电话。"铃声不时响起",他说,"整整一栋公寓楼到处都爬满了蜱虫的幼虫,想要消灭它们势比登天。也许就是一只狗将中央公园中的蜱虫带了回来,然后,蜱虫在公寓中产卵,虫卵在公寓中孵化。它们似乎对DDT或氯丹以及大部分现代杀虫剂都有免疫能力。曾经,在纽约市见到蜱虫是非常不寻常的事,可如今,这里到处可见它们的身影。不仅如此,长岛、韦斯切斯特县甚至康涅狄格州都出现了蜱虫。对于这一反常现象,我们已经跟踪观察了有五六年时间。"

目前,遍布北美大部分地区的德国小蠊已对氯丹产生了抗药性。要知道,氯丹曾经可是被誉为"德国小蠊终结者"的,是最受欢迎的杀虫武器,可如今它的地位却只能被有机磷杀虫剂取代。然而,德国小蠊对这些新的杀虫剂也很快就产生了抗药性。照目前的趋势来看,这些新登场的"德国小蠊终结者"恐怕也要面对同样的问题:谁是新的替代者?

虫媒传染病防治机构当前主要面对的问题就是,随着昆虫抗药物能力的不断增强,他们也要相应地推出毒性更强的杀虫剂。虽然我们的天才化学家总能研制出更新的化学产品,可谁又能保证他们的研发速度永远与昆虫抗药性增强的速度一样快?布朗博士指出,我们正沿着"一条单向街道"前行,没有人知道这条街究竟有多长。如果我们在将携带病菌的昆虫数量控制住之前就发现前行无路了,那么我们的处境着实是相当危险的。

那些大肆破坏庄稼的昆虫同样也产生了抗药性。

早期,仅有十几种对农业生产具有破坏性的害虫出现对无机化学杀虫剂的抗药性。如今,更多种类的农业害虫都产生了对DDT、六氯化苯、林丹、八氯莰烯、狄氏剂、艾氏剂甚至是被寄予厚望的磷酸盐杀虫剂等的抗药性。截至1960年,对庄稼具有巨大破坏性的昆虫中,有65种都产生了抗药性。

1951年,也即首次使用DDT进行害虫防治后大约6年,美国就出现了第一例农作物害虫产生抗药性的事件。或许最为棘手的问题是关于苹果卷叶蛾的防治。事实上,当今世界所有苹果产区的卷叶蛾都已具有对DDT的抗药性了。卷心菜害虫的抗药性是另一个严重的问题。同样,美国多地也出现了马铃薯害虫在大规模喷药防治后仍正常存活的情况。6种棉花害虫、蓟马、梨小食心虫、叶蝉、毛虫、螨虫、蚜虫、金针虫以及其他各种害虫如今都可以完全无视农民们的喷药行动。

或许可以理解，化学工业的从业者们并不愿去面对抗药性这一令人不快的事实。1959年，超过100种重要的昆虫都出现了非常明显的抗药性。甚至在这种情况下，一家农业化学领域的主要期刊仍旧在刊出的文章中抛出昆虫抗药性"究竟是事实还是臆测"这样荒谬的疑问。可就算化学工业的从业者们转过脸去对这样严重的问题不闻不问，问题也不可能自己消失，从昆虫抗药性导致的经济损失就可见一斑。首先，用喷药来防控害虫数量，成本正在持续增长。提前大量囤积化学药品也非明智的做法，这是因为今天还是最有效的杀虫剂，可能明天就完全不起任何作用了。用于支持和推广一种杀虫剂的巨额投资很可能会付诸东流，因为昆虫出现的抗药性一再证明，靠蛮力不可能有效解决自然环境问题。不管科技进步的速度有多块，多少新型杀虫剂被研发出来，多少新的喷施方法被创造出来，我们最终都会发现，害虫总会领先一步。

恐怕连达尔文本人也很难再找出一个比抗药性机制的形成更能说明自然选择的例子了。要知道，即使是来自同一个种群，不同的昆虫个体在身体结构、行为方式或生理机能等方面也有着很大的差别。只有那些"不屈不挠"的昆虫才能在强大的杀虫剂攻势面前存活，而喷药只能杀死那些弱小者。那些幸存的昆虫有着与生俱来的本领，这足以使其躲过一劫。通过简单的遗传，这些抵抗力超强的幸存者会拥有自己的后代。它们的后代一出生就继承了先辈们这种"不屈不挠"的"优良品质"。正因如此，用剧毒化学品进行大规模喷施不仅不会使害虫问题得到解决，反而会让问题变得更糟。通过遗产，只需几代以后，原本强者和弱者共存的害虫种群生态消失不见，留下的是一群"决不投降"、具有强大抗药性的害虫。

昆虫抵抗化学药剂的方法可能千差万别，我们目前尚未全面了解。有人认为，某些昆虫之所以会形成对化学物质的抗药性与其身体结构的优势有关，但这一解释目前并无实际证据证明。不过，布雷约博士的一些观察还是可以清楚地证明有些种类的昆虫的确先天就具有对化学物质的免疫性。布雷约博士报告了他在丹麦斯普林福比害虫防治研究所对苍蝇的观察结果。"它们像在家中那样放松，快乐无比地飞舞。这令人想起原始社会的巫师在烧红的炭火上欢腾跳跃，进行着一场神秘的祭祀。"

世界其他地区也传来类似的报告。在马来半岛的吉隆坡，蚊子在初次接触 DDT 时的反应都是马上离开喷了药的地方。然而，随着抗药性的增强，人们用手电筒的光照过去就可以清楚地看到它们就落在积存了大量 DDT 的地方休息。再举一例，台湾南部地区的军营里，士兵们发现产生了抗药性的臭虫活蹦乱跳，而它们的身上沾满了 DDT 粉末。人们做了个小实验，拿一块用 DDT 浸透了的布，把臭虫放在上面。结果发现，它们足足活了一个月，而且还在那块布上产了卵，产下来的卵竟然也安然无恙，健硕无比。

昆虫的抗药能力也不完全一定有赖于其身体构造。对 DDT 有抗药性的苍蝇体内有一种酶，可以将杀虫剂中毒性较强的 DDT 转化为毒性较弱的 DDE。这种酶只有在携带了具有抗 DDT

遗传基因的苍蝇体内才会被发现。这当然意味着，遗传因素也是昆虫形成抗药性的原因之一。目前，关于苍蝇和其他害虫是如何让体内有机磷酸盐类化合物的毒性减弱这一问题，我们还所知甚少。

昆虫的某些行为习惯也可能使其远离化学毒药。许多工人都注意到，越是对杀虫剂有抗药性的昆虫就越可能落在那些没有喷过药的地方，它们很少落在喷过药的墙上。有抗药性的家蝇也总习惯于停留在一处没有喷过药的固定地方，这也大大减少了它们与药物残留接触的可能性。有些疟蚊的行为习惯也使其很少有机会与 DDT 接触，如此一来，也就相当于有了免疫力。一旦受到药物刺激，它们也会马上离开室内，来到户外生存。

通常，昆虫产生抗药性需要两到三年的时间。当然，有时可能也仅需要一个季度甚至更多的时间。还有另一种可能，即有些昆虫需要长达六年的时间才能产生抗药性。抗药性的产生往往与某种昆虫在一年内繁殖的次数有关，而这又因物种本身情况和外界气候状况而不断变化。比如说，加拿大的苍蝇比美国内部地区的苍蝇形成抗药性的时间要更慢一些，这是因为后者有着漫长的夏季，有利于苍蝇快速地繁殖。

人们有时会满怀希望地问："如果昆虫会产生对化学毒物的抗药性，人类是否也可以呢？"理论上讲，可以。不过，这可能需要几百甚至上千年的时间，这恐怕不会给生活在今天的人们带来什么安慰。需知，抗药性并不会在某一个体身上凭空出现。如果某种生物生来就比其他物种更不易受到毒药的威胁，那它就最有可能生存下来并繁衍后代。这样说的意思是，抗药性乃是一个种群经过几代甚至几十代才发展出来的。人类的繁衍速度大概是每个世纪三代人,可对于很多昆虫来说,只需几天或几周时间,新的一代就产生了。

布雷约博士在荷兰植物保护局任职期间曾说过:"真正的明智之举是:在某些情况下,我们宁可选择承担少量损失,也不可为眼前利益而盲目采取一些手段使自己因丧失了战斗力而在未来付出沉重的代价。最切实可行的建议是:'尽可能少或不喷药'而不是'竭尽所能地喷药'……加之于害虫种群的压力尽可能越小越好。"

非常不幸,上述观点并未得到美国农业部的认可。1952年的《农业部年鉴》几乎从头至尾都在谈论昆虫问题,农业部承认昆虫们正变得越来越有抗药性这一事实,但却在年鉴中写道:"只要持续加大杀虫剂用量并扩大喷药范围,害虫的数量就能够得到有效控制。"农业部并没有告诉我们,若是现在只剩下唯一一种化学农药,人类使用它不仅能消灭所有的昆虫,甚至还能让所有的生命都在地球上消失,人类应做出什么样的选择。1959年,在农业部给出持续加大杀虫剂的意见七年后,《农业与食品科学杂志》援引了康涅狄格州一位昆虫学家的研究成果,该项研究表明,至少对一两种害虫来说,最后可用的新型防治药品已经投入使用了。

一切正如布雷约博士所说:

……在害虫防治这件事上,我们应该积极探索更多其他的方法,我指的是生物防治法而非化学防治法。我们的目标应该是尽可能小心谨慎地引导自然向我们希望的方向发展,而不是使用暴力蛮干……

我们需要更为高尚的研究动机,这样才能拥有更长远的眼光。可在很多研究者那里，我看不到这样的东西。生命是一个奇迹，我们很多时候真的无法理解造物的神奇。所以，就算有时我们不得不与自然抗争，能不能保留一点敬畏之心。……动用杀虫剂这样的化学武器去进行害虫防治只能证明人类的无知和无能，我们没办法引导自然向更好的方向发展，于是就用蛮力进行毫无必要的干预。我们需要一颗谦卑之心，科学研究容不得一丝一毫的自负自大。

第十七章
另一条道路

我们现今正站在两条道路的交叉口。然而与罗伯特·弗罗斯特在那首脍炙人口的诗作中描绘的道路迥然有异,这是两条完全不同的路途。[1]我们长久以来所走之路看似容易,它就仿佛一条我们可以在上面飞速行驶的顺畅的高速公路,但它的尽头却是灾难。另一条分叉路——一处"人迹罕至"的所在,则给我们提供了最后的,也是唯一的保住地球的机会。

终究,选择还是要我们自己来做。如果,忍耐的时间太长,以至我们终于坚信我们"有权利知道";如果,我们认识到并最终断定我们正在被要求去冒无谓而可怕的风险,那么我们绝不应再接受任何告诉我们必须用化学毒物洒满整个世界的那些人的建议。我们应环顾四周,睁眼去看看那些向我们敞开的其他可能。

的确有多种可用来替代化学防治害虫的非凡方案可被利用,

---

[1] 罗伯特·弗罗斯特原诗为:"Two roads diverged in a wood, and, I took one less traveled by, and that has made all the difference."(两条路在树林中分叉,而我,选择人迹罕至的那一条,从此决定了注定不平凡的一生。)罗伯特·弗罗斯特在这里只是以分叉路作为人生道路的隐喻,表现天才迥异于庸人的独特之处。本书作者在这里借用此诗,则以两条道路隐喻人类未来的两种可能:一种充满绝望、一种充满希望,这自然与罗伯特·弗罗斯特诗中的语境完全不同。

有一些目前正在被应用并已取得了出色的成绩，还有一些则处于实验室试验阶段，更有一些仅仅存在于那些富有创造力的科学家们的头脑中，正待寻找机会将其付诸检验。以上所说的共同之处在于：它们都是生物学的解决方案，基于对人们试图防控的生物及其所属的整个生物关系网的理解。生物学广阔领域中各种不同细分领域的专家们都做出了贡献——昆虫学家、病理学家、遗传学家、生理学家、生物化学家、生态学家，他们将自己的知识与极富创造力的灵感都倾注在生物防控学这一新兴科学的建立上。

"任何科学都可以被比作一条河流"，约翰·霍普金斯大学生物学家卡尔·斯万森如是说，"它有着低调无名的源头，时而静水深流，时而湍流急奔；时而进入枯水期，时而又水量丰沛。无数研究者的工作使其蓄势待发，无数思想的涓涓细流汇入使其变成大河。逐步形成的概念和对科学规律的概括使这条河流变得更为深沉与宽阔。"

现代意义上的害虫生物防治学就是如此。在美国，这门科学其实在一个世纪以前就有了鲜为人知的开端。彼时，人们首次尝试引进那些给农民带来麻烦的害虫的天敌们。这份努力曾进展缓慢，或者竟完全停滞，然而也不时在巨大成功的推动下得以提速并获得新的动力。20世纪40年代，生物防治研究几乎没有任何进展，应用昆虫学领域的研究人员开始盲目相信各种新型杀虫剂的效果，它们放弃了所有害虫生物防治手段，也走上了"化学防治这条不归路"。一旦走上这条路，人类就与生活在没有昆虫的世界这一目标渐行渐远了。当前，至少有一点是非常清楚的，那就是毫无顾忌地滥用杀虫剂对人类的伤害要远远大于对人类意欲消灭的那些害虫带给我们的伤害。在这种情况下，随着新的环保思潮不断涌现，曾一度被忽视的生物防治科学重又受到了人们的关注。

最引人注意的新方法是将某个种群的昆虫"分化"——让其"自相残杀"。这些新方法中，尤以美国农业部昆虫学研究分部主任爱德华·尼普林博士和他的团队独创的"雄性绝育法"最引人注目。

大约二十五年以前，爱德华·尼普林博士提出了一个在当时让同行们感到震惊的相当独特的昆虫防治方法。他的理论是，首先通过人工干预让大量的雄性昆虫绝育，之后再将它们投放到自然环境中去。在一定条件下，这些绝育的雄性昆虫会在与繁殖能力正常的野生雄性昆虫的竞争中获胜。若能反复多次投放，绝育的雄性昆虫就会越来越多，雌虫则只能产下无精卵，从而导致这个种群最终消失。虽然这一新的设想遭到官方的漠视和其他科学家的怀疑，但爱德华·尼普林博士始终没有放弃做进一步地思考。若想要这一方法付诸实践，当务之急、最需要解决的问题就是——找到能够让大量昆虫绝育的切实可行的办法。理论上讲，早在1916年，科学家们就已经发现X射线会导致昆虫绝育。当时，一位名叫G.A.朗纳的昆虫学家曾报告过X射线导致烟草甲虫绝育的案例。20世纪20年代末，赫尔曼·米勒发现X射线会造成基因突变，这一开创性的研究成果为害虫防治提供了许多新的思路。到了20世纪中叶，从更多研究人员的报告中，我们获悉，目前至少可以证明X射线或伽马射线可以造成十几种昆虫绝育。

不过，这些都还仅是实验而已，距离实际仍有很长一段路要走。1950年前后，爱德华·尼普林博士经过一系列的努力，终于将实验室中培育出来的绝育昆虫变成了防治害虫的有力武器——专门用于消灭美国南部地区主要的牲畜害虫之一——螺旋蝇。螺旋蝇的雌蝇会将它们的卵产在恒温动物裸露的伤口上，孵化出来的幼虫就寄生在牲畜身上，靠寄主的肉为生。成年肉牛在严重感染后 10 日内即可死亡。据估算，全美每年因螺旋蝇导致牲畜死亡，造成的经济损失就高达 4 000 万美元。野生动物死亡情况虽然统计起来较为困难，但毫无疑问，损失也一定是非常惨重的。得克萨斯州部分地区鹿群数量的急剧减少也与螺旋蝇脱不了干系。其实，螺旋蝇是一种热带或亚热带昆虫，原本生活在拉丁美洲国家和墨西哥。在美国，原来也只能在西南部地区见到它们的身影。然而，1933 年前后，螺旋蝇被意外地引进到佛罗里达州，那里的气候又恰好适合这一种群过冬及大量繁殖，所以它们最终也在那里扎了根。随后，大量螺旋蝇甚至还来到了亚拉巴马州南部地区及佐治亚州，这也很快使美国东南部地区畜牧业遭受的损失达到年均 2 000 万美元。

过去这些年，供职于得克萨斯州农业署的科学家们搜集了大量有关螺旋蝇的生物学信息。到了 1954 年，在佛罗里达州几个岛屿上开展的小范围试验获得成功以后，爱德华·尼普林博士准备全面验证他的理论。为此，他与荷兰政府进行协商，获批在加勒比海上的库拉索岛进行更大规模的实验。这里距离大陆至少有 50 海里的距离。

自 1954 年 8 月份开始，佛罗里达州农业署实验室培养的绝育雄性螺旋蝇被空运到库拉索岛，以每周每平方英里 400 只的速度进行空投作业。实验山羊身上的螺旋蝇卵块几乎立刻就开始变少，螺旋蝇的繁殖能力也大大下降。从投放绝育雄性螺旋蝇开始，仅仅过去 7 周时间，所有螺旋蝇卵就都无法孵化出幼虫了。再之后，甚至连一个螺旋蝇卵块都无法找到。库拉索岛上的螺旋蝇真的被彻底消灭了。

得知库拉索岛的实验大获成功，佛罗里达州的牲畜饲养者也希望能够用类似的方法摆脱螺旋蝇带给他们的困扰。虽然在佛罗里达州推广生物防治法相对来说困难要大得多——佛罗里达州的州域面积为库拉索岛的300倍。1957年，美国农业部和佛罗里达州还是共同出资支持螺旋蝇灭除计划。这项计划包括：成立专门的"苍蝇工厂"，每周"生产"大约5 000万只绝育的螺旋蝇。租赁20架轻型飞机，按照既定航线将这些螺旋蝇空投下去。每架飞机日均作业时长为5~6小时。每架飞机每次携带1 000只纸箱，每只纸箱里有200~400只经辐射处理后绝育的螺旋蝇。

1957~1958年的冬天寒冷异常。在佛罗里达州北部，气温一度降至冰点。对于螺旋蝇灭除计划来说，这实在是一个千载难逢的机遇。因为低温，螺旋蝇种群本来在数量上就已经减少，而且，在漫漫冬日，它们也会在一块不大的地方集中生活。整个项目经过足足17周的时间才算基本完成，在佛罗里达州全域、佐治亚州及亚拉巴马州部分地区共计投放人工繁殖出的绝育螺旋蝇35亿只。最后一例因螺旋蝇叮咬牲畜伤口致其感染的报告出现在1959年2月份。接下来的几周，仅有数只螺旋蝇落入诱捕器中。从那时以后，人们就再也找不到螺旋蝇的踪迹了。螺旋蝇在美国东南部彻底绝迹，彰显出科学创新精神的价值。正因为科学家对基础研究的坚持，才有了今天的成绩。

当前，密西西比州已经设立了防疫隔离屏障，尽最大努力防止螺旋蝇从西南部地区重新进入东南部地区。要知道，西南部地区还"盘踞"着大量的螺旋蝇。要想彻底消灭那里的螺旋蝇非常困难，除地域面积太广这一原因之外，我们还得考虑到，就算美国境内的螺旋蝇被消灭殆尽，墨西哥的螺旋蝇还会继续入侵。尽管如此，考虑到虫灾一旦爆发，损失不可估量，农业部似乎仍希望尽快启动一些项目，哪怕只是将螺旋蝇种群数量控制在较低水平也可。这些项目很快就会在得克萨斯州和西南部其他虫灾较重的地区进行试点。

螺旋蝇防治项目的大获成功引起了人们强烈的兴趣，很多人希望用同样的方法防治害虫。当然，并非所有昆虫都适合用这一方法消灭掉，这多半要取决于害虫生命周期的长短、种群密度及对辐射的敏感程度等因素。

目前，英国已经开始进行相关实验，希望通过这种方法消灭罗得西亚（津巴布韦旧称——译者）的采采蝇。整个非洲有约三分之一的土地上出没着采采蝇，它们不仅危害人类健康，更使那里大约450万平方英里水草肥美的草场上不见一只牛羊。采采蝇与螺旋蝇的生活习性截然不同，虽然辐射同样也能使其绝育，但在大面积推广生物防控法前，仍有许多技术难题需要被攻克。

英国已经对大量昆虫进行了辐射敏感度测试。美国科学家目前也得出了一些令人振奋的初步研究结果。他们在夏威夷对瓜实蝇、东方果蝇及地中海果蝇进行了实验室研究，还在遥远的罗塔岛上进行了田间试验，针对玉米螟和甘蔗螟的实验也在进行中。事实证明，大部分医学昆虫的种群数量都可以通过雄性绝育法加以控制。一位来自智利的科学家指出，他所在的国家虽然大力推广用杀虫剂防治害虫，可疟蚊肆虐依旧。若是真想把它们消灭，只能大量投放绝育雄性疟蚊，这可被视为人类在与疟蚊的"战斗"中发出的"最后一击"。

不过，很明显，通过辐射让雄性昆虫绝育的做法操作起来并不十分容易，人们也正在探索能达到类似效果的其他更为简便的方法，研发化学绝育剂的热潮正是在此背景下出现的。

佛罗里达州农业署实验室的科学家们现在正尝试新的家蝇绝育法，即在家蝇常吃的食物中加入一些化学绝育剂。这一研究既在位于奥兰多市的实验室中进行，也在野外同步进行。1961年，科学家们选择了佛罗里达群岛中的一个小岛进行野外实验。仅仅过了5个星期，小岛上的苍蝇就几乎消失不见了。遗憾的是，小岛很快又被从周遭其他岛屿飞来的苍蝇占据了。不过，作为一个试点项目，这次实验仍是非常成功的。我们也不难理解为何农业部从此就开始对化学绝育剂满怀期待。首先，正如我们所知道的那样，在目前的情况下，用杀虫剂几乎不可能防控家蝇数量，因而自然就需要一种全新的防控方法。而辐射绝育法的主要问题就是其不仅需要用大量人力对昆虫进行辐射作业，而且为了达到防控效果，投放到环境中的雄性绝育昆虫在数量上必须要多于野生种群数量。如果要消灭螺旋蝇，这样做当然没有问题，因为螺旋蝇种群数量并不算太大。然而，如果为了消灭家蝇而向环境中投放2倍以上的绝育雄蝇，哪怕告诉民众这仅仅是暂时的，也必然遭到强烈反对。这就凸显出化学绝育剂的优点了，完全可以将化学绝育剂掺入饵料之中并大量投放在苍蝇常去的地方，苍蝇吃了这种食物就会绝育。假以时日，绝育的雄蝇数量占据压倒性优势，这一种群的末日就快到了。

对化学绝育剂进行的有效性试验远比某种化学药品的毒理实验复杂得多。要评估某种化学绝育剂是否有效果需要30天的时间——虽然，对几种化学绝育剂的效果评估可以同时进行。1958年4月到1961年12月这段时间，奥兰多实验室筛查了近百种化学绝育剂，对它们的效果进行了评估。尽管最终只有几种化学绝育剂被证明有效，农业部的官员们已经很满意了，毕竟，这意味着我们握有成功的希望。

如今，农业部下属的其他实验室也都开始着手进行昆虫化学绝育剂有效性的评估测试，厩螫蝇、蚊子、象鼻虫及各种果蝇的化学绝育剂都在受试之列。虽然测评工作仍在持续进行中，但毕竟用化学绝育剂进行害虫防治的方法刚刚出现不久，能取得这些成果已属不易。理论上讲，化学绝育剂有着不少吸引人的特点。爱德华·尼普林博士指出，有效的昆虫绝育剂在昆虫数量防控中起到的作用"很容易超过那些最好的杀虫剂"。不妨假设这样一种情况：现在，有一种害虫，其种群数量为100万只，每繁衍一代，种群数量就是原来的5倍。如果用杀虫剂可以消灭每一代中90%的昆虫，那么繁衍三代后，这一种群还会剩下12.5万只。相比之下，如果某种化学绝育剂能使第一代昆虫中90%都绝育，那么繁衍三代后，这种昆虫只会剩下125只。

不过，这种方法也并非没有问题。不能忽视的事实是，一些化学绝育剂有剧毒。很幸运，至少在相关研究开展早期，该领域大部分科学家都相当谨慎，他们致力于寻找安全的化学绝育剂并探索更为安全的使用方法。可尽管如此，还是不时可以听到从空中喷洒化学绝育剂的建议，比如，就有人提议向被舞毒蛾幼虫啃噬过的树叶上大量喷洒化学绝育剂。可是，如果没有提前对化学绝育剂可能造成的危险进行全面评估就贸然采取行动，这样的做法是非常不负责任的。如果使用化学绝育剂的潜在危害没有被我们时刻牢记于心，那我们很容易就会陷入比滥用杀虫剂更严重的困境之中。

化学绝育剂目前主要分为两大类，其发挥作用的方式都很有意思。第一类化学绝育剂与细胞的生命进程或新陈代谢密切相关。换句话说，这种绝育剂的化学成分与细胞或组织需要的某种物质非常相似，机体会将其"错误地"认为是真正的代谢物质，从而试图将其吸收并让其参与体内正常的新陈代谢活动。可绝育剂与身体真正所需的物质毕竟在很多地方存在细微差异，它们一旦真的参与到新陈代谢的过程中，反而会使这一过程戛然而止。

第二种化学绝育剂会作用于昆虫的染色体，可能对构成基因的化学物质造成影响并进而导致染色体破裂。这类绝育剂是烷化剂，属于活性极强的化学物质，能使细胞严重受损，破坏染色体并导致其发生突变。供职于伦敦切斯特·比蒂研究所的彼得·亚历山大博士认为："任何能成功导致昆虫绝育的烷化剂同时也一定是强效诱变剂和致癌物。"彼得·亚历山大博士觉得任何关于使用这类化学物质进行害虫防治的想法都应"遭到最严厉的反对"。因此，我们希望，目前进行的实验不是为了研究如何将这类化学绝育剂投入实际防治工作中，而是研发出真正安全且仅对害虫本身起作用的绝育剂。

在当前研究中，最令人感兴趣的工作是从昆虫分泌物中提取出物质，再将这些物质作为攻击其他昆虫的利器，所谓"以毒攻毒"是也。我们知道，昆虫会分泌各种不同的毒液、引诱剂以及趋避剂，那么这些分泌物的化学性质是什么呢？我们是否有可能从中选择几种制成杀虫剂呢？康奈尔大学和各地的科学家们目前正尝试回答上述问题，他们正致力于研究昆虫因时常遭到天敌攻击，为了自我保护而形成的防御机制；同时，也对昆虫的分泌物进行了分析检测。还有一些科学家则致力于研发所谓的"保幼激素",这是一种具有强大威力的化学物质,它能在幼虫尚未发育为成体之前阻止其变态。

在对昆虫分泌物的探索中,也许最及时、最有用的研究结果就是昆虫假饵或称之为"昆虫引诱剂"的发现。再一次,大自然为人类指明了方向。使用"引诱剂"防治舞毒蛾的案例特别引人关注。雌性舞毒蛾身形笨重,难以高飞。它们只能生活在近地面区域,甚至就生活在地面上。你有时会看到雌蛾落在低矮的灌木上轻拍双翅,或是见到它们正慢慢爬上树干。相反,雄蛾的飞行能力则要强得多,它们甚至会追踪雌蛾特殊腺体散发出来的气味,从很远的地方一路飞来。科学家们决定利用舞毒蛾这一习性,许多年来,他们艰难地进行着各种实验,试图从雌蛾体内提取出这种性引诱剂。随后,科学家将提取出的引诱剂置于舞毒蛾活动区域的边缘地带,如此就能对其种群数量进行统计。不过,这项工作耗资太大。尽管美国东北部各州都宣称受到舞毒蛾的侵扰,可最终发现那里的雌蛾数量还是太少,不足以提取出足够的性引诱剂。于是,政府只好从欧洲进口手工采集的雌蚕蛹。有时,每只雌蚕蛹的价格竟高达 0.5 美元。经过多年的努力,最近,美国农业部的化学家们终于掌握了从雌蛾体内提取出性引诱剂的技术。可以毫不夸张地说,这乃是重要的科学突破。紧随其后,科学家们又成功地从蓖麻油中提取出一种物质,其与从雌蛾身上提取出的性引诱剂非常相似。这种物质不仅可以成功骗过雄蛾,而且与雌蛾腺体中分泌的物质具有完全相同的引诱效果。更重要的是,只需在捕虫器中放入 1 微克(也就是 0.000 001 克)这种物质,就能产生良好的引诱效果。

上述成就不仅具有重要的学术价值，这种新型的舞毒蛾性诱剂因其低廉的成本，不仅可被用来进行种群数量统计，更可用来防控种群数量激增。现在，科学家们正在对这种诱变剂可能具有的更多功能进行试验。其中有一项试验——姑且称之为"心理战"吧，就是将这种诱变剂掺入到颗粒材料后再进行空投。这样做的目的是为了"在心理上"迷惑雄蛾，改变其正常的行为模式。因为诱变剂也会发出和雌蛾一样的气味，所以雄蛾就很难像以前那样循迹找到雌蛾。旨在引诱雄蛾与假雌蛾进行交配的实验中也用到了同样的方法。相关实验表明，雄蛾会尝试与任何在性诱剂中被浸泡过一段时间的物体交配，不管是木片、蛭石还是其他物体。利用昆虫交配本能诱导雄蛾与假雌蛾交配是否能使这一种群的繁殖能力变弱进而使其种群数量真正减少，这一切都尚待检验，但无论如何，这都会给我们提供一个有趣的可能性。

舞毒蛾引诱剂乃是第一种人工合成的昆虫性引诱剂，但针对其他害虫的药剂应该很快也会出现。科学家们目前正在对大量昆虫进行研究，试图针对不同的害虫研发出不同的人造性引诱剂。可喜的是，小麦瘿蚊和烟草天蛾这两种害虫的人造性引诱剂目前已经研制成功。

科学家们还尝试将引诱剂与毒药混合在一起，用以消灭更多种类的害虫。政府部门的科学家研制出一种被称为甲基丁香酚的引诱剂，雄性东方果蝇和瓜实蝇根本无法抗拒其"诱惑"。为了测试两种药剂混合在一起产生的效果，科学家在距日本南端450英里的小笠原群岛上进行了实验。首先将小片纤维板浸泡在两种药剂的混合物中，然后再将这些纤维板装上飞机，空投在整个群岛上，科学家希望用这种方式引诱并毒死岛上的雄蝇。这个被冠之以"雄蝇歼灭战"的项目1960年开始启动。一年后，据农业部估测，小笠原群岛上99%的苍蝇都被消灭了。这种方法较之既往大面积喷洒杀虫剂的害虫防治方式具有明显的优势。有机磷化学物质因黏附在一块块纤维板上，故而不容易被野生动物吞食。并且，其残留物也会较快地挥发掉，故而，污染土壤和水源的可能性比较小。

但话说回来，在昆虫的世界中，也并非所有物种都是靠味道相互吸引或排斥，进行交流的。对于许多昆虫来说，声音也可用来发出警报或表达彼此的吸引。我们知道，蝙蝠在飞行过程中会持续发出超声波（这就好像雷达系统一样，通过接收超声讯号，蝙蝠才可能在黑暗中畅通无阻地飞行），而一些飞蛾能够听到这些超声，从而避免被捕获。一些钜蜂幼虫在寄生蜂接近时会听到它们翅膀震动的声音进而聚拢在一起彼此保护。另一方面，某些专门钻蛀树木的害虫发出的声音也会被其天敌听到并循声找来，而对于雄蚊来说，雌蚊振翅的声音则像海妖的歌声一样充满了诱惑。

我们能够利用昆虫对声音的探测和反应做些什么呢？尽管仍处于实验阶段，但下面要提到做法听起来仍充满吸引力：科学家试图通过反复播放雌蚊振翅的声音来吸引雄蚊，这项实验目前已取得初步成功——雄蚊果然被"雌蚊"迷人的声音所吸引，没想到循声飞来却落入了陷阱。加拿大正在测试超声波对玉米螟和糖蛾产生的趋避效用。夏威夷大学动物声音研究权威休伯特·弗林斯和梅布尔·弗林斯两位教授认为，只要能够运用目前学界已经积累的大量关于昆虫声音输出与接收的知识，就一定能够找到突破口，最终成功找到用声音来干扰昆虫行为的野外控制方法。声音的趋避作用比引诱作用具有更为广阔的应用前景。两位教授之所以在学界享有盛名,正是因为他们发现椋鸟在听到同类凄惨尖叫的录音后会受到惊吓而四散奔逃。也许,两位教授的发现也同样适用于昆虫。对于工业界的实干家们来说,只要有"可能"就意味着"可能"会实现。目前,至少有一家大型电子公司已经准备建设一个用于测试昆虫对声音产生趋避反应情况的实验室。

声音是否也可以直接消灭害虫,相关实验也在进行中。超声会杀死实验水箱中所有的孑孓,但也会误伤其他水生生物。在其他实验中,通过空气传播的超声会在几秒钟之内杀死绿头苍蝇、粉虱和黄热病蚊。虽然所有这些实验都还只是人类为探索全新的害虫防治方法而迈出的第一步,但我们相信,神奇的电子技术终有一天会让用声音防治害虫的理想变成现实。

其实,新的生物防虫法也并非全都要靠电子技术、伽马射线及其他各种人类用充满创造力的头脑发明的技术。也有一些方法起源甚古,其所依据的理论则是,昆虫也会像我们一样感染疾病。如果害虫遭遇传染性细菌感染,那么其种群数量将会迅速减少,这与历史上瘟疫流行造成大量人口死亡何其相似。病毒一旦出现并在其群落中蔓延,昆虫们必然会染病,然后大量死亡。早在亚里士多德时代以前,人们就知道昆虫也会感染疾病;中世纪诗歌中有大量关于桑蚕患病的记载;同样,正是通过对桑蚕疾病的研究,路易斯巴斯德在人类历史上第一次阐明了传染病的发病原理。

昆虫不仅会受到病毒和细菌的侵扰,真菌、原生动物、微型蠕虫以及微生物世界中人类无法用肉眼看到的其他生命都可以对昆虫产生影响。总的来说,这些微生物都可视为人类的盟友。所谓微生物,并非仅指病原体,也包括那些能够分解废物、肥沃土壤、周而复始地参与诸如发酵和硝化作用等生物过程的所有微小生物体。我们为何不考虑也利用它们来进行害虫防治呢？

世界上最早想到利用微生物来进行害虫防治的人之一是19世纪动物学家埃利·梅契尼科夫。19世纪末到20世纪上半叶这段时间，用微生物进行害虫防治的理念渐趋成形。20世纪30年代末期，通过在昆虫的生活环境中引入病原菌进而达成对其种群数量进行防控的做法首次获得成功。在这一案例中，科学家们将芽孢杆菌的孢子引入到日本金龟子的生活环境中，继而导致这一种群爆发乳状病。其实，正如我们在第七章中说到的那样，用细菌进行害虫数量防控在美国东部地区也有着悠久的历史。

如今，人们又开始对另一种芽孢杆菌寄予厚望，这就是苏云金芽孢杆菌。1911年，德国图林根州的科学家们首次发现，这种病菌会让粉蛾幼虫患上致命的败血症。事实上，与其说这种细菌对害虫的强大杀伤力是因为它可以引发恶疾，不如说它本身就有剧毒。这种病菌的芽杆内产生的芽孢和由蛋白质构成的特殊晶体对某些昆虫来说有剧毒，对类蛾的鳞翅目昆虫来说尤其如此。幼虫一旦吃了带有这种病菌的树叶，就会在短时间内被麻痹，停止进食，进而迅速死亡。从实际应用的角度考虑，这种病菌能使害虫立刻停止进食，这显然具有巨大优势。这意味着，害虫只要感染了这种病菌就会马上停止损害庄稼。如今，美国有好几家企业都在生产含有苏云金芽孢杆菌的复方药品，形成了好几种品牌。不少国家也正在进行田间试验：法国和德国对菜粉蝶幼虫进行病菌防控试验；南斯拉夫对美国白蛾进行病菌防控试验；苏联对黄褐天幕毛虫进行病菌防控试验。在巴拿马，相关试验则从1961年开始，那里正遭受由多种害虫引起的严重虫灾，而细菌杀虫剂有望解决蕉农们遇到的问题。根部钻蛀虫是一种严重威胁香蕉树正常生长的害虫，树根在被虫蛀后就会变得十分不牢固，往往风一吹，整棵香蕉树就被连根拔起。狄氏剂曾是对付这种根蛀虫唯一有效的杀虫剂，不过现在它却导致了一系列灾难性的后果，因为根蛀虫已经产生抗药性。狄氏剂也会误伤几种主要害虫的捕食者，同时，还会导致香蕉弄蝶数量的激增——这种卷叶蛾体型短小却很粗壮，它们的幼虫会大量啃噬蕉叶。人们自然希望能发明一种新型的微生物杀虫剂，在不破坏自然环境的前提下，将香蕉弄蝶和根蛀虫一举消灭。

在加拿大和美国东部林区，面对由卷叶蛾和舞毒蛾等造成的严重虫灾，使用细菌杀虫剂也许是解决问题的重要方法之一。1960年，两国都开始对苏云金芽孢杆菌商业试剂的效果进行野外测试。初期试验结果鼓舞人心。比如，佛蒙特州的测试结果表明，用细菌进行害虫防治的效果丝毫不亚于DDT。现存的主要技术问题是，需要找到一种溶液，以其作为细菌的载体。用这种溶液进行喷施作业，细菌孢子才会牢牢地黏附在常绿树的针叶上。而对于农作物来说，用不用溶剂都不成问题，甚至用粉剂也完全可以。所以，目前细菌杀虫剂已经广泛用于防治多种蔬菜的病虫害问题，加利福尼亚州地区的使用情况尤其普遍。

再谈谈相对来说不够引人注目的另一种新型害虫防治方法，即通过引入病毒来进行害虫防治。在加利福尼亚州，为了防治苜蓿粉蝶，人们在许多苜蓿苗田里喷洒了一种毒性与任何杀虫剂比都不相上下的溶剂——该溶剂含有从染病而死的苜蓿粉蝶体内提取的病毒。其毒性有多强呢？从5只染病而死的苜蓿粉蝶身体中提取出的病毒就足以让1英亩苜蓿田里的害虫全部消失。在加拿大的一些林区，一种可以感染松叶蜂的病毒已被证明对防治害虫效果明显，那些地区已经用这种病毒替代了杀虫剂。

再简单说说原生动物。捷克斯洛伐克的科学家们正在进行用原生动物防治结网毛虫和其他害虫的实验。在美国，科学家们已经发现一种寄生原虫可以用来遏制玉米螟的产卵能力。

对于某些人来说，一听到细菌杀虫剂，他们的头脑中可能会马上浮现出细菌战的场景，似乎细菌杀虫剂会威胁到除害虫之外的其他生物一样，这种想法并不正确。相比那些化学药品来说，细菌杀虫剂只会针对其靶向性目标，对其他生物恰恰是无害的。昆虫病理学权威爱德华·斯泰因豪斯博士强调指出："无论是实验室研究还是野外试验，从来没有见过哪怕一例由昆虫病原体导致脊椎动物感染的确切记录。"前面提到过，昆虫病原体的靶向性非常强，它们只会感染几种昆虫——很多时候，甚至一种昆虫病原体只能感染一种特定的昆虫。从生物学的角度来说，这些微生物还不具备在植物或高等动物之间传播疾病的能力。正如爱德华·斯泰因豪斯博士指出的那样，昆虫疾病事实上只能在昆虫间爆发和传播，既不会传染给其宿主植物，更不会传染给以昆虫为食的动物。

昆虫的自然天敌有很多种——不仅包括多种微生物，也包括其同类。通常认为，最早鼓励人们用引进其"天敌"的方法来进行害虫防治的科学家是伊拉斯莫斯·达尔文，时间是1800年前后。也许因为这是最早采用的生物防治法，所以人们后来竟以为生物防治法就仅仅是指用一种昆虫来防治另一种昆虫，误以为这就是替代杀虫剂的唯一方法。

在美国，真正意义上的传统生物防治法的起源可以被追溯到

1888年，美国出现了包括埃尔伯特特·科贝利在内的第一批到澳大利亚"探险"的昆虫学家。当时，吹绵蚧灾害严重，加利福尼亚州柑橘产业危在旦夕。这些昆虫学家们来到澳大利亚，试图在那里寻找吹绵蚧的自然天敌。正如我们在第十五章中说到的那样，他们的行动大获成功。于是，在接下来的20世纪，人们开始大量搜寻可以防治加利福尼亚州海滨那些不请自来的吹绵蚧的天敌们。总计有大约100种捕食性和寄生性昆虫被引进到美国。除埃尔伯特特·科贝利引进的澳洲瓢虫并无明显效果之外，其他进口来的害虫天敌们都获得了巨大的成功。从日本进口的一种黄蜂非常成功地控制住了曾经危害东部果园的害虫。人们普遍认为，正是因为引进了几种斑点紫花苜蓿蚜虫——这种害虫不慎被从中东地区引进美国——的天敌，加利福尼亚州的苜蓿产业被拯救了。用寄生性和捕食性昆虫防治舞毒蛾也取得了良好的效果，春臀钩土蜂的引进也使日本金龟子的数量变得可控起来。据估算，介壳虫和粉蚧的生物防治每年可为加利福尼亚州挽回几百万美元的损失——该州著名的昆虫学家保罗·德巴赫算了这样一笔账：实际上，该州每年用于生物防治的投入仅为400万美元，但这却会带来1亿美元的回报。

世界上已有大约40个国家通过引进害虫天敌而成功完成了害虫防治工作。相比于化学防治，生物防治的优势是不言自明的：相对低廉的成本、持久的效果，更不会有什么毒素残留。可尽管如此，生物防治法往往还是缺乏政府部门的支持。全美现在只有加利福尼亚州正式启动了生物防治计划，而在很多州，甚至都找不到一个全职进行生物防治研究的昆虫学家。也许正因如此，一些通过引进昆虫天敌进行生物防治的项目在落地阶段却常常缺乏最基本的科学指导。——不仅很少有人对害虫天敌的捕食数量进行评估，而且每次需要投放寄生性或捕食性昆虫的数量也往往没有被精确地测算过，而这对于生物防控最终的成败来说是至关重要的。

捕食者和被捕食者不应被视作孤立的存在，它们都是生命之网中的一部分，而所有在这网中的生命都应被认真对待。也许，那些传统的生物防治法反而对森林害虫防治更有效。现代农业技术的快速发展，使农田的生态环境变得越来越高度人工化了，这与过去的自然状态迥然有别。不过，森林则是另一个不同的世界，那里的一切还是相当原生态的。对于森林的自然生态，如果我们仅在必要时进行最低限度的害虫防治，同时最大限度地保证不进行任何不必要的人工干预，那么大自然一定可以自行建立起一个完美而复杂的生态系统，系统内部的各种要素也会自发地进行相互制约并达到平衡状态，从而保护森林免受害虫侵害。

在美国，一提到生物防治，我们的林业人员首先想到的就是引进寄生性和捕食性昆虫。加拿大人的思路则要开阔得多，而一些欧洲人则比我们走得更远，他们提出建立一套关于"森林卫生"的科学体系。在欧洲的林业工作者眼中，鸟类、蚂蚁、森林中的蜘蛛以及土壤中的细菌都和树木一样，是森林生态系统的一部分，他们会在新林区统筹考虑所有这些保护性因素。吸引鸟类重回森林是要做的第一件事。现如今，集约林业几乎成了林业现代化的代名词，可随之而来的问题是，森林中再也见不到空心树了。于是，啄木鸟和其他在树上营巢的鸟类也都消失不见。解决的办法是在树上安放大量的鸟巢箱，吸引它们重新飞回森林之中。欧洲的林业工作者们还专门设计了猫头鹰和蝙蝠的鸟巢箱，如果这两种鸟也能飞回森林，那它们就可以在夜晚接替小鸟们白天的工作，继续捕食害虫了。

但这一切不过是个开始而已。更令人感到惊喜的是，欧洲的林业工作者引进了大量红蚁，它们可是害虫的强劲对手——不过有点可惜，北美洲没有这一品种的红蚁。大约二十五年前，德国维尔茨堡大学的卡尔·格斯瓦尔德教授研究出一种让红蚁大量繁殖并形成蚁群的方法。在他的指导下，联邦德国近90个试验区培育出10 000个森林红蚁群。卡尔·格斯瓦尔德博士的方法很快传到意大利等其他国家，人们纷纷建立蚂蚁农场，进而将培育出的蚁群投放在森林中。比如，在意大利亚平宁山区的再造林中，已经出现了几百个红蚁群，森林因此受到保护。

德国默尔恩市的林业官员海因茨·鲁伯特霍芬博士说："鸟类和红蚁，再加上部分蝙蝠和猫头鹰，就会组成一个保护森林的'团队'，有这样的团队，森林的生态平衡就会得到很大改善。"在他看来，对于害虫数量防控来说，单独引进一种捕食性或寄生性天敌达到的效果远不如"森林中的伙伴们"组成一支团队来得好。

新的蚁群在默尔恩市的森林中被保护了起来，森林中拉起铁丝网以防止啄木鸟啄食这些蚂蚁，从而减少其数量上的损失。这种方法的推广，使一些试验区十年中啄木鸟的数量就增加了400%，而蚁群的数量也并没有大量减少；同时，原先盘踞在树上的大量毛虫也都被啄木鸟啄食干净。看护蚁群（当然，也包括看护鸟箱）的工作则大部分由当地学校10~14岁的学生组成的青年团完成。这样的做法，成本非常低廉，而且也能保证对森林的长期保护。

海因茨·鲁伯特霍芬博士的另一项非常有意思的研究，是如何利用蜘蛛进行害虫防治，在这一研究领域，他可谓是个拓荒者。虽然有大量关于蜘蛛分类及其自然历史的文献资料，但这些资料比较分散且很难说足够完整。比如，目前就尚未见过关于阐述用蜘蛛进行害虫生物防控的文献资料。已知的22 000种蜘蛛中，德国本土有760种（美国则有大约2 000种），这其中，有29种生活在德国的森林之中。

对致力于进行害虫防治的林业工作者来说，判断某一种类的蜘蛛是否重要，关键要看它织结的网有什么特点。圆网蛛之所以对害虫防治最重要，正是因为其所织就的网，网眼非常细密，如此一来，它就可以轻松捕获所有飞临到网上的昆虫。横纹金蛛织就的大网（直径可达16英寸）上竟有大约12万个黏性的网结。一只普通的蜘蛛，在其短短18个月的一生中就可以吃掉2 000只昆虫。若要保证森林中没有害虫进行破坏，每平方米林地上就应该有50到150只蜘蛛。若是低于这一数值，就需要收集并投放卵囊进行弥补。海因茨·鲁伯特霍芬博士指出："三个横纹金蛛（美国也有这种蜘蛛）的卵囊就能孵出1 000只横纹金蛛，而1 000只横纹金蛛就能消灭20万只飞虫。"看上去十分小巧的春天刚刚出生的圆网蛛非常重要，他说："因为它们会在树梢上集体结出伞状的大网，从而保护树上刚刚长出的新芽免受害虫啃食。"随着小蜘蛛蜕皮长大，它们结的网也会变大。

加拿大的生物学家们也进行了类似的调查研究，不过和德国的研究相比会有一些不同。这是因为，北美洲的森林多为自然长成而非人工栽植，另外，两地可用来帮助保持森林生态平衡的物种也多有差异。加拿大的科学家们将研究重点放在了小型哺乳动物上，它们对某些，尤其是那些生活在森林地表排水透气性能较好的松软土层中的昆虫，具有惊人的防治效果。其中，有一种昆虫被人们称之为叶锯蜂。之所以叫这个名字，因为其雌蜂的产卵器呈锯齿形,雌蜂会用其锯开常绿树的针叶并将卵产在里面。蜂卵孵化后长成的幼虫会逐渐掉落到地面,并在由死亡的北美落叶松化成的泥炭沼泽或云杉、松树的腐叶层上形成蜂茧。然而,在森林地表下,则是一个状如蜂巢般的世界,那里纵横交错着白足鼠、田鼠和各种鼩鼱挖掘出的秘密隧道。所有这些小型掘穴动物中,就数鼩鼱最贪吃,也正是这种动物会寻找并大量吞食落在地面上的叶锯蜂茧。它们进食的时候,往往先用前脚踩住茧头,咬掉茧尾,然后再慢慢享用食物。而且,它们还有一种非常特殊的本领,就是能轻易分辨哪些茧是实的,哪些茧是空的。其胃口甚大,无可匹敌。一只田鼠每天可以吃掉200个蛹茧,而一只鼩鼱每天则可以吞食800个!这样的结果就是,按照在实验室进行的研究,75%~98%的叶锯蜂茧都会被鼩鼱吃掉。

这就难怪纽芬兰岛上的居民如此喜爱这种小型的哺乳动物了。因为本地没有鼩鼱生活,1958年的时候,岛上居民决定尝试引进这种叶锯蜂的天敌。加拿大政府1962年发布的官方数据表明,这一尝试大获成功。进入到纽芬兰岛上的鼩鼱们迅速繁殖并在岛上四处扩散,一些被实验人员做过标记的鼩鼱甚至在离其被投放处10英里外的地方出现了。

综上所述,对于那些意欲寻找可以永远保持甚至强化森林自然生态平衡的林业工作者来说,可兹利用的方法和手段实在太多了。而用化学用品进行害虫防治,往好了说是一种权宜之计,根本无法提供长远的解决方案;往坏了说,各种杀虫剂会毒死森林溪流中的游鱼,导致虫灾泛滥,严重破坏自然生态平衡,更让之前我们的一切努力付之东流。因此,海因茨·鲁伯特霍芬博士曾说,如果坚持用这些暴力手段,那么"森林中各种生命体之间的有机关联就被彻底打破了,各种由寄生虫导致的灾难将会变得日益频繁。……因此，我们必须停止使用这种非自然的方法防治害虫。森林对于我们来说实在太重要了，那几乎是人类最后一块自然生存空间了"。

上面提及的所有新鲜的、富于想象力和创造性的方法都是为了更好地解决人类如何与其他生物共享地球家园这一问题。而在这其中始终贯穿着一个永恒的主题，那就是，我们应该意识到面对的是和自己一样的生命——活生生的生物种群，它们也会感到压力，并在无法忍受时反抗；它们也会像人类社会一样，会繁荣，也可能消亡。只有认识到这些生命的力量，小心谨慎地引导它们朝着对人类有利的方向发展，人类和昆虫的和谐共处才会真正实现。

可如今，滥用杀虫剂已然成为一种流行的趋势，人们这样做丝毫没有考虑到这些最根本的问题。我们向各种生命体随意抛洒大量的化学药剂，就仿佛穴居的野人野蛮地挥舞着手中的棍棒一样。一方面，这些生命体是那样脆弱，那么容易被毁灭；而另一方面，它们有时也顽强异常，甚至会起死回生，用令我们意想不到的方式向人类进行反击。那些力主进行化学防控的人对此毫不在意，他们既没有什么"崇高的目标"，也丝毫不会在万物巨大的生命力面前表现出一点谦卑之意。

"控制自然"这一表达本身就暴露出人类的傲慢自大，它们是生物学和科技哲学尚处于低级阶段时的产物，彼时，人们认为自然中存在的一切都理所应当地服务于人类。毫不夸张地说，今天，所谓应用昆虫学的很多观念和做法根本就还停留在原始社会的科学发展水平。然而，非常不幸，这些原始社会的科学观念一旦有了最现代化，但也最令人感到害怕的武装，人们就会利用它们来消灭昆虫，同时，这些东西更会毁掉我们生存的地球。

《寂静的春天》测评

1. 《寂静的春天》的作者是（　　　）
   A. 梅森　　　　B. 霍华德　　　　C. 卡特　　　　D. 卡逊

2. 《寂静的春天》的作者卡逊是美国（　　　）家
   A. 植物生理学　　　　　　B. 动物生物学
   C. 海洋生物学　　　　　　D. 细胞生物学

3. 美国科普作家卡逊在《寂静的春天》一书中给我们的启示是（　　　）
   ①杀虫剂在杀虫的同时，严重破坏了生态环境
   ②应该关注并爱护野生动物
   ③呼唤人们的环境保护意识
   ④人们可以捕杀一些野生的动物
   A. ①②③　　　B. ①②　　　C. ①②③④　　　D. ②③④

4. 卡逊的《寂静的春天》问世于下面哪一年（　　　）
   A.1972年　　　B.1962年　　　C.1982年　　　D.1992年

5. 下列选项哪一个没有出现在《寂静的春天》里（　　　）
   A. 明天的寓言　　　　　　B. 死亡的灵丹妙药
   C. 死亡的森林　　　　　　D. 大自然的反击

6. 在《寂静的春天》里作者反复提及的一种合成的有机杀虫剂叫作（ ）

   A. DDQ　　　　　　　　B. DDB

   C. DDT　　　　　　　　D. DDP

7. 让·罗斯丹说："忍耐的义务让我们拥有了知道真相的权利。"出自哪一个章节（ ）

   A. 明天的寓言　　　　　B. 忍耐的义务

   C. 死亡的灵丹妙药　　　D. 地表水和地下水

8. 《寂静的春天》是卡逊满怀_____地敲给这个越来越物质化的世界的晚钟。她说，她希望上帝赐给每个孩子以惊奇之心，而且一生都不会被_____。

   A. 悲悯　摧毁　　　　　B. 悲悯　摧残

   C. 悲哀　摧残　　　　　D. 悲哀　摧毁

9. 对于《寂静的春天》表述正确的一项是（ ）

   A. 作者运用对比的写作手法，突出滥用化学药品的危害，有强烈的震撼力量

   B. 作品主旨是告诫人类不要使用化学药品

   C. 题目"寂静的春天"是说春天是"寂静"的，大家要爱护春天

   D. 作品的语言充满理性，严肃而不带情感色彩地指出化学药品对环境有害

10. 在《寂静的春天》里，卡逊大胆设想并描述了人类可能将面临一个没有（ ）、蜜蜂和蝴蝶的世界。

    A. 兔子　　　B. 狗　　　　C. 鱼　　　　D. 鸟

参考答案

1. D
2. C
3. A
4. B
5. C
6. C
7. B
8. A
9. A
10. D

寂静的春天

使人们由征服和对抗大自然,转为保护并与之和谐相处。

作品虽是一部"生态文学"的学术著作,但并不枯燥乏味,反而趣味盎然。作者运用抒情笔调和大量文学元素,在作品中以惊世骇俗的预言和震撼人心的画面唤起读者的环保意识,并增强了读者的探索精神,提高其学术思维和辩证思维能力。

责任编辑:潘建农
装帧设计:

ISBN 978-7-5125-1135-4

定价:29.80元